한국수학교육학회 수학교사 시리즈 6

교사를 위한
정수론

신현용 지음

교우사

서 문

대부분의 사범대학 수학교육과에 개설되는 교과(수학)내용학 강좌 중에서 중등학교 교육과정은 물론이고 초등학교 교육과정과도 가장 자연스럽게 연계될 수 있는 것이 정수론일 것이다. 정수론이 자연수에 관한 기초적인 이론이라는 간접적인 측면 외에도 공배수, 공약수, 최소공배수, 최대공약수의 개념이 초등학교 교육과정에 포함되어 있기 때문이다. 이러한 까닭에 사범대학은 물론 교육대학에서도 정수론은 중요하게 다뤄지고 있다.

외국에는 물론 우리나라에도 훌륭한 정수론 교재가 이미 여러 권 출간되었다. 그러나 교육대학에서는 물론 사범대학에서도 정수론 강좌에 할당되는 시수가 대개 한 학기 동안에 개설되는 3학점 분량이기 때문에 기존의 책을 교재로 사용하기에는 다소의 불편함이 있다.

이 책은 한국수학교육학회가 수학교사를 염두에 두고 교사시리즈 중 하나로 개발한 것으로서 사범대학이나 교육대학원에 개설되는 정수론 강좌를 위한 것이다.

이 책을 집필하면서 다음 사항에 유념하였다.

- 이 책을 통하여 수학(특히 대수학)의 한 영역으로서 정수론의 본질과 특성을 이해하게 한다. 특히, '정수론을 이야기(number theory as a story)'로서 이해하도록 돕는다.
- 이 책의 내용을 집합론, 선형대수학 등 수학의 여러 영역의 강좌, 초/중등학교 학교수학, 더 나아가 실생활과 연계한다.

- 일반적인 정수론 교재가 취하는 엄밀성과 조직성에 집착하지 않고 필요에 따라 직관적인 전개 방식도 취한다.

이 책에 있는 과제를 저자와 함께 푼 나준영 선생, 조현득 선생, 안성민 군, 김순현 군, 백찬 군, 이민수 군에게 감사한다. 특히, 나준영 선생과 조현득 선생은 몇몇 정리의 증명에도 도움을 주었다.

이 책에 있을 수 있는 오자나 탈자 또는 오류는 아래 QR코드를 통하여 공지한다.

수학교사 시리즈를 기획하고 졸고의 출판을 허락한 교우사에 감사한다.

이 책이 교사양성대학이나 교육대학원 수학교육과에 조금이나마 도움이 된다면 큰 보람이겠다.

聖住골에서

지은이

참고 사항

이 책은 내용 전개에 필요한 모든 내용을 포함하지 않거니와 다루는 어떠한 주제에 대해서도 충분한 수학적 깊이와 완전한 체계를 추구하지 않는다. 좀 더 체계적이고 심도 있는 학습을 원하는 학생을 위하여 김응태·박승안(2002)을 추천한다.

이 책에는 과제와 토의 문제가 많이 제시된다. 필요한 경우에는 참고 문헌이나 웹 사이트를 제시하였다. 다음은 저자의 홈페이지로서 이 강좌에서 자주 참고하는 사이트이다. 이 책에서는 간단히 '자료'라고 표기한다.

http: //teacheredu.co.kr/논문 및 교수학습 자료

이 책의 과제나 토의 및 참고 자료 중 '확인하여라'는 증명 없이 대략 이해하는 것을 뜻한다. 물론 증명이 가능한 경우도 있을 것이다. 토의 및 참고 자료 전부와 * 표가 된 과제는 생략하여도 무방하다.

이 책에서는 수학적 명제를 기술할 때 보편적으로 사용되는 수학적 기호(예를 들어, '임의의'를 뜻하는 '∀'나 '존재한다'를 뜻하는 '∃' 등)는 특별한 설명 없이 사용한다. 한편, 수학적 개념의 정의는 가급적 일반적(포괄적)일 것을 원칙으로 한다. 예를 들어, 최대공약수나 최소공배수가 0일 수 있는 것은 그러한 원칙에 따른 정의 때문이다.

권장 사항

채점이나 성적 처리 과정에서 조교의 지원을 받을 수 있는 경우에는 다음과 같은 강좌 운영을 권장한다.

- 이 강좌의 내용과 관계있는 몇 권의 교양도서를 필독서로 지정한다. 이는 학생들로 하여금 보다 넓은 (대)수학적 지식을 종합적으로 습득하도록 도울 것이다. 강의 첫 시간에 필독서의 전체 내용을 간략히 소개하고, 이 강좌와의 관련성을 설명한다. 필독서로 지정할 수 있는 도서 목록에 관해서는 다음을 참고할 수 있다.
  http: //teacheredu.co.kr/수학교사를 위한 추천도서

- 이 책은 수강생의 적극적인 동참을 전제하고 구성하였다. 정기적(예를 들어, 격주로)으로 전에 학습한 내용을 간단히 평가한다. 이러한 사실을 학기 초에 공지함으로 강의에 성실히 임하도록 한다. 중간평가와 기말평가를 통하여서는 학습 내용을 종합적으로 이해하도록 유도한다.

- 강의가 진행되는 동안 수시로 초/중등학교 교과서와 교육과정 해설서를 살펴보도록 한다. 이 강좌는 본 강의록에 의한 강사의 강의, 적절한 웹 사이트의 활용, 필독서를 위시한 폭넓은 독서, 초/중등학교 교과서 연구 등으로 이루어진다.

기호표

$|a|$: a의 절댓값

$[a]$: a 보다 크지 않은 최대 정수

A^{-1} : 정칙행렬 A의 역행렬

$|A|$: 정사각행렬 A의 행렬식

$a \mid b$: b는 a로 나누어떨어진다.

$a \nmid b$: b는 a로 나누어떨어지지 않는다.

(a, b) : a와 b의 최대공약수

$[a, b]$: a와 b의 최소공배수

$\left(\dfrac{a}{p}\right)$: 법 p에 관한 a의 르장드르 기호

$a \equiv b \pmod{m}$: $a-b \in m\mathbb{Z}$

$a \not\equiv b \pmod{m}$: $a-b \notin m\mathbb{Z}$

$\overline{a}$: $\{x \in \mathbb{Z} \mid x \equiv a \pmod{m}\}$

$\mathrm{ind}_g a = i$: $a \equiv g^i \pmod{m}$, $0 \le i \le \varphi(m)-1$

$m\mathbb{Z}$: 정수 m의 배수 전체의 집합

$\mu(n)$: n의 뫼비우스 함수 값

$\mathbb{N}$: 자연수 전체로 이루어진 집합

$\mathrm{ord}_m a$: 법 m에 관한 a의 위수

$\varphi(m)$: $|\mathbb{Z}_m^*|$

$\mathbb{Q}$: 유리수 전체로 이루어진 집합

QR_m : 법 m에 관한 제곱잉여 전체의 집합

QNR_m : 법 m에 관한 제곱비잉여 전체의 집합

$|S|$: 집합 S의 원소의 개수

$\sigma(n)$: n의 양의 약수 전체의 합

$\tau(n)$: n의 양의 약수 전체의 개수

$\langle x_0 ; x_1, x_2, \cdots, x_n \rangle$: 유한연분수

$\langle x_0 ; x_1, x_2, \cdots, x_n, \cdots \rangle$: 무한연분수

$\mathbb{Z}$: 정수 전체로 이루어진 집합

$\mathbb{Z}_2$: $\{0, 1\}$

$\mathbb{Z}_2^n$: $\mathbb{Z}_2 \times \cdots \times \mathbb{Z}_2$ (n개)

$\overline{\mathbb{Z}_m}$: 법 m에 관한 잉여류 전체의 집합, 즉 $\{\bar{a} \mid a \in \mathbb{Z}\}$

$\mathbb{Z}_m$: $\{0, 1, \cdots, m-1\}$

$\mathbb{Z}_m^*$: $\{a \in \mathbb{Z}_m \mid (a, m) = 1\}$

차 례

I 들어가며

이 책 내용의 개관

사실, 이 책의 제목을 '정수론'이라고 하기에는 다루는 내용이 빈약하고 전개 방식도 엄밀하지 않다. 이 책의 적절한 제목은 '정수론 이야기'일 것이다. 실제로, 이 책의 내용전개는 '이야기하듯' 하려고 노력하였다. 예비교사나 현직교사로 하여금 정수론의 내용을 개론 수준에서나마 종합적으로 이해할 수 있도록 돕기 위함이다. 각 단원마다 작문(에세이) 형식의 문항을 여러 개 제시한 것은 이러한 취지에 의해서이다. 그러나 전개형식에서는 전통적인 '정의-정리-증명'의 틀을 따랐다.

정수론은 기하학과 함께 긴 역사를 가지는 수학의 주요 영역이다. 순수 수학의 전형으로 여겨지던 정수론은 최근에 다양한 응용이 가능하여졌다. 이 책에서는 소수, 부정방정식, 제곱잉여, 이산로그, 그리고 연분수 등이 주요 내용이다. 암호학 등 정보 수학에서 정수론이 유용함을 다양한 예를 통하여 소개한다. 각 주제들을 종합적으로 다루되 학교 수학과 수학의 다른 분야와의 관련성을 부각시킨다.

정수론과 관련된 간단한 수학사

• 유클리드(Euclid 300 B.C.경) '원론(The Elements)'에서의 정수론

유클리드 '원론'에는 기하적인 내용과 함께 정수론적인 내용도 많다(예를 들어, 제7권, 제8권, 제9권). 특히, 제9권 '명제(Proposition)20'에서 '소수는 무수히 많다'는 것을 증명한다. 이 책에서도 소수는 무수히 많다는 것을 증명하는데, 이때 제시하는 증명은 근본적으로 '원론'에 제시되는 것과 같다.

• 디오판투스(Diophantus, 250년경) 방정식

디오판투스는 '산술(Arithmetica)'을 저술하였다. '산술'에서 정수 계수 방정식의 정수근을 구하는 문제를 다룬다. 이러한 방정식을 디오판투스 방정식이라고 한다. 이 책에서 그러한 방정식, 특히 일차디오판투스 방정식이 해를 가질 필요충분조건을 논의하고 해를 가지는 경우 특수해와 일반해를 구하는 방법을 다룬다. 피타고라스 정리(Pythagorean theorem)는 디오판투스 방정식의 특수한 형태로 이해할 수 있다.

• 페르마(Fermat, 1601-1665)와 오일러(Euler, 1707-1783)

페르마는 디오판투스의 '산술'을 공부하면서 여백에 여러 주석을 남겼다. 훗날 오일러는 페르마가 남긴 책을 공부하면서 페르마의 연구 결과를 심화 또는 일반화하였다. 이 책에서 다루는 '페르마-오일러 정리'는 그 한 예이다. 한편, 지금은 '페르마의 마지막 정리'라고 부르는 주장에 대해 페르마는 '증명을 발견하였

으나 여백이 좁아 기술하지 못한다'라고 하였으나 오일러는 증명하지 못하였고, 오랜 세월 후 1994년 영국의 수학자 와일즈(Andrew Wiles)에 의하여 증명되었다. 피타고라스 정리와 함께 페르마의 마지막 정리(Fermat Last Theorem)도 디오판투스 방정식의 특수한 형태라고 할 수 있다. 이 책에서는 페르마의 마지막 정리를 자세히 다루지 않는다.

과제 1.1 가. 다음을 확인하여라.

(1) Loomis(1940)에는 250여 개의 피타고라스 정리의 증명이 있다.

(2) http: //www.cut-the-knot.org/pythagoras/index.shtml에도 피타고라스 정리에 관한 여러 개의 증명이 있음을 확인하여라.

나. 페르마의 마지막 정리에 관하여 조사하여라.

• 가우스(Gauss, 1777-1855), 소수정리(Prime Number Theorem), 리이만(Riemann, 1826-1956) 가설(Hypothesis)

정수론에서 유명한 정리 중의 하나가 소수정리이다. 리이만 가설은 소수정리의 내용은 물론 그 이상의 중요한 내용을 담고 있다. 현대 수학에서 리이만 가설은 가장 유명한 미해결문제라고 할 수 있다. 이 책은 소수정리는 증명 없이 제시하고, 리이만 가설을 자세히 다루지 않는다.

*과제 1.2 가. 소수정리의 증명에 얽힌 이야기에 관하여 조사하여라.

나. '자료 : 리이만 가설'을 참고하여 리이만 가설의 내용을 개략적으로 이해하여라.

다. Miller(1976)를 참고하여 리이만 가설과 결정론적 소수 판정법과의 관계를 조사하여라.

정수론의 유용성

영국의 정수론 학자인 하디는 정수론이야말로 응용에 관한 무가치한 학문이라고 하였다. 정수론 학자인 그가 순수 수학인 정수론에 대한 자부심을 역설적으로 표현한 것으로 볼 수 있다. 여하튼 그의 예측은 빗나갔고 최근 응용 대수학 특히, 암호학에서 정수론은 중요한 역할을 한다. 예를 들어, 중요한 서류를 보관하기 위하여 자물쇠가 필요하다. 자물쇠의 특징은 잠그기는 쉬우나 열쇠 없이는 열기가 어렵다는 것이다. 사이버(cyber) 공간상에서의 정보를 보호하기 위해서도 자물쇠와 열쇠의 역할을 구현해야 한다. 이때, 소인수분해 등 정수론적 성질이 이용된다. 이 책에서는 암호학을 본격적으로 다루지 않지만 몇 가지 암호학적 기법을 소개한다.

과제 1.3 '자료 : 대수학과 정보보호' 또는 '자료 : 수학판타지 10'을 참고하여 정수론이 정보보호에 어떠한 역할을 하는지 조사하여라.

수의 확장

정수론의 주된 연구 대상은 정수라고 할 수 있다. 그러나 정수에 관한 성질을 연구할 때 무리수는 물론 복소수의 성질이 중요한 역할을 할 수 있다.

초·중등학교에서는 자연수에 한정하여 나눗셈을 생각하지만, 이 책에서는 정수 범위로 확장하여 생각한다.

다음 정리는 중요하다. 나누는 수는 항상 자연수이다.

> **≪정리 1.4≫** (나눗셈 알고리즘)
> 두 정수 $a, b \in \mathbb{Z}$, $b > 0$에 대하여 $a = bq + r$, $0 \le r < b$인 두 정수 $q, r \in \mathbb{Z}$가 존재하고, 이와 같은 q, r는 각각 하나뿐이다.

정수의 나눗셈에서, 몫에는 아무런 조건이 제시되지 않지만, 나머지에는 조건이 제시된다. 따라서 정수의 나눗셈을 할 때에는 나머지에 먼저 관심을 기울여야 한다.

과제 1.5 가. 다음 나눗셈을 하여 몫과 나머지를 구하여라.

(1) $0 \div 5$

(2) $2 \div 5$

(3) $(-2) \div 5$

나. '자료 : 수의 확장' 또는 '자료 : 수학판타지13'을 참고하여 수의 확장에 대하여 대략 조사하여라.

다. 크로네커(Kronecker, 1823-1891)는 'God made the integers; all the rest is the work of man.(정수는 하나님께서 만드셨다. 그 나머지는 모두 인간이 만들어낸 것이다.)'라고 했다. 이 말은 무엇을 뜻하는지 논의하여 보아라.

*라. 정리 1.4의 일반화로서 다음을 증명하여라.

두 정수 $a, b \in \mathbb{Z}$, $b \neq 0$에 대하여 $a = bq + r$, $0 \leq r < |b|$인 두 정수 $q, r \in \mathbb{Z}$가 존재하고 이와 같은 q, r는 각각 하나뿐이다.

정리 1.4의 증명에서 자연수 집합에서의 정렬성이 이용됨을 알 수 있다. 따라서 나눗셈 알고리즘을 유리수 집합이나 실수 집합에 적용하면 안 된다. 즉, 두 유리수 $a, b \in \mathbb{Q}$, $b > 0$에 대하여 $a = bq + r$, $0 \leq r < b$인 두 유리수 $q, r \in \mathbb{Q}$가 존재하지만 유일하지 않다. 예를 들어, 다음과 같은 경우를 생각할 수 있다.

$$5 = 2 \times 2 + 1 = 2 \times \frac{5}{2} + 0$$

수학교육과정과 정수론

제7차 수학과 교육과정을 개정한 새[1] 교육과정 중 초등학교 일학년에서 고등학교 일학년까지의 내용이 2006년 8월에 확정 고시되었다.

1) 수시 개정 체제이므로 '8차 교육과정' 등과 같은 이름을 붙이지 아니하였다.

다음은 정수론과 관련된 교육과정의 내용이다.

• 초등학교 1학년

수와 연산 영역에서는 100까지의 수를 이해하고 받아올림이 없는 두 자릿수의 덧셈과 받아내림이 없는 두 자릿수의 뺄셈을 한다. 이때 교사에게 집합론에서의 일대일대응과 정수론에서의 십진법 등의 개념에 대한 종합적인 이해가 필요할 것이다.

• 초등학교 2학년

수와 연산 영역에서는 1000까지의 수를 이해하고 받아올림이 있는 두 자릿수의 덧셈과 받아내림이 있는 두 자릿수의 뺄셈을 한다. 한편, 곱셈이 이루어지는 상황을 알고, 곱셈의 의미와 곱셈 구구를 이해하여 한 자릿수의 곱셈을 한다. 또한 분수를 배우게 된다. 이때에는 십진법 등 기수법에 대한 지식은 교사에게 필수적이라고 할 수 있다. 이와 함께 수 체계에 대한 포괄적 이해와 각각의 수 체계 특징을 이해할 필요가 있다.

• 초등학교 3학년

수와 연산 영역에서는 10000까지의 수를 다루면서 일, 십, 백, 천의 자릿값의 의미와 위치적 기수법을 이해하고, 10000까지의 수를 읽고 쓴다. 또, 네 자릿수의 덧셈과 뺄셈을 하며 '(두 자릿수) × (한 자릿수)', '(세 자릿수) × (한 자릿수)', '(두 자릿수) × (두 자릿수)'의 계산을 한다. 그리고 분모가 10인 진분수를 통하여 소수를 이해하여 소수를 읽고 크기를 비교한다. 이때에도 십진법 등의 기수법에 대한 정확한 이해가 교사에게 요구된다.

• 초등학교 4학년

수와 연산 영역에서는 다섯 자리 이상의 수를 읽고 쓴다. 또, 자연수의 사칙계산을 한다. 이때에도 십진법 등의 기수법에 대한 정확한 이해가 교사에게 요구된다.

• 초등학교 5학년

수와 연산 영역에서는 약수, 공약수, 최대공약수, 배수, 공배수, 최소공배수의 의미를 알고, 이를 구하며 약수와 배수 사이의 관계를 이해한다. 또, 분수의 성질을 이용하여 크기가 같은 분수를 만들고 분모가 다른 분수의 크기를 비교하고 덧셈과 뺄셈을 한다. 한편, 분수와 소수의 곱셈과 나눗셈을 한다. 이때 정수론적 지식, 수 체계, 대수적 구조 등에 관한 종합적 이해가 교사에게 요구됨은 자명하다.

• 초등학교 6학년

수와 연산 영역에서 분수의 나눗셈을 다루는데 나눗셈의 일반적인 원리는 정수론에서도 중요하다. 한편, 규칙성과 문제해결 영역에서 다루는 비례식은 황금비의 정의 등과 관련된다.

• 중학교 1학년

수와 연산 영역 중 자연수의 성질에서 소인수분해의 뜻을 알게 하고, 자연수를 소인수분해 할 수 있게 한다. 또, 최대공약수와 최소공배수의 성질을 이해하고, 이를 구할 수 있으며 이를 활용하여 여러 가지 문제를 해결한다. 한편, 십진법과 이진법의 원리를 이해하고, 자연수를 십진법과 이진법의 전개식으로 나타내며,

십진법과 이진법 사이의 관계를 이해한다. 이러한 내용들은 정수론의 핵심 주제라고 할 수 있다.

• 중학교 2학년

문자와 식 영역에서 미지수가 2개인 일차방정식의 의미를 설명하고, 미지수가 2개인 일차연립방정식과 그 해의 의미를 다루며, 미지수가 2개인 일차연립방정식을 푼다. 이는 정수론에서의 일차합동식이나 연립합동식과 관련하여 이해할 필요가 있다.

• 중학교 3학년

문자와 식 영역에서 이차방정식과 그 해의 의미를 이해하고, 이차방정식을 풀고, 더 나아가 이차방정식을 활용하여 여러 가지 문제를 해결한다. 이는 정수론에서의 제곱잉여와 그 응용과 관련하여 이해할 필요가 있다.

• 고등학교 1학년

문자와 식 영역에서 다항식에 관하여 인수분해, 약수와 배수, 최대공약수와 최소공배수 등의 뜻을 알고, 이를 구한다. 이는 정수론에서 다루는 정수의 인수분해, 약수와 배수, 최대공약수와 최소공배수 등의 확장개념으로 이해할 수 있다.

과제 1.6 '자료 : 새 교육과정'을 참고하여 초등학교 1학년에서 고등학교 1학년까지의 수학과 교육과정 모두를 살펴보아라.

뒷 이야기

1. 정보 사회는 새로운 형태의 논증 기법을 요구한다. '자료 : 대수학과 정보보호'를 참고하여 이에 관하여 조사하여라.

*2. 피타고라스 음계에 대하여 조사하여라.

*3. 다음에 관하여 조사하여라.
   가. 황금비의 정의는 무엇이며 그 값은 얼마인가?
   나. 우리 주위의 어디에서 황금비를 발견할 수 있는가?
   다. '계영희(1984)'를 참고하여 미술에서의 황금비 적용의 예를 알아보아라.
   라. '김성숙(2005)'을 참고하여 음악에서의 황금비 적용의 예를 알아보아라.

*4. 0의 발견에는 수학 외에도 다양한 의미를 부여할 수 있다. 다음 책들을 참조하여 이에 관하여 조사하여라 : 고종숙(2003), 김호춘(1990), 김희봉(2002), 심재관(2003), 임승원(1995), 허민(1997), 홍종도(2000).

Ⅱ 약수와 배수

지난 줄거리

1. 다음 두 집합의 차이를 덧셈과 곱셈에 관련하여 각각 설명하여라.
   가. 자연수 집합과 정수 집합
   나. 정수 집합과 유리수 집합

2. 다음 나눗셈 알고리즘에서 나머지의 역할에 관하여 설명하여라.

3. 다음 용어를 모두 사용하여 작문하여라.
   수학, 수, 자연수, 수의 확장, 학교수학, 정수론

이번 줄거리

- 자연수 집합에서 익숙한 약수와 배수의 개념을 정수 집합으로 일반화할 수 있다.

- 최대공약수와 최소공배수의 여러 가지 대수적 성질을 이해한다.

- 부정방정식과 보통의 방정식(미지수가 두 개인)의 차이를 다음 관점에서 이해한다 : 해의 존재성, 해의 형태, 해의 개수.

- 새 교육과정에서의 약수와 배수에 관한 내용을 넓고 깊게 이해한다.

여는 이야기

일상생활에서 약수와 배수는 자연수의 경우만을 생각한다. 정수론에서도 약수와 배수는 자연수의 경우가 중요하다. 그러나 약수와 배수의 여러 가지 성질을 연구하기 위해서는 정수의 경우로 확장하여 약수와 배수를 생각할 필요가 있다.

이 장에서 논의하는 구체적인 문제는 다음과 같다.

- 자연수 범위에서의 약수와 배수의 개념을 정수의 범위까지 확장하면 어떠한 변화가 생기는가?
- 홀수 전체 집합과는 달리 짝수(2의 배수) 전체의 집합은 덧셈과 곱셈에 관하여 어떠한 성질을 가지고 있는가?
- 정수론에서 동치관계와 분할 등 집합론적 기법들이 어떻게 활용되는가?
- 최대공약수와 최소공배수는 어떠한 성질을 가지고 있는가?
- 약수와 배수의 학교 수학이나 실생활과의 연계성은 무엇인가?

정수 집합에서의 약수와 배수

가. 정수의 집합에서의 약수와 배수

정수 전체의 집합 $\mathbb{Z}$에서는 나눗셈이 잘 정의되지 않는다. 그러나 두 정수 사이에 나눗셈의 알고리즘을 통하여 '나머지'를 고려하며 나눗셈을 생각하는 것은 중요하다.

약수와 배수의 관계를 자연수에서 정수의 집합으로 확장하여 다음과 같이 정의한다.

≪**정의 2.1**≫ 두 정수 a, b에 대하여 정수 c가 존재하여, $b=ac$을 만족시킬 때, b는 a로 '나누어떨어진다'고 하고 $a \mid b$로 나타낸다. 이때, a는 b의 약수(divisor), b는 a의 배수(multiple)라고 한다. 그리고 $a \mid b$가 아닐 때, 이를 $a \nmid b$로 나타낸다.

과제 2.2 다음을 확인하여라.

중학교 1학년(제7단계)에서는 약수와 배수를 자연수(양의 정수)의 범위에서 다룬다.

다음 정리는 쉽게 증명할 수 있다.

≪**정리 2.3**≫ 임의의 정수 a, b, c에 대하여 다음이 성립한다.

가. 모든 정수 a에 대하여 $1 \mid a$, $a \mid a$, $a \mid 0$이다.

나. $a \mid 1$이기 위한 필요충분조건은 $a = \pm 1$이다.

다. $a \mid b$이고 $b \mid a$이기 위한 필요충분조건은 $a = \pm b$이다.

라. $a \mid b$이고 $b \mid c$이면 $a \mid c$이다.

마. $a \mid b$이고 $b \neq 0$이면 $|a| \leq |b|$이다.

바. $a \mid b$이고 $a \mid c$이면 임의의 정수 x, y에 대하여 $a \mid (bx+cy)$이다.

증명 모든 증명이 쉬우므로 '라'만 증명한다. $b=aa_1$, $a_1 \in \mathbb{Z}$ 이고 $c=bb_1$, $b_1 \in \mathbb{Z}$ 이므로 $c=(aa_1)b_1=a(a_1b_1)$, $a_1b_1 \in \mathbb{Z}$. 따라서 $a \mid c$이다. ▩

과제 2.4 가. 위 정리의 증명에서 다음 사실이 어떻게 적용되었는지 확인하여라.

(1) 곱셈의 결합법칙

(2) 덧셈에 관한 곱셈의 분배법칙

(3) 정수 전체의 집합은 곱셈에 관하여 닫혀있다.

나. 위의 정리 '가', '다', '라'를 동치관계 또는 순서관계에서의 '반사율', '반대칭률', '추이율' 등과 관련하여 각각 설명하여라.

나. 최대공약수와 최소공배수

최대공약수(최소공배수)는 글자 그대로 가장 큰(작은) 공약수(공배수)이다. 이제 음수까지도 약수(배수)로 인정하는 상황에서 최대공약수(최소공배수)를 어떻게 정의할까?

두 수의 최대공약수의 정의는 다음과 같다.

≪정의 2.5≫ 두 정수 a, b에 대하여 $e \mid a$, $e \mid b$인 정수 e를 a와 b의 공약수라고 한다. 그리고 다음 세 조건을 만족시키는 정수 d를 a와 b의 최대공약수(GCD, the greatest common divisor)라고 하고, d를 (a, b)로 나타낸다.

가. $d \geq 0$

나. $d \mid a$, $d \mid b$. 즉, d는 a와 b의 공약수이다.

다. $e \mid a$, $e \mid b \Rightarrow e \mid d$. 즉, a와 b의 공약수는 모두 d의 약수이다.

위의 정의에서 알 수 있듯이 '공약수'의 개념은 '나'의 성질로 규정하고 '최대'의 개념은 '다'의 성질로 규정한다.

한편, 두 수의 최소공배수의 정의는 다음과 같다.

≪**정의 2.6**≫ 두 정수 a, b에 대하여 $a \mid c$, $b \mid c$인 정수 c를 a와 b의 공배수라고 한다. 그리고 다음 세 조건을 만족시키는 정수 l을 a와 b의 최소공배수(LCM, the least common multiple) 라고 하고, l을 $[a, b]$로 나타낸다.

가. $l \geq 0$

나. $a \mid l$, $b \mid l$. 즉 l은 a, b의 공배수이다.

다. $a \mid c$, $b \mid c \Rightarrow l \mid c$. 즉, a와 b의 공배수는 모두 l의 배수이다.

위의 정의에서 알 수 있듯이 '공배수'의 개념은 '나'의 성질로 규정하고 '최소'의 개념은 '다'의 성질로 규정한다.

과제 2.7 가. 최소공배수와 최대공약수에 대한 위의 정의와 학교 수학(7단계)에서의 정의를 비교하여라. 이를테면, $a>0$, $b>0$인 경우에는 최대공약수(a, b)는 a와 b의 가장 큰 공약수(최대공약수)이다. 그리고 최소공배수 $[a, b]$는 a와 b의 가장 작은 공배수(최소공배수)이다. $a>0$, $b>0$가 아닌 경우는 어떠한가?

나. 다음을 계산하여라 : $(0, 5)$, $(0, -5)$, $(0, 0)$.

다. 세 개 이상의 수에 대한 최소공배수와 최대공약수의 정의는 무엇인가?

라. 최대공약수와 최소공배수의 유일함을 증명하여라.

마. 고등학교 과정에서 다항식의 최대공약수와 최소공배수는 유일하지 않음을 설명하여라.

≪**정의 2.8**≫ 모두는 0이 아닌 두 정수 a, b에 대하여 $(a, b)=1$일 때, a와 b는 서로소(relatively prime)라고 한다.

과제 2.9 두 집합 A, B에서 $A\cap B=\varnothing$일 때, 두 집합은 '서로 소(disjoint)'라고 하는 경우가 있다. 이는 용어의 혼란을 가져올 수 있고 수학적으로도 적절하지 않다. 다음을 확인하여라.

집합을 이용하여 자연수 2와 3을 다음과 같이 정의하는 경우가 많다.

$$0=\varnothing$$
$$1=\{\varnothing\}=\{0\}$$
$$2=\{\varnothing, \{\varnothing\}\}=\{0, 1\}$$
$$3=\{\varnothing, \{\varnothing\}, \{\varnothing, \{\varnothing\}\}\}=\{0, 1, 2\}$$
$$\cdots$$

따라서 $3\cap 2=2\neq\varnothing$[2)]이므로 2와 3은, 두 집합으로서는 '서로소(disjoint)'가 아니다. 한편, 두 자연수 2와 3은 최대공약수가 1이므로, 두 자연수로서는 서로소(relatively prime)이다.

---

2) 즉, $2\subset 3$인데 $2\in 3$이기도 하다.

집합 $m\mathbb{Z}$

덧셈(또는 뺄셈)과 관련하여 짝수 전체의 집합과 홀수 전체 집합의 차이는 무엇일까? 사실, 짝수 전체의 집합은 덧셈과 뺄셈에 관하여 닫혀 있지만, 홀수 전체의 집합은 그렇지 않다.

짝수 전체의 집합은 2의 배수 전체의 집합이다.

≪**정의 2.10**≫ 정수 m의 배수 전체의 집합을 $m\mathbb{Z}$로 나타낸다. 즉,

$$m\mathbb{Z} = \{mx \mid x \in \mathbb{Z}\}$$

이다.

과제 2.11 다음을 확인하여라.

가. $1\mathbb{Z} = \mathbb{Z}$, $0\mathbb{Z} = \{0\}$, $(-a)\mathbb{Z} = a\mathbb{Z}$

나. 임의의 정수 m에 대하여 $m\mathbb{Z}$는 덧셈과 뺄셈에 관하여 닫혀있다.

다음 정리로부터 'b가 a의 배수이다'라는 주장을 집합으로 나타낼 수 있음을 알 수 있다.

≪정리 2.12≫ 두 정수 a, b에 대하여 다음이 성립한다.

$$b\mathbb{Z} \subset a\mathbb{Z} \Leftrightarrow a \mid b$$

증명 ($\Rightarrow$) $b \in b\mathbb{Z} \subset a\mathbb{Z}$ 이므로 $b \in a\mathbb{Z}$ 이다. 따라서 적당한 $k \in \mathbb{Z}$에 대하여 $b = ak$이다. 결국, $a \mid b$이다.

($\Leftarrow$) $x \in b\mathbb{Z}$ 라고 하면 적절한 $k \in \mathbb{Z}$가 있어서 $x = bk$이다. 그런데 $a \mid b$이므로 적절한 $c \in \mathbb{Z}$가 있어서 $b = ac$이다. 따라서 $x = bk = ack$, 즉, $x \in a\mathbb{Z}$ 이다. ■

과제 2.13 다음을 증명하여라.

가. 두 정수 a, b에 대하여, $a\mathbb{Z} = b\mathbb{Z} \Leftrightarrow b = \pm a$이다.

나. 임의의 정수 a에 대하여, $a\mathbb{Z} \supset 0\mathbb{Z} = \{0\}$이다.

앞에서, 임의의 정수 m에 대하여 $m\mathbb{Z}$는 덧셈과 뺄셈에 관하여 닫혀있음을 살펴보았다. 사실, $\mathbb{Z}$의 공집합이 아닌 부분집합이 덧셈과 뺄셈에 관하여 닫혀 있으면 그 집합은 $m\mathbb{Z}$와 같은 꼴이다. 즉, 덧셈과 뺄셈에 관하여 닫혀있다는 성질은 집합 $m\mathbb{Z}$을 결정짓는 특징이다.

≪정리 2.14≫ $\varnothing \neq S \subset \mathbb{Z}$인 집합 S를 생각하자. 이 집합 S가 덧셈과 뺄셈에 관하여 닫혀있으면 음수가 아닌 적당한 정수 m이 유일하게 존재하여 $S = m\mathbb{Z}$이다.

[증명 밑 그림]

이 정리에서는 '$\varnothing \neq S \subset \mathbb{Z}$인 S가 덧셈과 뺄셈에 관하여 닫혀 있으면 $S = m\mathbb{Z}$, $m \geq 0$'가 핵심이다. 먼저, $0 \in S$임을 보이고 $S = \{0\}$인 경우와 S가 0 이외의 원소를 가지는 경우로 나누어 생각한다. 특히, 두 번째의 경우 S가 양의 정수를 가짐을 보이고 자연수 집합에서의 정렬성에 의하여 S에 속하는 최소의 양의 정수 m을 구한 후 $S = m\mathbb{Z}$임을 보인다. 마지막으로, 과제 2.13을 이용하여 m의 유일성을 보인다.

증명 먼저 $S \neq \varnothing$이므로, $x \in S$인 x가 존재한다. 따라서 $x - x = 0 \in S$이다. 이제 다음 두 가지 경우를 생각하여 보자.

(1) $S = \{0\}$인 경우는 $S = 0\mathbb{Z}$이므로 m을 0으로 하면 된다.

(2) $S \neq \{0\}$인 경우를 생각하자. y를 0이 아닌 S의 원소라고 하자. 그러면 $0 - y = -y \in S$이므로 S에는 자연수가 적어도 하나는 존재함을 알 수 있다. 이제 P를 S에 있는 자연수 전체의 집합이라고 하자. 즉 $P = S \cap \mathbb{N}$이라고 하자. $P \neq \varnothing$이므로 자연수 집합에서의 정렬성에 의하여 P는 최소원을 가진다. 이 최소원을 m이라고 하자. 우리는 $S = m\mathbb{Z}$임을 증명한다. 우선 $m\mathbb{Z} \subset S$임은 쉽게 보일 수 있다. 따라서 $S \subset m\mathbb{Z}$를 보이도록 하자. 이를 위하여 $z \in S$라고 하자. 나눗셈 알고리즘에 의하여 다음 조건을 만족시키는 q와 r을 구할 수 있다 : $z = qm + r$, $0 \leq r < m$. 이때 $r = z - qm$ $(qm \in S)$이므로 $r \in S$임을 알 수 있다. 이제 r은 0이어야 한다. 왜냐하면, r이 0이 아닌 수이면 P속의 가장 작은 원소가 m이라 했는데 r이 m보다 작은 자연수가 되어 모순이 생긴다. 따라서 $z = qm \in m\mathbb{Z}$이다. 마지막으로, 음이 아닌 두 정수 m, m'에 대하여 $S = m\mathbb{Z}$이고 $S = m'\mathbb{Z}$라고 하자. 과제 2.13에 의하여 $m = m'$임을 알 수 있다. ■

과제 2.15 가. 위 증명 과정에서 $m\mathbb{Z} \subset S$임을 설명하여라. 이때, 집합 S가 덧셈과 뺄셈에 관하여 닫혀있다는 사실을 이용하여라.

나. 다음에 대하여 조사하여라.

(1) 자연수 집합에서의 정렬성

(2) 유리수의 조밀성

*(3) 실수의 완비성

일반적으로 두 집합이 주어지면 그 두 집합에 대한 교집합과 합집합을 생각하듯이 두 집합 $a\mathbb{Z}$, $b\mathbb{Z}$에 대해서도 $a\mathbb{Z} \cap b\mathbb{Z}$와 $a\mathbb{Z} \cup b\mathbb{Z}$를 생각할 수 있다.

임의의 두 정수 a, b에 대하여 $a\mathbb{Z} \cap b\mathbb{Z}$은 덧셈과 뺄셈에 관하여 닫혀있지만, $a\mathbb{Z} \cup b\mathbb{Z}$은 일반적으로 덧셈과 뺄셈에 관하여 닫혀있지 않다.

과제 2.16 다음을 확인하여라.

두 정수 2와 3은 $2\mathbb{Z} \cup 3\mathbb{Z}$에 속하지만 $2+3=5$는 $2\mathbb{Z} \cup 3\mathbb{Z}$에 속하지 않는다.

이제, $a\mathbb{Z} \cup b\mathbb{Z}$를 대체할 다른 집합을 찾아보자. 보통, 두 집합을 '더하'지는 않는다. 그러나 두 집합 $a\mathbb{Z}$, $b\mathbb{Z}$ 모두가 덧셈이 잘 정의되는 $\mathbb{Z}$의 부분집합이므로 다음과 같은 정의를 생각할 수 있다.

≪**정의 2.17**≫ 두 정수 a, b에 대하여, $a\mathbb{Z}+b\mathbb{Z}$를 다음과 같이 정의한다.

$$a\mathbb{Z}+b\mathbb{Z}=\{ax+by \mid x,\ y\in\mathbb{Z}\}$$

먼저, $a\mathbb{Z}\cup b\mathbb{Z}\subset a\mathbb{Z}+b\mathbb{Z}$이며, $a\mathbb{Z}+b\mathbb{Z}$은 덧셈과 뺄셈에 관하여 닫혀있음을 쉽게 알 수 있다. 사실, $a\mathbb{Z}+b\mathbb{Z}$의 임의의 두 원소 $\alpha=ax+by$, $\beta=ax'+by'$ $(x,\ y,\ x',\ y'\in\mathbb{Z})$에 대하여 다음을 알 수 있다. $\alpha\pm\beta=a(x\pm x')+b(y\pm y')\in a\mathbb{Z}+b\mathbb{Z}$.

다음 정리로부터 $a\mathbb{Z}+b\mathbb{Z}$와 a, b의 최대공약수 사이의 관계를 알 수 있다.

≪**정리 2.18**≫ 두 정수 a, b에 대하여, $a\mathbb{Z}+b\mathbb{Z}=(a,\ b)\mathbb{Z}$이다.

[증명 밑 그림]

(1) 먼저, $a\mathbb{Z}+b\mathbb{Z}$은 덧셈과 뺄셈에 관하여 닫혀있으므로, 음이 아닌 정수 d가 존재하여 $a\mathbb{Z}+b\mathbb{Z}=d\mathbb{Z}$이다.

(2) $d=(a,\ b)$이다.

증명 먼저, $a\mathbb{Z}+b\mathbb{Z}$는 덧셈과 뺄셈에 관하여 닫혀있으므로 정리 2.14에 의하여 $a\mathbb{Z}+b\mathbb{Z}=d\mathbb{Z}$ $(d\in\mathbb{N}\cup\{0\})$이다. 이제 위에서 얻은 수 d가 a와 b의 최대공약수임을 보인다. $d\geq 0$인 것은 분명하다. $a\mathbb{Z}\subset a\mathbb{Z}+b\mathbb{Z}=d\mathbb{Z}$이고 $b\mathbb{Z}\subset a\mathbb{Z}+b\mathbb{Z}=d\mathbb{Z}$이므로 $d\mid a$, $d\mid b$이다. 한편, $d=as+bt$인 $s,\ t\in\mathbb{Z}$가 있으므로 $e\mid a$, $e\mid b$이면 $e\mid d$이다. ▩

위의 마지막 부분은 다음과 같이 논증할 수도 있다 : $e \mid a$, $e \mid b$이면 $a\mathbb{Z} \subset e\mathbb{Z}$이고 $b\mathbb{Z} \subset e\mathbb{Z}$이다. 그런데 $e\mathbb{Z}$는 덧셈에 관하여 닫혀있으므로 $a\mathbb{Z}+b\mathbb{Z} \subset e\mathbb{Z}$이다. 즉 $d\mathbb{Z} \subset e\mathbb{Z}$이고, 따라서 $e \mid d$이다.

> **≪정리 2.19≫** 두 정수 a, b에 대하여 $(a, b)=ax+by$가 되게 하는 정수 x, y가 존재한다.

두 정수 a, b가 서로소 즉, $(a, b)=1$일 때에는 다음과 같은 사실을 알 수 있다.

> **≪정리 2.20≫** 두 정수 a, b가 서로소가 될 필요충분조건은 $ax+by=1$을 만족시키는 정수 x, y가 존재하는 것이다.

증명 a, b가 서로 소이면 $ax+by=1$인 x, y가 존재하는 것은 분명하다. 이제 $ax+by=1$인 x, y가 존재한다고 하자. 임의의 정수 n에 대하여 $n=anx+bny \in a\mathbb{Z}+b\mathbb{Z}$이므로 $a\mathbb{Z}+b\mathbb{Z}=\mathbb{Z}$이다. 즉, $\mathbb{Z}=(a, b)\mathbb{Z}$이므로 1은 (a, b)의 배수이다. 따라서 $(a, b)=1$이다. ▒

과제 2.21 가. 다음을 확인하여라.

위 증명의 후반부를 다음과 같이 할 수 있다. $(a, b)=1$을 증명하기 위해서는 $e \mid a$, $e \mid b$이면 $e \mid 1$임을 보이면 된다. 그런데 $e \mid a$, $e \mid b$이면 $e \mid (ax+by)$ 즉, $e \mid 1$이다.

나. (유익승, 2006) 임의의 자연수 n에 대하여 $\dfrac{21n+4}{14n+3}$은 기약분수임을 설명하여라.

$2\mathbb{Z}+3\mathbb{Z}=\mathbb{Z}$이므로 모든 정수 n은 $2x+3y=n$의 꼴로 나타낼 수 있다. 이러한 조건을 만족시키는 x와 y를 구하는 문제는 최대공약수를 구하는 문제와 함께 중요한데 이에 대해서는 뒤(정리 2.31, 유클리드 알고리즘)에서 자세히 논의한다.

과제 2.22 다음을 확인하여라.

가. 두 정수 a, b에 대하여, a와 b의 최대공약수가 d이기 위한 필요충분조건은 $a\mathbb{Z}+b\mathbb{Z}=d\mathbb{Z}$, $d \geq 0$이다.

나. 모두는 0이 아닌 두 정수 a, b에 대하여, 집합 $a\mathbb{Z}+b\mathbb{Z}$에 속하는 제일 작은 자연수가 a와 b의 최대공약수이다.

다. 두 정수 a, b에 대하여 $ax+by=d$를 만족시키는 정수 x, y가 있다는 것은 $(a, b)=d$ $(d>1)$이기 위한 필요충분조건은 아니다. 즉, $(a, b)=d$이면 $ax+by=d$을 만족시키는 정수 x, y가 있지만, $ax+by=d$를 만족시키는 정수 x, y가 있다고 해서 $(a, b)=d$라고는 할 수 없다.

다음 정리로부터 $a\mathbb{Z}\cap b\mathbb{Z}$와 a, b의 최소공배수 사이의 관계를 알 수 있다. 이 정리의 증명은 $a\mathbb{Z}+b\mathbb{Z}=(a, b)\mathbb{Z}$의 증명과 비슷하다.

≪정리 2.23≫ 두 정수 a, b에 대하여 $a\mathbb{Z}\cap b\mathbb{Z}=[a, b]\mathbb{Z}$이다.

[증명 밑 그림]

(1) $a\mathbb{Z}\cap b\mathbb{Z}$은 덧셈과 뺄셈에 관하여 닫혀있으므로 0이 아닌 정수 l가 존재하여 $a\mathbb{Z}\cap b\mathbb{Z}=l\mathbb{Z}$이다.

(2) $l=[a, b]$이다.

증명 $S=a\mathbb{Z}\cap b\mathbb{Z}$라고 하면 $ab\in a\mathbb{Z}\cap b\mathbb{Z}=S$이므로 $\varnothing\neq S\subseteq\mathbb{Z}$이고, 또한 S가 덧셈과 뺄셈에 관하여 닫혀있다. 따라서 정리 2.14에 의하여 $S=l\mathbb{Z}$인 정수 $l\geq 0$이 존재한다. 그런데 $l\in S=a\mathbb{Z}\cap b\mathbb{Z}$이므로 $a\mid l$, $b\mid l$이다. 또한 $a\mid e$, $b\mid e$이면 $e\in a\mathbb{Z}\cap b\mathbb{Z}=l\mathbb{Z}$이고 따라서 $l\mid e$이다. 그러므로 $l=[a, b]$이다. ∎

과제 2.24 다음을 확인하여라.

모두가 0이 아닌 두 정수 a, b에 대하여, 집합 $a\mathbb{Z}\cap b\mathbb{Z}$에 속하는 제일 작은 자연수가 a와 b의 최소공배수이다.

위의 정리의 내용을 다음과 같은 격자도(lattice diagram, Hasse diagram)로 나타낼 수 있다.

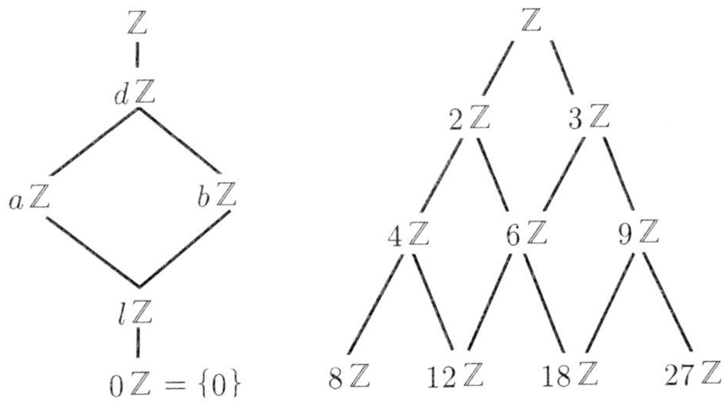

과제 2.25 다음을 확인하여라.

가. 일반적으로 대수학에서는 한 집합과 그 집합에 정의된 연산에 관하여 연구하는데 정수론에서는 정수 집합에서의 덧셈과 곱셈이 주된 연구 대상이다.

나. 집합론에서는 벤 다이어그램이 직관적이고 시각적인 이해를 돕는데 유용하듯이 대수학에서는 격자도가 유용하다. 격자도에는 덧셈과 뺄셈에 관하여 닫혀있는 등 대수적인 구조를 가진 집합만이 등장한다. 위의 예에서 보듯이 $a\mathbb{Z} \cup b\mathbb{Z}$는 덧셈이나 뺄셈에 관하여 닫혀있지 아니하므로 그림에 나타나지 않는다.

다. 앞의 왼쪽 격자도에서 a와 b가 서로소, 즉 $(a,\ b)=1$인 경우에는 $d\mathbb{Z} = \mathbb{Z}$가 되어 그림의 윗부분이 맞닿게 된다.

라. 임의의 두 정수 $a,\ b$에 대하여 $(a,\ b)=(|a|,\ |b|)$이다.

≪정리 2.26≫ 세 정수 $a,\ b,\ c$에 대하여 다음이 성립한다.

$$(ab,\ c)=1 \ \Leftrightarrow\ (a,\ c)=(b,\ c)=1$$

증명 ($\Rightarrow$) $abs+ct=1$인 $s,\ t \in \mathbb{Z}$가 있다. 따라서 $bas+ct=1$이다. 결국, $(a,\ c)=(b,\ c)=1$이다.

($\Leftarrow$) $as+ct=1,\ bs'+ct'=1$이므로, $(as+ct)(bs'+ct')=1$이다. 즉, $ab(ss')+c(ast'+bs't+ctt')=1$. 따라서 $(ab,\ c)=1$이다. ■

다음 정리는 자주 이용된다.

≪**정리 2.27**≫ 세 정수 a, b, c에 대하여 다음이 성립한다.

가. $(a, b)=1$일 때, $a \mid bc \Leftrightarrow a \mid c$이다.

나. $(a, b)=1$일 때, $a \mid c$, $b \mid c \Leftrightarrow ab \mid c$이다.

증명 가. $as+bt=1$ $(s,\ t \in \mathbb{Z})$이므로 $acs+bct=c$이다. 그런데 $a \mid bc$이므로 $a \mid c$이다. 역으로 $a \mid c$이면 $a \mid bc$이다.

나. $as+bt=1$ $(s,\ t \in \mathbb{Z})$이므로 $acs+bct=c$이다. 그런데 $ab \mid ac$이고 $ab \mid bc$이므로 $ab \mid c$이다. 역으로 $ab \mid c$이면 $a \mid c$이고 $b \mid c$이다. ■

위 정리로부터 다음을 알 수 있다.

소수 p가 bc를 나누면 즉, $p \mid bc$이면, $p \mid b$이든가 $p \mid c$이다.

과제 2.28 가. 다음을 확인하여라.

(1) $4 \mid 2\times 6$이지만 $4 \nmid 2$이고 $4 \nmid 6$이다.

(2) $4 \mid 12$이고 $6 \mid 12$이지만 $24 \nmid 12$이다.

나. 다음 물음에 답하여라.

(1) $\sqrt{2}$가 무리수임을 증명하여라.

(2) p가 소수일 때, $\sqrt{p}$가 무리수임을 증명하여라.

(3) p_1, p_2, $\cdots$, p_n이 서로 다른 소수일 때 $\sqrt{p_1p_2\cdots p_n}$이 무리수임을 증명하여라.

다. 삼각형의 닮음비 등 기하학적 방법을 사용하여 $\sqrt{2}$가 무리수임을 증명하여라.

다음 정리는 유클리드 알고리즘의 원리이다. 유클리드 알고리즘은 두 수의 최대공약수를 구하는데 유용하다.

> **≪정리 2.29≫** 정수 a, b, q, c에 대하여 $a=bq+c$이면 $(a, b)=(b, c)$이다.

[증명 밑 그림]

(1) $(a, b)=\alpha$, $(b, c)=\beta$라고 놓고, $\alpha \mid \beta$이고 $\beta \mid \alpha$임을 보인다.
(2) 최대공약수의 정의를 잘 활용한다.

증명 편의를 위해 $(a, b)=\alpha$, $(b, c)=\beta$라고 하자. $\beta \mid \alpha$이고 $\alpha \mid \beta$을 증명한다. 먼저 $\beta \mid \alpha$를 보이자. β는 b와 c의 약수이다. $a=bq+c$이므로, $\beta \mid a$이다. 따라서 $\beta \mid a$이고 $\beta \mid b$이다. 그런데 $(a, b)=\alpha$이므로 최대공약수의 정의에 의해 $\beta \mid \alpha$이다. 이제 $\alpha \mid \beta$를 보이자. $c=a-bq$, $\alpha \mid a$, 그리고 $\alpha \mid b$이므로 $\alpha \mid c$이다. 이제 $\alpha \mid b$이고 $\alpha \mid c$이며 $(b, c)=\beta$이므로 최대공약수의 정의에 의해 $\alpha \mid \beta$이다. ▩

과제 2.30 가. 위 정리를 이용하여 다음을 증명하여라.

임의의 두 정수 a, b에 대하여 $(a, b)=(a, a-b)=(b, a-b)$이다.

나. 다음 사실들은 최대공약수를 구하는데 활용할 수 있다. 증명하여라.

(1) 두 정수 a, b에 대하여 $(a, b)=(|a|, |b|)$이므로 a, b를 양의 정수로 제한할 수 있다.

(2) 임의의 정수 a에 대하여 $(a, 0)=|a|$이다.

(3) $a=b$일 때, $(a, b)=|a|$이다.

(4) a, b가 모두 짝수이면, $(a, b)=2\left(\frac{a}{2}, \frac{b}{2}\right)$이다.

(5) a가 짝수이고 b는 홀수이면 $(a, b)=\left(\frac{a}{2}, b\right)$이다.

임의의 $a, b \in \mathbb{Z}$에 대하여 a, b의 최대공약수 $d=(a, b)$는 물론 $d=as+bt$인 $s, t \in \mathbb{Z}$를 구하는 방법으로서 유클리드의 알고리즘을 들 수 있다.

≪정리 2.31≫ (유클리드 알고리즘)
두 자연수 a, b에 대하여 다음이 성립한다고 하자.

$$
\begin{array}{ll}
a=q_1b+r_1 & 0<r_1<b \\
b=q_2r_1+r_2 & 0<r_2<r_1 \\
r_1=q_3r_2+r_3 & 0<r_3<r_2 \\
\quad\vdots & \\
r_{n-2}=q_nr_{n-1}+r_n & 0<r_n<r_{n-1} \\
r_{n-1}=q_{n+1}r_n+0 &
\end{array}
$$

그러면 $(a, b)=r_n$이다.

과제 2.32 가. 정리 2.29에 근거하여 유클리드 알고리즘의 원리를 설명하여라.

나. 유클리드 알고리즘을 이용하여 다음 두 수의 최대공약수를 각각 구하여라.

(1) 12, 22　　　　(2) 126, 222

다. 위 '나'의 결과를 이용하여 다음 조건을 만족시키는 x와 y를 각각 구하여라.

(1) $12x+22y=2$　　　　(2) $126x+222y=6$

라. 일반적으로 $a\mathbb{Z}+b\mathbb{Z}=d\mathbb{Z}$일 때 $ax+by=d$인 x와 y를 구하기 위하여 유클리드 알고리즘을 이용할 수 있음을 설명하여라.

최대공약수를 구하는 것은 정수론의 많은 문제에서 중요하다. 따라서 위의 정리를 이해하는 것뿐만 아니라 이를 이용하여 실제로 최대공약수를 계산할 수 있어야 한다. 사실, 유클리드 알고리즘은 일차합동식의 풀이, 일차연립합동식의 풀이, 르장드르 기호의 계산, 비밀분산(secret sharing, threshold) 방안의 설계(Kranakis, 1986) 등 다양하게 활용된다.

과제 2.33 현행 학교 수학 교육과정에서 약수와 배수는 5단계와 7단계에서 다루어진다.

가. 분수를 약분할 때 공약수와 최대공약수의 역할을 설명하여라.

나. 통분할 때 공배수와 최소공배수의 역할을 설명하여라.

일차부정방정식

과제 2.34 다음 이름이나 용어를 모두 사용하여 작문하여라.
디오판투스, 디오판투스 방정식, 피타고라스 정리, 페르마, 페르마의 마지막 정리, 오일러, 와일즈

정수를 계수로 가지는 두 개 이상의 미지수에 관한 대수 방정식의 해 중에서 그 값이 모두 정수인 해를 정수해라고 한다. 그리고 이러한 방정식에 대하여 그 정수해만을 생각하는 경우에 이 방정식을 부정방정식 또는 디오판투스 방정식(Diophantine equation)이라고 한다.

특히, 일차부정방정식은 최대공약수를 구할 때나 임의의 두 정수 a, b에 최대공약수 $(a,\ b)$에 관하여 $(a,\ b)=ax+by$인 정수 x, y를 구할 때 등 유용하게 사용될 수 있다.

≪**정리 2.35**≫ 두 미지수 x, y에 관한 일차부정방정식 $ax+by=c(a\neq 0$ 또는 $b\neq 0)$에서 $d=(a,\ b)$라고 할 때, 이 방정식이 정수해를 가지기 위한 필요충분조건은 $d|c$인 것이다. 또 $d|c$일 때, $x=x_0$, $y=y_0$를 이 방정식의 특수해라고 하면 이 방정식의 일반해는 다음과 같이 나타내어진다.

$$\begin{cases} x=x_0+\dfrac{b}{d}k \\ y=y_0-\dfrac{a}{d}k \end{cases} \qquad k\in\mathbb{Z}$$

증명 먼저 주어진 일차부정방정식이 해를 가진다고 하자. 그러면 $d \mid a$이고 $d \mid b$이므로 $d \mid (ax+by)$이고 $d \mid c$이다. 한편, $as+bt=d$인 $s,\ t \in \mathbb{Z}$가 있다고 하자. 그런데 $d \mid c$이므로 $c=dl,\ l \in \mathbb{Z}$이다. 위 등식의 양변에 l을 곱해주면 $asl+btl=dl=c$. 결국 $x=sl,\ \ y=tl$은 주어진 일차부정방정식의 정수해이다. 이제, $x=x_0,\ y=y_0$가 주어진 일차부정방정식의 해라고 하고 일반해 $x,\ y$를 구하자. 먼저 $ax+by=c=ax_0+by_0$이므로 $a(x-x_0)=b(y_0-y)$이다. 양변을 $(a,\ b)=d$로 나누면

$$\frac{a}{d}(x-x_0)=\frac{b}{d}(y_0-y)$$

이다. 여기서 $\left(\frac{a}{d},\ \frac{b}{d}\right)=1$임에 주목하면, $\frac{b}{d}\,\Big|\,(x-x_0)$임을 알 수 있다. 따라서 적절한 정수 k에 대하여 $x-x_0=\frac{b}{d}k\ \left(즉,\ x=x_0+\frac{b}{d}k\right)$이다. 이 식을 $\frac{a}{d}(x-x_0)=\frac{b}{d}(y_0-y)$에 대입하면 $y=y_0-\frac{a}{d}k$임을 알 수 있다. 결국 다음을 얻는다.

$$x=x_0+\frac{b}{d}k$$

$$y=y_0-\frac{a}{d}k,\ k \in \mathbb{Z}$$ ■

과제 2.36 가. 유클리드 알고리즘을 이용하여 부정방정식 $7x+10y=280$을 풀어라. 또, 부정방정식 $7x+10y=280$의 자연수 해를 구하여라. 일반해(즉, 정수해)의 개수는 무한이지만 자연수 해의 개수는 유한임에 주목하여라.

나. 일차부정방정식 $2x+4y=3$의 해와 모든 실수해를 인정하는 일반적인 방정식 $2x+4y=3$의 해에 관하여 비교하여라.

사실, 일차부정방정식의 해를 구하기 위해서는 정수 성분을 가지는 격자점으로 이루어진 좌표 공간을 생각해야 한다.

다. 수탉은 한 마리에 은화 5냥, 암탉은 한 마리에 은화 3냥, 병아리는 세 마리에 은화 1냥으로 살 수 있을 때, 이들을 각각 몇 마리씩 사면 은화 100냥으로 모두 100마리를 살 수 있겠는가?

라. 고차 부정방정식을 생각할 수 있으나 일반적인 해법이 까다롭다. 고차 부정방정식의 대표적인 예로서 피타고라스의 정리와 페르마의 마지막 정리 등을 들 수 있을까?

마. 정리 2.35 증명에 관한 다음 물음에 답하여라.

(1) '$d \mid c$'를 증명하는 과정에서 '$d = as + bt$인 정수 s, t가 있다'는 가정이 왜 필요한지 설명하여라.

(2) 위 증명의 뒷 부분을 다음과 같이 할 수 있음을 확인하여라.

$\frac{a}{d}(x - x_0) = \frac{b}{d}(y_0 - y)$이고 $\left(\frac{a}{d}, \frac{b}{d}\right) = 1$이므로 $\frac{a}{d} \,\Big|\, (y_0 - y)$이며 $\frac{b}{d} \,\Big|\, (x - x_0)$이다. 따라서 적절한 정수 k_1과 k_2에 대하여 $y_0 - y = \frac{a}{d}k_1$이고 $x - x_0 = \frac{b}{d}k_2$ 즉, $y = y_0 - \frac{a}{d}k_1$이고 $x = x_0 + \frac{b}{d}k_2$이다. 이 식을 $\frac{a}{d}(x - x_0) = \frac{b}{d}(y_0 - y)$에 대입하면 $k_1 = k_2$임을 알 수 있다. 결국 다음을 얻는다.

$$x = x_0 + \frac{b}{d}k$$

$$y = y_0 - \frac{a}{d}k,\ k \in \mathbb{Z}$$

바. 위의 정리는 주어진 방정식에 관하여 다음 사항을 언급함

을 확인하여라.

(1) 해가 있는가?

(2) 해가 있다면 해의 개수는 몇 개인가?

(3) 해는 어떠한 형태인가?

*사. 다항식의 해에 관하여 다음을 확인하여라.

(1) 유리계수다항식이 유리수 체 $\mathbb{Q}$ 안에서 해를 가지지 않을 수 있다. 예를 들어, x^2-2가 그렇다. 마찬가지로, 실수계수다항식이 실수체 $\mathbb{R}$ 안에서 해를 가지지 않을 수 있다. 예를 들어, x^2+2가 그렇다. 그러나 대수학의 기본정리(Fundamental Theorem of Algebra)는 임의의 복소계수다항식은 복소수체 $\mathbb{C}$ 안에서 항상 해를 가진다는 것을 말한다.

(2) 임의의 자연수 n에 대하여 n차 복소계수다항식은 n개의 근을 가짐을 증명할 수 있다. 이 경우 중근은 두 개, 삼중근은 세 개 등과 같이 계산한다.

(3) 대수학의 기본정리는 주어진 다항식의 근의 존재에 관하여 말하는데 갈로아(Galois) 이론은 다항식의 해의 형태(solvability by radicals)에 관련된다. 즉, 대수학의 기본정리에 의하면 n차 복소계수다항식은 n개의 근을 가지는데 갈로아 이론은 그 근들은 어떠한 모양인지를 설명한다. 논의의 편의를 위하여 유리계수다항식의 경우만을 생각하면 다음과 같다. 4차 이하의 유리계수다항식의 해는 계수의 덧셈, 곱셈, 빨셈, 나눗셈, 그리고 거듭제곱근을 사용하여 나타낼 수 있지만, 5차 이상의 다항식의 경우는 그렇지 않다.

뒷 이야기

1. 화투 놀이에 관한 다음 물음에 답하여라.

가. 두 명이 놀이를 할 때에는 몇 장을 나누어 가져야 하며, 몇 장을 바닥에 펼쳐야 하나?

나누어 가지는 화투의 장수와 바닥에 펼치는 화투의 장수를 각각 x, y라고 하면 쌓아 놓을 화투의 장수는 $48-2x-y$이다. 그런데 화투 놀이의 규칙에 의하여 $48-2x-y=2x$가 성립한다. 결국 일차부정방정식 $4x+y=48$을 얻을 수 있고 (1, 44)는 한 해임을 알 수 있다. 이제 일반해는 다음과 같이 주어진다. 단, 이 경우에는 자연수 해만이 의미가 있다.

$$\begin{cases} x=1+k \\ y=44-4k \end{cases},\quad k\in\mathbb{Z}$$

결국 다음과 같은 여러 가지 해를 구할 수 있다.

$$\begin{cases} x=1 \\ y=44 \end{cases},\ \begin{cases} x=2 \\ y=40 \end{cases},\ \cdots,\ \begin{cases} x=9 \\ y=12 \end{cases},\ \begin{cases} x=10 \\ y=8 \end{cases},\ \begin{cases} x=11 \\ y=4 \end{cases}$$

보통은 $\begin{cases} x=10 \\ y=8 \end{cases}$의 경우로 놀이를 한다.

나. 세 명 또는 네 명의 경우는 어떠한가?

다. 이 놀이는 최대 몇 명까지 가능한가?

2. 디오판투스에 관하여 알려진 것이 거의 없지만, 그의 나이에 관하여 다음과 같은 말이 전해진다. 이 말이 참말이라면 그

의 나이는 얼마인가?

> "보라, 여기 디오판투스의 일생의 기록이 있다. 일생의 6분의 1은 청년이었다. 12분의 1 후에 수염이 자랐고 다시 7분의 1이 지나자 결혼하였다. 5년 후에 낳은 아들은 아버지 나이의 꼭 반을 살았고, 아들이 죽은지 4년만에 세상을 떠났다. 그가 몇 살까지 살았는가를 구해 보라."

3. 피타고라스 세 수, $4k+1$ 꼴의 소수와 $4k+3$ 꼴의 소수의 차이, 그리고 가우스 정수(Gaussian integer)에 관하여 간략히 조사하여라.

4. 다음 질문에 관하여 논의하여 보아라.
   가. 왜 최소공약수는 정의하지 않는가?
   나. 왜 최대공배수는 정의하지 않는가?
   다. 왜 2^0은 1인가?
   라. 왜 0!은 1인가?
   마. 왜 0 다항식의 차수는 $-\infty$인가?
   바. 왜 공집합은 모든 집합의 부분 집합인가?
   사. 왜 1은 소수가 아닌가?
   아. 0^0은 무엇인가?
   자. $\sqrt{-1}=i$라고 할 때, $\sqrt{-5}=\sqrt{5}\,i$임은 어떻게 설명하여야 하나?

5. 자연수 집합에서의 정렬성을 다음 개념들과 관련하여 이해하여라.

반순서, 전순서, 정렬, 선택공리, 조른의 보조정리(Zorn's Lemma), 극대원리(Maximality Principle), 정렬원리(Well-ordering Principle)

*6. 부정방정식에 관한 힐버트 문제에 대하여 알아보아라.

힐버트는 1900년 파리의 국제수학자회의에서 23개의 수학문제를 제시하였는데, 그 중 제 10번째는 임의로 주어진 부정방정식의 정수해가 존재하느냐 존재하지 않느냐 하는 것을 유한회의 조작으로서 판정할 수 있는 방법(즉, 알고리즘)을 구하라는 문제였다. 여러 수학자들의 연구 속에서 마티야세비치(Matijasevic)가 이 문제에 대하여 부정적 해결을 하였다. 즉, 해가 있느냐 없느냐를 판정하는 알고리즘이 존재하지 않는 그러한 부정방정식이 실제로 존재한다는 것이다. 이에 관한 자세한 설명은 김명환·김홍종 (2001)에서 볼 수 있다.

*7. '자료 : 다항식 시간 알고리즘'을 참고하여 다음에 관하여 알아보아라.

가. 겉모습이 같은 동전 1024개 중 하나만 9그램이고 나머지는 모두 10그램이다. 분리해결(divide and conquer) 전략을 사용하여 가벼운 동전을 찾는 효과적인 방법을 제시하여라.

나. 유클리드의 알고리즘은 다항식 시간(polynomial time) 알고리즘이다. 이 사실로부터 임의의 두 수의 최대공약수나 뒤에서 언급하게 될 르장드르 기호 등, 응용 대수학에서 중요한 계산을 컴퓨터로 쉽게(feasible, tractable) 계산

할 수 있다.

다. 컴퓨터의 계산량의 정도에 관하여 다음 용어들이 사용된다.

(1) 실현가능하다(feasible)

(2) 실현가능하지 않다(infeasible, untractable)

(3) 다항식 시간 알고리즘(polynomial time algorithm), 평균적 다항식 시간 알고리즘(expected polynomial time algorithm), 지수 시간 알고리즘(exponential time algorithm)

*8. 로그(logarithm)함수와 지수(exponential)함수의 특징을 다음 예를 통하여 알아보아라.

가. 스무고개(game of twenty questions)에 의한 도시 찾기

나. $1+2+2^2+\cdots$ 에서 n번째 항은 그 앞의 모든 항의 합보다 크다.

9. 다음은 구구단을 사용하지 않는 곱셈법이다(임나탈리아, 2006). 그 방법에 대하여 조사하고 원리를 설명하여라.

가. 16×27 8×54 4×108 2×216 1×432

따라서 $16\times27=432$

나. 19×27 9×54 4×108 2×216 1×432

따라서 $19\times27=27+54+432=513$

III

소수

지난 줄거리

1. 유클리드 알고리즘과 그 원리를 설명하여라.

2. 유클리드 알고리즘을 이용하여 부정방정식 $2x+3y=4$를 풀어라.

3. 다음을 증명하여라.
   주어진 정수 a, b, q, c에 대하여, $a=bq+c$이면 $(a, b)=(b, c)$이다.

4. 다음 용어를 모두 사용하여 작문하여라.
   약수, 배수, 최대공약수, 최소공배수, 유클리드 알고리즘

이번 줄거리

- 특수한 형태의 소수의 예와 그와 관련된 (미해결) 문제를 이해한다.
- 소수정리 등을 중심으로 소수의 분포에 관하여 전반적으로 이해한다.
- 소수판정과 소인수분해를 결정론적인 입장에서와 확률론적인 입장에서 구별할 수 있다.

여는 이야기

주어진 물질의 성질을 알기 위해서는 그 물질을 이루는 기본 구성요소는 무엇이며, 그 요소는 어떠한 성질을 가지는지를 알면 좋다. 옛날 그리스 철학자들은 물질의 기본 요소로서 물이나 불 등 다양하게 생각하고 그러한 기본 요소들에 관심을 가졌다.

과학자들이 원자나 분자 등에 관심을 가지는 것도 같은 이유라고 할 수 있을 것이다.

정수론의 주요 대상인 정수의 기본 요소는 무엇이라고 할 수 있을까?

이 장에서 논의하는 구체적인 문제는 다음과 같다.

- 소수는 무엇인가?
- 소수는 무수히 많을까? 특정한 모양의 소수의 경우는 어떠한가?
- 소수는 어떻게 분포하나?
- 최대공약수와 최소공배수를 구하는 과정에서 소인수분해는 어떻게 활용되는가?
- 소수판정과 소인수분해의 계산상의 특징은 정보보호에 어떻게 이용될 수 있는가?
- 소수의 학교 수학이나 실생활과의 연계성은 무엇인가?

소수

이 책에서는 소수의 정의를 '1보다 큰 자연수로서 1과 자기 자신 이외의 약수를 갖지 않는 수'라고 하면 옳지 않다. 음의 약수도 생각할 수 있기 때문이다. 예를 들어 2의 약수는 ±1과 ±2이다. 따라서 소수의 정의는 다음과 같이 한다.

> **≪정의 3.1≫** 다음 두 조건을 만족시키는 자연수 p를 소수(prime number)라고 한다.
>
> 가. $p>1$
>
> 나. p의 양의 약수는 1, p 뿐이다.

1보다 큰 자연수로서 소수가 아닌 수를 합성수(composite number)라고 한다. 즉, 다음 두 조건을 만족시키는 자연수 c를 합성수라고 할 수 있다.

가. $c>1$

나. $\exists a, b \in \mathbb{N}$; $1<a<c$, $1<b<c$, $c=ab$

(즉, 적어도 세 개 이상의 양의 약수를 갖는다.)

소수인가, 합성수인가?

소수를 골라내는 방법은 여러 가지를 생각할 수 있다. 그 중에서 에라토스테네스의 체(sieve)는 잘 알려진 방법이다.

과제 3.2 가. 에라토스테네스의 체를 설명하여라.

나. 다음 웹사이트를 방문하여 에라토스테네스가 지구의 둘레를 측정한 방법에 대하여 알아보아라.

http: //astrosun2.astro.cornell.edu/academics/courses/astro201/eratosthenes.htm

이제, 주어진 자연수가 소수인지 합성수인지를 판정하는 것은 중요하다. 작은 수에 대해서는 소수 판정(primality test)이 용이하지만 큰 수의 경우에는 상황이 다르다.

먼저 주어진 자연수 n에 대하여 2부터 $n-1$까지 나누어보면 n이 소수인지 아닌지 알 수 있다. 그러나 자연수 n이 합성수이면, n은 1보다 크고 $\sqrt{n}$ 보다 작거나 같은 약수를 가진다. 따라서 n이 주어지면 2부터 $\sqrt{n}$ 이하의 자연수까지만 나누어보아도 소수인지 아닌지 알 수 있다.

과제 3.3 가. '자료 : 다항식 시간 알고리즘'을 참고하여 매우 큰 자연수의 약수를 찾을 때, 위 정리는 현실적(계산상)으로 활용하기 어렵다는 것을 설명하여라.

나. '자료 : 확률론적 정당화'를 참고하여 소수 판정의 계산상 어려움을 확인하고 확률론적 소수 판정에 관하여 조사하여라.

다. 수 $\frac{10^k - 1}{9}$, $k \in \mathbb{N}$은 k개의 1로 나타나며 이 수를 'repunit 수'라고 한다. 이 수가 소수이기 위해서는 일단 k가 소수여야 하지만 $k=3$의 예에서 알 수 있듯이 k가 소수라고 하여도 그 수가 항상 소수인 것은 아님을 확인하여라. 사실, 현재까지 알려진 소수는 $k=2,\ 19,\ 23,\ 317,\ 1031$인 경우이다.

소수의 기본 성질

p가 소수일 때, 임의의 정수 a에 대하여 $(a,\ p)=1$ $(p \nmid a)$이든가 $(a,\ p)=p$ $(p \mid a)$이다. 이는 소수의 한 가지 특징이라고 할 수 있다.

과제 3.4 가. 다음을 설명하여라.

$$p \rightarrow (q \vee r) \Leftrightarrow (p \wedge \sim q) \rightarrow r$$

나. 소수 p와 두 정수 a, b에 대하여 다음이 성립함을 증명하여라.

$$p \mid ab \Rightarrow p \mid a \text{ 또는 } p \mid b$$

이를 위하여 $p \mid ab$이고 $p \nmid a$이면 $p \mid b$임을 증명하면 된다. 즉, $p \mid ab$이고 $(p, a) = 1$이면 $p \mid b$임을 증명하면 된다.

다. 임의의 소수 p에 대하여 $\sqrt{p}$는 무리수임을 증명하여라.

라. 정수 a가 $a \geq 2$이면 a의 소인수(소수인 인수)가 적어도 하나 존재함을 증명하여라.

소수의 개수는 유한인가, 무한인가?

소수가 무수히 많다는 사실은 이미 오래전에 알려졌다. 사실, 다음 증명은 유클리드의 '원론'에 소개되어 있다.

> **≪정리 3.5≫** 소수는 무수히 많다.

증명 유한개의 소수만이 있다고 가정하고 이들 소수를 $p_1, p_2, \cdots, p_n$이라고 하자. 이때 $q = p_1 p_2 \cdots p_n + 1$이라고 놓으면, $q > 1$이므로 소인수 p가 있다. 그런데 가정에서 소수는 $p_1, p_2, \cdots, p_n$ 뿐이므로 p는 이들 중 어느 하나와 일치한다. 따라서 $p \mid q$, $p \mid p_1 p_2 \cdots p_n$

이므로, $p \mid (q-p_1p_2 \cdots p_n)$, 즉 $p \mid 1$이 되므로 모순이다. 결국 소수가 유한개 있다는 가정은 잘못이다. ▩

과제 3.6 가. 위 정리에 관한 다음 증명에 관하여 논의하여라.

유한개의 소수 $p_1, p_2, \cdots, p_n$만이 존재한다고 가정하고, 이때 $1 < m < n$인 정수 m을 택하여 $q = p_1p_2 \cdots p_m + p_{m+1} \cdots p_n$이라 놓아도 위와 유사한 방법으로 모순을 이끌어 낼 수 있다.

나. '자료 : 소수는 무수히 많다'를 참고하여 소수가 무수히 많다는 여러 증명에 대하여 조사하여라.

다. 소수 전체의 집합 $\{p_1=2, p_2=3, \cdots, p_n, \cdots\}$에서 $q=p_1p_2 \cdots p_k+1$은 항상 소수인지 논의하여라.

라. 유클리드 원론 어디에서 소수가 무수히 많음을 증명하는지 조사하여라.

다음 정리는 중요하지만 증명은 생략한다. 다만 특수한 경우 몇 가지만을 증명한다.

> **≪정리 3.7≫** (Dirichlet)
> 서로소인 두 자연수 a, b에 대해 $an+b$ $(n \in \mathbb{Z},\ n \geq 0)$의 꼴인 소수는 무수히 많다.

a, b가 서로소가 아니면 위 정리는 성립하지 않는다. 즉, 두 자연수 a, b에 대해 $an+b$ $(n \in \mathbb{Z},\ n \geq 0)$의 꼴인 소수가 무수

히 많기 위한 필요충분조건은 a, b가 서로소인 것이다.

정리 3.7의 특수한 경우로서 일부 a, b에 대해서는 어렵지 않게 증명할 수 있는 경우가 있다.

과제 3.8 다음 절차에 따라 $4n+3$ 꼴의 소수는 무수히 많음을 설명하여라.

가. $4n+3$ 꼴의 소수가 유한개 p_1, p_2, $\cdots$, p_s만이 존재한다고 가정하고, $N=4p_1p_2\cdots p_s-1$이라 놓는다.

나. N은 $4n+3$ 꼴이다.

다. N의 소인수분해를 $N=q_1q_2\cdots q_k$이라고 놓는다.

라. 적어도 어떤 소인수 하나 q_i는 $4n+3$ 꼴이다.

마. q_i는 p_1, p_2, $\cdots$, p_s 중 하나이나 이는 모순이다.

다음 정리는 뒤(정리 7.20)에서 증명한다.

≪정리 3.9≫ $4n+1$의 꼴인 소수는 무수히 많다.

소수의 분포

무수히 많은 소수들이 자연수의 나열에서 어떻게 분포하고 있는지는 지속적으로 수학자들에게 연구대상이 되어왔던 문제이다.

가. 2, 3 (연속하는 소수의 분포). 이러한 형태의 분포는 이것 딱 한 쌍 뿐이다.

나. 3, 5 (두 수의 차가 2인 소수의 쌍 : 쌍둥이 소수). 이러한 소수의 분포는 매우 많이 발견되었으며 여전히 무수히 많은 쌍이 존재하는지는 미해결 문제이다. 2002년까지 알려진 가장 큰 쌍둥이 소수는 2001년에 발견된 $318032361 \cdot 2^{107001} \pm 1$이라고 한다.

다. 각 자연수 n에 대하여, n개의 연이은 정수 $(n+1)!+k$ $(2 \le k \le n+1)$는 합성수이다. 즉, 생각하기에 따라서 충분히 긴 수의 나열에 단 한 개의 소수도 들어있지 않는 경우도 생긴다.

다음 정리도 중요하나 증명은 생략한다.

≪정리 3.10≫ (소수정리, Prime Number Theorem)
양의 실수 x에 대하여 x보다 작거나 같은 소수 전체의 개수를 $\pi(x)$라고 하면 다음이 성립한다. 여기서 $\ln x = \log_e x$이다.

$$\lim_{x \to \infty} \frac{\pi(x)}{x/\ln x} = 1$$

과제 3.11 가. 소수의 분포에 관한 소수정리에 초월수[3] e가 관계함을 주목하여라. 원주율을 나타내는 π도 초월수이다.

3) 초월수는 보통 '추상대수학'에서 자세히 정의한다.

나. 다음을 확인하여라.

(1) 이 정리는 가우스가 1793년에 예측하였고, 1896년에 프랑스 수학자 아마다르(Hadamard)와 벨기에 수학자 푸생(de la Vallee-Poussin)이 독립적으로 이 정리를 증명하였다. 그 후에 셀베르그(Atle Selberg)와 에어디쉬(Paul Erdös)에 의해 해석학적인 방법 등을 사용하지 않는 기본정수론(Elementary Number Theory)의 방법으로 증명되었다. '자료 : 소수는 무수히 많다'를 참고하여 소수 무한성에 관한 기본정수론적 방법과 해석적 정수론(Analytic Number Theory) 방법의 한 예를 조사하여라.

(2) 리이만(Riemann)은 유명한 '리이만 가설(Riemann Hypothesis)'을 전제로 소수정리를 증명하였다. '자료 : 리이만 가설'을 참고하여 현대 수학의 중요한 미해결 문제인 리이만 가설(Riemann Hypothesis)의 내용과 이의 소수정리(Prime Number Theorem)와의 관계를 조사하여라.

(3) 박평우 · 김운규 · 정광택(2002)에 소수정리를 통계적인 방법으로 구하는 방법이 소개되어 있다.

(4) 300억보다 작은 소수의 개수는 대략 $\frac{300억}{\ln 300억} \fallingdotseq$ 1,243,552,585이다.

(5) 300억보다 작은 수 중에서 소수일 확률은 대략 $\frac{1}{\ln 300억}$ $\fallingdotseq 0.04$이다.

(6) 예를 들어 300억과 같이 임의로 큰 수가 주어졌을 때 어떤 수부터 시작하여 300억 개의 연속된 수 중에 소수가 하나도 없도록 할 수 있을까? 사실, 가능하다. 예를 들어, 연속한 수 $(300억+1)!+2, \cdots, (300억+1)!+(300$

억+1)을 생각하여 보아라(47쪽 참조).

페르마 소수와 메르센느 소수

≪**정의 3.12**≫ 다음과 같은 꼴의 정수를 페르마 수(Fermat number)라고 한다.

$$F_n = 2^{2^n} + 1 \ (n \geq 0)$$

특히, F_n이 소수일 때, 이 소수를 페르마 소수라고 한다.

과제 3.13 인수정리를 이용하여 다음을 설명하여라.

k가 양의 홀수이면 $x^k + y^k$는 $x+y$로 나누어떨어진다.

≪**정리 3.14**≫ 자연수 m에 대하여 $2^m + 1$이 소수이면 $m = 2^n (n \geq 0)$이다.

증명 m이 양의 홀수 k의 배수이면 $2^m + 1$은 $2^{\frac{m}{k}} + 1$로 나누어떨어진다. 따라서 $2^m + 1$이 소수이면 m은 2의 거듭제곱이어야 한다. ■

다음 다섯 개의 수

$$F_0 = 2^{2^0} + 1 = 3 \qquad F_1 = 2^{2^1} + 1 = 5$$

$$F_2 = 2^{2^2} + 1 = 17 \qquad F_3 = 2^{2^3} + 1 = 257$$

$$F_4 = 2^{2^4} + 1 = 65537$$

는 모두 소수이다. 이 사실로부터 페르마 수 $F_n = 2^{2^n} + 1$을 모두 소수라고 추측할 수 있다. 그러나 오일러가 다섯 번째 페르마 수 $F_5 = 2^{2^5} + 1 = 4294967297 = 641 \cdot 6700417$가 합성수임을 밝혔다.

***과제 3.15** 가. 페르마 수 F_n $(n \geq 3)$가 약수를 가지면 그 약수는 $k2^{n+2} + 1$의 꼴이다. 이 사실을 $F_5 = 2^{2^5} + 1 = 4294967297 = 641 \cdot 6700417$의 경우에 확인하여라.

나. $F_0 F_1 F_2 \cdots F_{n-1} + 2 = F_n$임을 확인하여라.

다. 다음을 중심으로 오일러의 업적에 관하여 조사하여라.

> 페르마의 업적을 세상에 알리는 데 있어서 중요한 역할을 한 사람은 오일러이다. 페르마의 마지막 정리와 뒤에 나오는 페르마-오일러 정리(정리 5.19)는 그 대표적인 예라고 할 수 있다. 한편, 페르마는 모든 페르마 수는 소수라고 추측하였으나 이 주장이 옳지 않음을 보인 수학자도 오일러이다. 오일러는 페르마-오일러정리를 이용하여 페르마 소수에 관한 페르마의 추측이 옳지 않음을 보였다. 사실, $n \geq 5$인 페르마 소수는 아직 발견되지 않고 있으며, 많은 사람들은 $n \geq 5$인 페르마 소수는 없을 것으로 추측하고 있다.

라. 다음을 확인하여라.

정다각형의 작도 가능성은 페르마 수와 관련된다. 사실, 추상대수학에서 가우스에 의한 다음 사실을 증명한다.

> 주어진 원에 내접하는 정n각형이 작도 가능하기 위한 필요충분조건은 자연수 n $(n \geq 3)$이 다음과 같은 꼴의 정수인 것이다.
>
> $$n = 2^m \ (m \geq 2) \text{ 또는 } n = 2^k p_1 p_2 \cdots p_r \ (k \geq 0,\ r \geq 1)$$
>
> 여기서 $p_1, p_2, \cdots, p_r$는 서로 다른 페르마 소수이다.

마. 위 사실에 근거하여 정삼각형, 정오각형, 그리고 정십칠각형은 작도가능하지만 정칠각형, 정십일각형, 그리고 정십삼각형은 작도가능하지 않음을 설명하여라.

≪정의 3.16≫ 다음과 같은 꼴의 정수를 메르센느 수(Mersenne number)라고 한다.

$$M_n = 2^n - 1 \ (n \geq 2)$$

특히, M_n이 소수일 때, 이 소수를 메르센느 소수라고 한다.

페르마 소수의 경우와 마찬가지로 인수정리를 이용하면 다음을 알 수 있다.

≪정리 3.17≫ 자연수 $2^n - 1$가 소수이면 n은 소수이다.

과제 3.18 가. 메르센느 수 $2^n - 1$을 이진법으로 나타내어라.

나. 위 사실을 이용하여 '자연수 2^n-1이 소수이면 n은 소수' 임을 설명하여라.

*다. 다음을 확인하여라.

(1) $M_{11}=2047=23\times 89$, $M_{23}=8388607=47\times 178481$

(2) 2003년 11월 17일 40번째 Mersenne 소수가 발견되었다. 이 수는 632만 자리의 수로서 보통의 인쇄 크기로 쓰면 20km에 달한다. 다음에서 볼 수 있다.

http: //www.mersenne.org/primes.htm.

*라. (페르마) 메르센느 수 $M_p=2^p-1$ (p : 소수)[4]의 소인수는 $2kp+1$, $k\in\mathbb{N}$의 꼴이다. 예를 들어 $M_{11}=2047=23\times 89$에서 소인수 23은 $2\times 11+1$의 꼴이다.

*마. 다음에 관하여 조사하여라.

(1) 하노이 탑(Tower of Hanoi)과 수학자 Edouard Lucas

(2) 원반의 수가 n일 때 하노이 탑 문제의 답은 $M_n=2^n-1$로서 메르센느 수이다.

(http: //www.cut-the-knot.org/recurrence/hanoi.shtml)

합성수의 분해

1보다 큰 모든 자연수 n은 유한 개의 소수 p_1, p_2, $\cdots$, p_k의 곱 $n=p_1\cdots p_k$로 나타내어진다. 이때, 자연수 n은 소인수 분해된다

4) 이 수 M_p는 소수가 아닐 수 있다.

고 말하고, 실제로 소인수의 곱으로 나타내었을 때를 자연수 n의 소인수분해라고 한다.

다음 정리는 중요하다.

≪정리 3.19≫ (정수론의 기본정리[5])

가. 각 정수 $n(n \geq 2)$은 유한개의 소수 p_1, p_2, p_3, ⋯, p_k의 곱 $n = p_1p_2p_3 \cdots p_k$로 소인수 분해된다.

나. 각 정수 n $(n \geq 2)$의 소인수 분해는 본질적으로 단 한 가지뿐이다. 즉 $n = p_1 \cdots p_s$, $n = q_1 \cdots q_t$ (p_1, ⋯, p_s, q_1, ⋯, q_t는 소수)를 n의 소인수분해라고 하면, $s = t$이고 p_1, ⋯, p_s와 q_1, ⋯, q_t는 그 순서만이 다를 뿐이다.

[증명 밑 그림]

먼저, 자연수 집합에서의 정렬성을 이용하여 모든 수가 소인수분해됨을 보인다. 그 후 수학적귀납법을 적용하여 소인수분해의 유일성을 증명한다.

증명 가. 집합 $S = \{a \in \mathbb{Z} \mid a \geq 2,\ a$는 소인수분해되지 않는다$\}$가 공집합임을 보인다. S가 공집합이 아니면 S는 최소원 m을 가진다. m은 소수가 아니므로 $m = de$ $(1 < d < m,\ 1 < e < m)$인 정수 d, e가 존재한다. d와 e는 모두 소인수분해가 되므로 $m = de$도 소인수분해가 되어 모순에 이른다.

나. n에 관한 수학적귀납법을 적용한다. $n = 2$인 경우에는 n이 소수이므로 소인수분해는 유일하다. $2 \leq n < k$인 경우에는 소

5) 때로는 '산술의 기본정리(Fundamental Theorem of Arithmetic)'라고 한다.

인수분해가 유일하다고 하고 $n=k$인 경우에도 소인수분해가 유일함을 보인다. $n=p_1\cdots p_s$에서 $s=1$이면 $p_1=q_1\cdots q_t$이므로 $t=1$, $p_1=q_1$이다. $s>1$이면 p_1은 $n=q_1\cdots q_t$의 약수이므로, q_1, q_2, $\cdots$, q_t를 재배열하여 $p_1=q_1$이라고 가정할 수 있다. $p_2\cdots p_s=q_2\cdots q_t$이므로 귀납법 가정에 의하여 $s=t$이고, p_2, $\cdots$, p_s와 q_2, $\cdots$, q_t는 그 순서만이 다를 뿐이다. ▩

과제 3.20 가. 위 기본정리가 주장하는 바는 자명한 것이 아님을 다음 두 예를 통하여 개략적으로 이해하여라. 자세한 논의는 '추상대수학'에서 논의한다.

(1) 짝수 전체의 집합에서는 2, 6, 10, 14, …가 소수이다. 이 경우 $60=2\times30=6\times10$과 같이 다른 방법으로 인수분해할 수 있다.

(2) 집합 $\{a+b\sqrt{6} \mid a,\ b\in\mathbb{Z}\}$에서 $10=2\times5=(4+\sqrt{6})\times(4-\sqrt{6})$과 같이 다른 방법으로 인수분해 할 수 있다.

나. 정수론의 기본정리를 이용하여 $\sqrt{2}$가 무리수임을 다음 절차를 따라 설명하여라.

(1) 제곱수를 소인수분해하면 모든 소인수는 짝수 개 있다.

(2) $\sqrt{2}$가 유리수라고 가정하고 양 변을 제곱하여 정리한다.

(3) 2는 단 한 개의 소인수로 분해됨에 주목하고 정수론의 기본정리를 적용하여 모순을 유도한다.

다. 자연수 1을 소수라고 약속하면 어떠한 어려움이나 불편함이 있는지 논의하여라.

≪**정의 3.21**≫ 자연수 n $(n \geq 2)$의 서로 다른 소인수 전체가 $p_1, p_2, \cdots, p_k$일 때, n은 단 한 가지 방법으로 다음과 같이 소인수분해 된다.

$$n = p_1^{e_1} \cdots p_k^{e_k}$$

$$(p_1, \cdots, p_k\text{는 서로 다른 소수이고, } e_1 \geq 1, \cdots, e_k \geq 1)$$

자연수 n $(n \geq 2)$을 위와 같은 꼴로 나타낸 것을 특히 n의 표준소인수분해라고 한다.

두 정수의 표준소인수분해를 알고 있을 때에는 위의 방법으로 쉽게 최대공약수와 최소공배수 등 여러 문제를 효과적으로 풀 수 있다.

≪**정리 3.22**≫ 자연수 a, b에 대하여 다음이 성립한다.

$$a = p_1^{k_1} p_2^{k_2} \cdots p_t^{k_t},\ b = p_1^{l_1} p_2^{l_2} \cdots p_t^{l_t}\ (k_i \geq 0,\ l_i \geq 0)$$

$$(\text{여기서 } p_1, p_2, \cdots, p_t\text{는 서로 다른 소수})$$

이때, 각 $i\,(1 \leq i \leq t)$에 대하여 $m_i = \min\{k_i, l_i\}$, $n_i = \max\{k_i, l_i\}$라고 하면 다음이 성립한다.

가. $(a, b) = p_1^{m_1} p_2^{m_2} \cdots p_t^{m_t}$, $[a, b] = p_1^{n_1} p_2^{n_2} \cdots p_t^{n_t}$

나. $ab = (a, b)[a, b]$

과제 3.23 가. 위 정리의 내용은 중학교 과정에서 배우는 두 정수의 최대공약수, 최소공배수를 구하는 방법임을 확인하여라.

나. 다음은 세 수 12, 30, 70의 최소공배수를 구하는 과정이다.

$$\begin{array}{r|rrr} 2 & 12 & 30 & 70 \\ \hline & 6 & 15 & 35 \end{array}$$

$$\downarrow$$

$$\begin{array}{r|rrr} 3 & 6 & 15 & 35 \\ \hline & 2 & 5 & 35 \end{array}$$

$$\downarrow$$

$$\begin{array}{r|rrr} 5 & 2 & 5 & 35 \\ \hline & 2 & 1 & 7 \end{array}$$

첫 단계에서는 세 수 모두의 약수인 2를 사용하지만 두 번째 단계와 세 번째 단계에서는 두 수만의 약수인 3과 5를 사용했다. 네 개 이상의 수의 최소공배수를 구할 때에도 두 개 이상의 수의 공약수에 대해서 위와 같은 과정을 거쳐야 한다. 이 알고리즘을 이론적으로 설명하여라. 또 다음과 같이 하여도 됨을 설명하여라.

$$\begin{array}{r|rrr} 2 & 12 & 30 & 70 \\ \hline & 6 & 15 & 35 \end{array}$$

$$\downarrow$$

$$\begin{array}{r|rrr} 2 & 6 & 15 & 35 \\ \hline & 3 & 15 & 35 \end{array}$$

$$\downarrow$$

$$\begin{array}{r|rrr} 3 & 3 & 15 & 35 \\ \hline & 1 & 5 & 35 \end{array}$$

$$\downarrow$$

$$\begin{array}{r|rrr} 5 & 1 & 5 & 35 \\ \hline & 1 & 1 & 7 \end{array}$$

$$\downarrow$$

$$\begin{array}{r|rrr} 7 & 1 & 1 & 7 \\ \hline & 1 & 1 & 1 \end{array}$$

한편, 다음과 같이 구하면 왜 틀리는지 설명하여라.

$$\begin{array}{r|rrr} 10 & 12 & 30 & 70 \\ \hline & 12 & 3 & 7 \end{array}$$

$$\downarrow$$

$$\begin{array}{r|rrr} 3 & 12 & 3 & 7 \\ \hline & 4 & 1 & 7 \end{array}$$

다. 다음을 확인하여라.

(1) n개의 자연수 $a_1, \cdots, a_n$에 대하여 다음이 성립한다.

$$[a_1, \cdots, a_{n-1}, a_n] = [[a_1, \cdots, a_{n-1}], a_n]$$

(2) 세 자연수 a, b, c에 대하여 다음이 성립한다.

$$(a, b, c)[ab, bc, ca] = abc$$

두 정수의 표준소인수분해를 알고 있을 때에는 위의 방법으로 쉽게 최대공약수와 최소공배수 등 여러 문제가 자연스럽게 해결되지만 주어진 수의 소인수분해를 구하는 일은 그리 쉽지 않다.

소인수분해의 활용

자연수 n에 대하여 n의 양의 약수 전체의 개수와 합에 대하여 생각해보자. 좀 더 효율적인 방법으로 논하기 위해 다음과 같은 함수를 생각해보자.

$$\tau(n) = (n\text{의 양의 약수 전체의 개수})$$
$$\sigma(n) = (n\text{의 양의 약수 전체의 합})$$

과제 3.24 다음을 확인하여라.

가. 소수 p에 대해서 $\tau(p)=2$, $\sigma(p)=p+1$이다.

나. $n=6$과 같이 $\sigma(n)=2n$인 정수 n을 완전수(perfect number)라고 한다.

다. $n \geq 2$인 정수에서 $\tau(n)$이 홀수이면, n은 완전제곱수이다.

라. 홀수인 완전수는 아직까지 발견되지 않았으며 완전수가 무수히 많은지도 아직 밝혀지지 않았다. 짝수인 완전수는 메르센느 소수와 관련이 깊다. 사실, 메르센느 소수 (p : 소수) $M_p = 2^p - 1$에 대하여 $N_p = 2^{p-1}M_p$라고 하면, N_p는 완전수이다. 더욱이 짝수인 완전수 n은 모두 이와 같은 꼴이다(김응태 · 박승안, 2002).

주어진 자연수의 소인수분해를 알면 그 수의 약수의 개수 등 그 수에 관하여 많은 사실을 알 수 있다. 다음 정리로부터 자연수의 소인수분해를 알면 그 수의 약수의 전체 개수와 그들 약수 모두의 합을 쉽게 계산할 수 있음을 알 수 있다.

> **≪정리 3.25≫** 정수 n $(n \geq 2)$의 표준소인수분해가 $n = p_1^{e_1} p_2^{e_2} \cdots p_r^{e_r}$라고 하면 다음이 성립한다.
>
> 가. $d \geq 1,\ d \mid n \Leftrightarrow d = p_1^{f_1} p_2^{f_2} \cdots p_r^{f_r}\ (0 \leq f_i \leq e_i)$
>
> 나. $\tau(n) = (e_1 + 1)(e_2 + 1) \cdots (e_r + 1)$
>
> 다. $\sigma(n) = (1 + p_1 + p_1^2 + \cdots + p_1^{e_1})(1 + p_2 + \cdots + p_2^{e_2}) \cdots (1 + p_r + \cdots + p_r^{e_r})$

임의의 두 정사각행렬 A, B에 대하여 $|AB| = |A||B|$[6]이다. 행렬식의 이러한 성질을 함수 τ와 σ도 가지고 있다.

> **≪정리 3.26≫** $(m, n) = 1$이면 다음이 성립한다.
>
> 가. $\tau(mn) = \tau(m)\tau(n)$
>
> 나. $\sigma(mn) = \sigma(m)\sigma(n)$

위의 성질을 이용하여 다음을 쉽게 알 수 있다.

---

6) 임의의 두 정사각행렬 A, B에 대하여 다음은 성립하지 않는다.
$|A+B| = |A| + |B|$

≪정리 3.27≫ 정수 n $(n \geq 2)$의 표준소인수분해가 $n = p_1^{e_1} p_2^{e_2} \cdots p_r^{e_r}$이라고 하면 다음이 성립한다.

가. $\tau(n) = \tau(p_1^{e_1})\tau(p_2^{e_2}) \cdots \tau(p_r^{e_r})$

나. $\sigma(n) = \sigma(p_1^{e_1})\sigma(p_2^{e_2}) \cdots \sigma(p_r^{e_r})$

과제 3.28 가. 정리 3.25, 정리 3.26, 그리고 정리 3.27을 증명하여라.

나. 다음을 설명하여라.

(1) 정칙행렬 A의 역행렬의 행렬식은 $|A|^{-1}$이다.

(2) 원소의 개수가 n인 집합의 부분 집합의 개수는 2^n이다.

다. $\dfrac{9}{12} + \dfrac{7}{9}$을 계산하는 방법을 공배수, 최소공배수, 공약수, 최대공약수, 소수, 소인수분해의 측면에서 논의하여라.

정수의 여러 가지 표현

일상생활에서 정수를 10진법으로 나타낸다. 그러나 반드시 정수를 10진법으로만 나타낼 필요는 없고, 우리가 원하는 여러 가지 방법으로 나타낼 수 있다. 일반적으로 진법은 다음 정리에 그 근거를 두고 있다.

≪**정리 3.29**≫ 고정된 정수 p $(p \geq 2)$에 대하여, 임의의 자연수 n은 단 한 가지 방법으로 다음과 같은 꼴로 나타낼 수 있다.

$$n = r_m p^m + r_{m-1} p^{m-1} + \cdots + r_1 p + r_0$$

여기서 $m \geq 0,\ 1 \leq r_m \leq p-1,\ 0 \leq r_i \leq p-1 (0 \leq i \leq m-1)$이다.

자연수 n에 대하여 위와 같은 전개식이 성립할 때, 이 사실을 다음과 같이 나타낸다.

$$n = r_m r_{m-1} \cdots r_1 r_{0(p)}$$

그리고 'n을 p 진법으로 나타내면 $n = r_m r_{m-1} \cdots r_1 r_0$'라고 한다.

과제 3.30 가. 자릿값(place value)의 개념을 진법과 관련하여 설명하여라.

나. 어떤 학생이 $34 > 4$이기 때문에 $2.34 > 2.4$라고 생각하는 경우 어떻게 지도하여야 하는지 논의하여라.

다. 십진법으로 표현된 수를 이진법으로 나타내는 방법과 그 방법이 왜 옳은지 그 이유를 설명하여라.

이제 1보다 작은 양의 분수도 여러 가지 진법으로 나타낼 수 있다.

≪정리 3.31≫ 고정된 정수 p $(p \geq 2)$에 대하여, 1보다 작은 임의의 양의 수 q는 단 한 가지 방법으로 다음과 같은 꼴로 나타낼 수 있다.

$$q = \frac{r_{-1}}{p} + \frac{r_{-2}}{p^2} + \cdots + \frac{r_{-m}}{p^m} + \cdots$$

$m \geq 1, 0 \leq r_{-i} \leq p-1,\ i = 1,\ 2,\ 3 \cdots$

1 보다 작은 양의 수 q 에 대하여 위와 같은 식이 성립할 때, 이 사실을 다음과 같이 나타낸다.

$$q = 0.r_{-1}r_{-2} \ldots r_{-m} \ \cdots_{(p)}$$

r_{-m-1}이하가 모두 0인 경우에는 $q = 0.r_{-1}r_{-2} \ldots r_{-m\,(p)}$와 같이 나타낸다.

과제 3.32 가. 1보다 작은 양의 분수(또는 소수(decimal number)) q를 이진법으로 나타내는 알고리즘을 제시하고 그 방법이 왜 옳은지 설명하여라.

나. 다음 분수를 이진법으로 표현하여라.

$$\frac{1}{2},\ \frac{1}{3}$$

중학교 1학년(제 7단계)에서는 십진법과 이진법에 대하여 지도한다. 유리수, 정수, 자연수는 수이고, 이러한 수는 분수(fraction)의 꼴 또는 소수의 꼴로 나타낼 수 있고 또 10진법, 2진법, 60진법으로도 나타낼 수 있다. 이와 같이 진법은 수를 나타내는 방법에 지나지 않으므로 수를 이진법으로 나타낸 것을 마치 새로운 수인 것처럼 '이진수' 등과 같은 용어는 바람직하지 않다.

과제 3.33 가. 제6차 교육과정에서 '이진수'라는 용어를 사용하지 않도록 하였다. 그 결과 '이진법의 수'라는 용어가 등장하였다. 한편, 제7차 교육과정에 의한 교과서에서는 '이진법으로 표현된 수'라는 용어도 사용되었다. 이러한 용어 사용의 도입은 꼭 필요한지 논의하여라.

나. 2006년 8월에 확정 공포된 수학과 새 교육과정에서는 집합에서 '서로소(relatively prime)'라는 용어를 사용하지 않기로 하였고, 일차방정식의 해에 관하여 '부정'이나 '불능'이라는 용어도 사용하지 않기로 하였다. 이러한 추세는 불필요한 '용어화'를 지양하자는 것으로 이해할 수 있다. 이러한 관점에서 '이진수', '이진법의 수', 또는 '이진법으로 나타낸(표현된) 수'라는 용어를 사용하지 않는 것이 타당하다는 것을 설명하여라.

다. '정수', '유리수', 또는 '실수'는 자연수 개념의 확장 개념이라고 할 수 있다. '이진수'라는 용어는 이와는 다르다는 것을 설명하여라.

중학교 교육과정에서 유리수를 $\frac{(\text{정수})}{(0\text{이 아닌 정수})}$와 같은 꼴의 수로 도입하고, 모든 유리수는 유한소수(decimal number) 또는 순환무한소수로 나타낼 수 있고, 순환무환소수는 $\dfrac{(\text{정수})}{(0\text{이 아닌 정수})}$의 꼴로 나타낼 수 있음을 설명하여 무리수를 순환하지 않는 무한소수로 이해한다. 유한소수는 순환무한소수로 볼 수 있기 때문에 유리수와 무리수 차이는 유한소수인가 무한소수인가에 있지 아니하고 순환소수인가 아닌가에 있다고 볼 수 있다.

과제 3.34 다음을 확인하여라.

가. 분수 $\frac{1}{5}$을 십진법을 사용하여 소수로 나타내면 유한소수이지만 무한순환소수로도 볼 수 있다.

나. 분수 $\frac{1}{3}$을 십진법을 사용하여 소수로 나타내면 무한순환소수이다.

다. 분수 $\frac{1}{5}$을 이진법을 사용하여 소수로 나타내면 무한순환소수이다.

라. 분수 $\frac{1}{3}$을 삼진법을 사용하여 소수로 나타내면 유한소수이지만 무한순환소수로도 볼 수 있다.

소수와 정보 보호

정보 보호를 주로 연구하는 암호학(cryptology)에서 소수는 중요한 역할을 한다. 사실, 주어진 자연수가 소수인지를 판정할 때, 보통은 소인수분해를 이용한다. 양의 정수 n이 합성수이면, n은 $\sqrt{n}$보다 작거나 같은 약수를 가진다. 그러나 이 원리를 이용한 알고리즘은 다항식 시간 알고리즘보다 훨씬 복잡도가 커서 현실적으로 활용할 수 없다. 실제로, 소인수분해는 컴퓨터를 사용하더라도 실현가능하지 않다(infeasible). 그러나 주어진 자연수가 소수인지 아닌지를 판정하는 계산(primality test)은 실현가능하다(feasible). 이러한 특성은 정보보호에 이용된다.

과제 3.35 '자료 : 다항식시간알고리즘'을 참고하여 '양의 정수 n이 합성수이면 n은 $\sqrt{n}$ 보다 작거나 같은 약수를 가진다'는 원리를 이용한 알고리즘은 다항식 시간 알고리즘이 아님을 확인하여라. 이를 위하여 입력값의 크기(input size)를 어떻게 계산하는지 알아야 한다. 실제로, 알고리즘에 따라 입력값은 여러 가지 형태를 갖는다. n이 입력 값일 때, n을 이진법으로 표현한 경우의 자리 수, 즉 $1+\lfloor \log_2 n \rfloor$을 입력값(input) n의 크기(length, size)라고 한다. 주어진 알고리즘의 연산 속도를 입력값의 크기 x의 함수 $f(x)$로 나타낼 때, $f(x)$가 다항식이면 그 알고리즘을 다항식 시간(polynomial-time) 알고리즘이라고 한다. 그러나 이 경우 $\sqrt{n}$은 $n^{\frac{1}{2}} = (2^{\log_2 n})^{\frac{1}{2}}$이므로 연산속도는 입력값의 크기 $1+\lfloor \log_2 n \rfloor$의 다항식이 아니다.

뒷 이야기

1. 골드바흐의 추측(Goldbach Conjecture)에 대하여 박평우 · 김운규 · 정광택(2002) 등을 참고하여 알아보아라.

2. MATHEMATICA 등 비교적 빠른 소인수분해를 제공하는 프로그램이나 웹사이트를 활용하여 소수판정(primality test)과 소인수분해(factoring)의 계산상의(computational) 차이를 관찰하여라.

3. 8×7을 계산하는 다음 방법의 원리를 설명하여라.

$$\begin{array}{r} 8 \\ \times\ \ 7 \\ \hline \end{array} \qquad \begin{array}{r} 2 \\ \times\ \ 3 \\ \hline 6 \end{array}$$

1단계 : 두 수의 옆에 10과의 차를 적는다.
2단계 : 2×3을 계산한다.
3단계 : $8-3=5$를 적는다.
4단계 : 정답은 56이다.

*4. 에라토스테네스의 체를 사용하여 소수를 구하되 열(column)의 개수를 10이 아닌 6으로 하여 다음에 대하여 알아보아라.
가. 어떤 현상이 나타나는가?
나. $6n\pm1$의 형태의 소수가 많이 나타나는 이유를 설명하여라.
다. 4 또는 6이 포함된 열에는 소수가 하나도 없는 이유를 설명하여라.

라. 2 또는 3이 포함된 열에는 2 또는 3을 제외하고는 소수가 하나도 없는 이유를 설명하여라.

*5. 다음을 참고하여 소수만을 만들어내는 다항식이 존재하지 않음을 확인하여라.

가. 알려진 바에 의하면, 다음 16개의 정수는 모두 소수이다.

$$233092870 \cdot n + 2236133941 \ (0 \le n \le 15)$$

나. 다음과 같은 꼴의 41개의 정수는 모두 소수이다.

$$n^2 - n + 41 \ (0 \le n \le 40)$$

다. 위의 예처럼 많은 수학자들은 소수만을 만들어 내는 식을 연구하였다. 그러나 그러한 다항식은 존재하지 않는다. 이에 관하여는 다음 정리와 신현용(1999)을 참고하라.

≪**정리**≫ (Archibald, 1970)
모든 x (또는 특정한 수보다 큰 모든 x)에 대해서 $f(x)$ 모두가 소수인 그러한 다항식 $f(x)$는 존재하지 않는다.

*6. 다음은 소수에 관한 미해결 추측들이다.

가. 쌍둥이 소수는 무수히 많다.

나. (골드바흐의 추측) 2보다 큰 짝수는 두 소수의 합으로 표시된다.

다. n^2+1 꼴의 소수는 무수히 많다.

라. n^2과 $(n+1)^2$ 사이에는 항상 소수가 있다. 참고로, n과 $2n$ 사이에는 항상 소수가 존재한다는 것이 체비세프에 의하여 증명되었다.

마. $n!+1$ 꼴의 소수는 무수히 많다.

바. $n!-1$ 꼴의 소수는 무수히 많다.

사. 피보나치 수열은 무수히 많은 소수를 포함한다.

아. $(n)-1$ 꼴의 소수는 무수히 많다. 여기서 (n)는 n 이하의 모든 소수의 곱을 의미한다.

***7.** 다음 정의에 관하여 알아보아라.

가. 가우스 함수(Gauss function) $[x]$

나. $p^e \parallel a$: 양의 정수 a를 나누어 떨어뜨리는 소수 p의 최대 거듭제곱이 p^e이다.

다. $E(p,\ n)$: 1이 아닌 양의 정수 n과 소수 p에 대하여 $p^e \parallel n!$일 때의 p의 지수가 e이다.

***8.** 다음 정리를 확인하여라.

가. $E(p,\ n)=\left[\dfrac{n}{p}\right]+\left[\dfrac{n}{p^2}\right]+\left[\dfrac{n}{p^3}\right]+\cdots$

나. 양의 정수 n에 대하여 n보다 크지 않은 소수 전체를 p_1, p_2, p_3, $\cdots$, p_r라고 하면 다음이 성립한다.

(1) $n!$의 소인수는 p_1, p_2, p_3, $\cdots$, p_r이다.

(2) $n!$의 소인수분해는 $n!=p_1^{e_1}p_2^{e_2}\cdots p_r^{e_r}$이며 $e_i=E(p_i,\ n)$

이다.

9. 임의의 소수 p에 대하여 ${}_pC_r(1 \le r \le p-1)$는 p의 배수임을 다음 절차에 따라 증명하여라.

가. ${}_pC_r(1 \le r \le p-1)$가 자연수이다. 이를 증명하기 위하여 먼저, 임의의 두 자연수 r, $k(0 \le r \le k-1)$에 대하여 다음이 성립함을 증명한다.

$${}_kC_{r+1} + {}_kC_r = {}_{k+1}C_{r+1}$$

이제, 임의의 자연수 n에 관한 수학적 귀납법으로 ${}_nC_r$ $(1 \le r \le n-1)$가 자연수임을 증명한다.

나. 소수의 성질을 이용하면 주어진 주장을 증명할 수 있다.

*10. Derbyshire(2003)를 참고하여 소수정리와 리이만 가설과의 관계에 관하여 조사하여라.

11. 어느 실험에서 사람들에게 손가락만한 종이 조각을 보여주며 몇 밀리미터나 되는지 답을 쓰게 한 후 그들 수의 끝자리의 빈도를 조사하여 다음과 같은 순서를 관찰하였다.

0, 5, 8, 2, 3, 7, 6, 4, 9, 1

0과 5의 빈도가 높은 특별한 이유는 무엇일까?

(1) 손가락의 수와 관계있지 아니할까?

(2) 십진법과 어림 등과 관계있지 아니할까?

12. 한 수학자의 다음 이력(임나탈리아, 2006)을 설명하여라.

> '나는 태어난 지 44년 만에 대학을 졸업하였다. 졸업 후 1년이 지난 뒤 100살의 젊은이는 34살의 아가씨와 결혼하였다. 그렇게 크지 않은 나이 차이(겨우 11살)가 생긴 이유는 관심과 추구하는 것이 같았기 때문이다. 몇 년이 지나 우리 가족은 아이가 10명인 작은 가족이 되었다. 내 월급은 200달러인데 1/10은 여동생에게 주어야 했다. 결국 우리는 아이들과 함께 130달러로 한 달을 살아야 했다.'

13. 12진법의 활용과 유용성을 조사하여라.

가. 활용의 예

시간, 각도, 다스, 피트(12인치)

나. 12는 2, 3, 4, 6의 배수이다.

14. 이진법의 원리를 이용하여 다음을 설명하여라.

> 100원 짜리 동전 300개를 아홉 개의 주머니에 적절히 넣어 100원에서 30000원까지의 어떠한 금액도 몇 개 주머니의 적절한 조합으로 지불할 수 있다.

15. 삼진법의 원리를 이용하여 다음을 설명하여라. 이때 +2와 −1의 관계를 이용하여라.

> 양팔저울과 1, 3, 9, 27 그램짜리 네 개의 추만 있으면 1 그램부터 40 그램까지의 어떠한 무게도 잴 수 있다.

IV

합동

지난 줄거리

1. 128의 약수는 모두 몇 개인가? 128의 약수의 총합은 얼마인가?

2. 소수 정리를 기술하여라.

3. 다음 용어를 모두 사용하여 작문하여라.
   물질의 기본 단위, 자연수의 기본 단위, 소수, 소수의 분포, 소수정리, 소인수분해, 수에 관한 여러 성질

이번 줄거리

- 집합론과 연계하여 동치관계의 유용성을 이해한다.
- 동치류 $\mathbb{Z}_n$의 구성 절차는 물론 그 대수적 구조를 이해한다.
- 완전 잉여계를 이해한다.

- 일차합동식의 해의 존재성과 해의 형태를 일차부정방정식의 경우와 연계하여 이해한다.

- 일차합동식의 해의 존재성과 해의 개수에 관한 정리를 이해하되 일반적인 일차방정식의 경우와 일차연립방정식의 경우를 비교 이해한다.

여는 이야기

집합론에서 동치관계가 정의되는 집합은 동치류로 분할됨을 알았다. 정수 전체의 집합에는 다양한 동치관계가 정의될 수 있다.

이 장에서 논의하는 동치관계와 그에 의한 분할은 정수론의 핵심 내용이라고 하여도 과언이 아니다.

이 장에서 논의하는 구체적인 문제는 다음과 같다.

- $\mathbb{Z}$를 합동관계에 의하여 분할하여 얻은 $\mathbb{Z}_n$에서의 덧셈과 곱셈에 관한 대수적인 성질은 무엇인가?
- 합동식의 해는 언제 구할 수 있으며 그 풀이법은 무엇인가?
- 합동식의 학교 수학, 실생활, 그리고 수학의 다른 분야와의 연계성은 무엇인가?
- 정보 보호에서 합동식은 어떻게 응용되는가?

생활 속에서의 동치관계

집합론에서 여러 가지 관계를 생각할 수 있다. 특히, 함수관계, 동치관계, 그리고 순서관계는 중요하다.

어떤 집합에 동치관계가 주어지면 그 집합은 그 동치관계에 의하여 분할된다. 여기에 동치관계의 중요성이 있다고 할 수 있다.

과제 4.1 가. 두 사람이 같은 성(姓, family name)일 때 그 두 사람을 '관계있다'라고 하면 이 관계는 동치관계임을 설명하여라. 이 동치관계에 의한 분할은 무엇인가?

나. 두 사람이 같은 성(性, gender)일 때 그 두 사람을 '관계있다'라고 하면 이 관계는 동치관계임을 설명하여라. 이 동치관계에 의한 분할은 무엇인가?

다. 시(hour), 주(week)를 동치관계로 설명하여라.

정수론에서 중요한 동치관계

정수 전체의 집합 $\mathbb{Z}$에서 다음과 같이 정의되는 관계는 동치관계이다.

≪**정의 4.2**≫ 고정된 자연수 m에 대하여 두 정수 a, b의 차가 m의 배수일 때, 즉 $m \mid (a-b)$일 때, 이 사실을 $a \equiv b \pmod m$으로 나타내고 'a는 법(modulus) m에 관하여 b에 합동이다'라고 한다.

과제 4.3 다음을 확인하여라.

가. $13 \equiv 1 \pmod{12}$, $3 \equiv 10 \pmod 7$, $7 \not\equiv 2 \pmod 4$.

나. 양의 정수 m과 정수 a, b에 대하여 다음이 성립한다.

$$\begin{aligned} a \equiv b \pmod m \\ &\Leftrightarrow m \mid (a-b) \Leftrightarrow a = b+mk \quad (k \in \mathbb{Z}) \\ &\Leftrightarrow a-b \in m\mathbb{Z} \end{aligned}$$

위에서 정의한 합동관계는 $\mathbb{Z}$ 위의 동치관계임을 쉽게 알 수 있다. 즉, 다음을 알 수 있다.

≪**정리 4.4**≫ m이 주어진 양수이고, a, b, c, d가 임의의 정수라고 하면 다음이 성립한다.

가. (반사율) $a \equiv a \pmod m$

나. (대칭률) $a \equiv b \pmod m$이면 $b \equiv a \pmod m$이다.

다. (추이율) $a \equiv b \pmod m$이고 $b \equiv c \pmod m$이면 $a \equiv c \pmod m$이다.

증명 가. 모든 $a \in \mathbb{Z}$에 대하여 $m \mid (a-a)$이므로 $a \equiv a \pmod m$이다.

나. $a \equiv b \pmod{m}$이면 $m \mid (a-b)$이므로 $m \mid (b-a)$이다. 따라서 $b \equiv a \pmod{m}$이다.

다. $a \equiv b \pmod{m}$, $b \equiv c \pmod{m}$이면 $m \mid (a-b)$, $m \mid (b-c)$이므로 $m \mid \{(a-b)+(b-c)\}$, 즉 $m \mid (a-c)$이다. 따라서 $a \equiv c \pmod{m}$이다. ▩

합동기호 ≡가 들어있는 식을 합동식(congruence)이라고 한다. 만일, $m \nmid (a-b)$인 경우에 이 사실을 $a \not\equiv b \pmod{m}$으로 나타내고, 이때는 'a와 b는 법 m에 관하여 합동이 아니다'라고 한다.

과제 4.5 가. 다음을 확인하여라.

집합 $A(A \neq \varnothing)$ 위에 정의된 관계 $\sim$가 다음 세 조건을 만족시킬 때, 이 관계를 A 위의 동치관계(equivalence relation)라고 한다.

(1) $\forall a \in A,\ a \sim a$

(2) $\forall a, b \in A,\ a \sim b \Rightarrow b \sim a$

(3) $\forall a, b, c \in A,\ a \sim b,\ b \sim c \Rightarrow a \sim c$

나. 집합 A 위에 동치관계 $\sim$가 정의되어 있을 때, 원소 $a, b \in A$에 대하여 $a \sim b$인 경우에 a와 b는 서로 동치인 원소라 하고, a와 동치인 원소 전체의 집합 $\bar{a}$로 나타낸다.

$$\bar{a} = \{x \in A \mid x \sim a\} = \{x \in A \mid a \sim x\}$$

다. 집합 A 위에 동치관계 $\sim$가 정의되어 있을 때, 이 동치관계에 관한 동치류에 대하여 다음이 성립한다.

(1) $a \sim b \Leftrightarrow \bar{a} = \bar{b}$

(2) $a \in \bar{b} \Leftrightarrow \bar{a} = \bar{b} \Leftrightarrow b \in \bar{a}$

(3) 각 $a \in A$에 대하여 $a \in \bar{a}$이다. 그리고 임의의 두 원소 $a, b \in A$에 대하여 다음 중 하나 그리고 단 하나가 성립한다.

1) $\bar{a} \cap \bar{b} = \varnothing$

2) $\bar{a} = \bar{b}$

정수 전체의 집합 $\mathbb{Z}$ 위에 정의된 합동관계 $a \equiv b \pmod{m}$에 의하여 결정되는 동치류를 법 m에 관한 잉여류라고 한다. 임의의 정수 a를 포함하는 잉여류 $\bar{a}$는 다음과 같다.

$$\bar{a} = \{x \in \mathbb{Z} \mid x \equiv a \pmod{m}\} = \{a + mk \mid k \in \mathbb{Z}\}$$

과제 4.6 다음을 확인하여라.

가. $a \equiv b \pmod{m} \Leftrightarrow \bar{a} = \bar{b}$

나. $a \in \bar{b} \Leftrightarrow \bar{a} = \bar{b} \Leftrightarrow b \in \bar{a}$

다. 각 $a \in \mathbb{Z}$에 대하여 $a \in \bar{a}$이고, 임의의 두 정수 $a, b \in \mathbb{Z}$에 대하여 다음 중 하나 그리고 단 하나가 성립한다.

(1) $\bar{a} \cap \bar{b} = \varnothing$ (2) $\bar{a} = \bar{b}$

법 m에 관한 잉여류 전체의 집합을 $\overline{\mathbb{Z}_m}$이라고 하면 $\overline{\mathbb{Z}_m}$는 $\mathbb{Z}$의 분할이므로 각 정수 $a \in \mathbb{Z}$에 대하여 $\bar{a} = \bar{r}$인 $\bar{r} \in \overline{\mathbb{Z}_m}$가

단 하나 존재한다.

과제 4.7 위의 주장을 다음과 같이 직접 증명할 수도 있음을 설명하여라.

> 나눗셈 알고리즘에 의하여 $a = mq + r$, $0 \le r \le m-1$인 정수 q, r가 존재하고, $a \equiv r \pmod{m}$ 즉 $\bar{a} = \bar{r}$이다. 한편, 두 원소 r, $r' \in \overline{\mathbb{Z}_m}$에 대하여 $a \equiv r \pmod{m}$, $a \equiv r' \pmod{m}$이라고 하면, $r \equiv r' \pmod{m}$이므로 $r = r'$이다.

두 정수 a, $b \in \mathbb{Z}$가 법 m에 관하여 합동이면 다음이 성립한다.

≪**정리 4.8**≫ $a \equiv b \pmod{m} \Rightarrow (a,\ m) = (b,\ m)$

증명 $a \equiv b \pmod{m}$이면 $a = mk + b$, $k \in \mathbb{Z}$ 이므로 $(a,\ m) = (b,\ m)$이다(정리 2.29). ■

이제 집합 $\overline{\mathbb{Z}_m}$ 위에 덧셈과 곱셈을 정의하자. 사실, 임의의 $\bar{a}$, $\bar{b} \in \overline{\mathbb{Z}_m}$에 대하여 덧셈과 곱셈을 다음과 같이 정의한다.

$$\bar{a} + \bar{b} = \overline{a+b}$$
$$\bar{a}\,\bar{b} = \overline{ab}$$

≪**정리 4.9**≫ 위에서 정의한 덧셈과 곱셈은 잘 정의된다.

증명 덧셈이 잘 정의됨을 보이기 위해서는 $\overline{a}=\overline{a'}$ 이고 $\overline{b}=\overline{b'}$ 이면 $\overline{a+b}=\overline{a'+b'}$ 임을 보여야 한다. $a+b-(a'+b')=(a-a')+(b-b')$ 인데 $a-a'$, $b-b'$ 모두 m의 배수이므로 $a+b-(a'+b')$도 m의 배수이다. 따라서 $\overline{a+b}=\overline{a'+b'}$ 이다. 한편, 곱셈이 잘 정의됨을 보이기 위해서는 $\overline{a}=\overline{a'}$ 이고 $\overline{b}=\overline{b'}$ 이면 $\overline{ab}=\overline{a'b'}$ 임을 보여야 한다. $ab-a'b'=ab-ab'+ab'-a'b'=a(b-b')+(a-a')b'$ 인데 $a-a'$, $b-b'$ 모두 m의 배수이므로 $ab-a'b'$도 m의 배수이다. 따라서 $\overline{ab}=\overline{a'b'}$ 이다. ■

위에서 알 수 있듯이 $\overline{\mathbb{Z}_m}$에서의 연산은 $\mathbb{Z}$에서의 연산으로부터 정의된다. 따라서 $\overline{\mathbb{Z}_m}$에서의 연산은 $\mathbb{Z}$에서의 연산과 비슷한 성질을 가지게 될 것으로 기대할 수 있다.

과제 4.10 다음을 확인하여라.

가. $\overline{\mathbb{Z}_4}=\{\overline{0}, \overline{1}, \overline{2}, \overline{3}\}$의 덧셈과 곱셈은 다음 표와 같다.

$+$	$\overline{0}$	$\overline{1}$	$\overline{2}$	$\overline{3}$
$\overline{0}$	$\overline{0}$	$\overline{1}$	$\overline{2}$	$\overline{3}$
$\overline{1}$	$\overline{1}$	$\overline{2}$	$\overline{3}$	$\overline{0}$
$\overline{2}$	$\overline{2}$	$\overline{3}$	$\overline{0}$	$\overline{1}$
$\overline{3}$	$\overline{3}$	$\overline{0}$	$\overline{1}$	$\overline{2}$

$\cdot$	$\overline{0}$	$\overline{1}$	$\overline{2}$	$\overline{3}$
$\overline{0}$	$\overline{0}$	$\overline{0}$	$\overline{0}$	$\overline{0}$
$\overline{1}$	$\overline{0}$	$\overline{1}$	$\overline{2}$	$\overline{3}$
$\overline{2}$	$\overline{0}$	$\overline{2}$	$\overline{0}$	$\overline{2}$
$\overline{3}$	$\overline{0}$	$\overline{3}$	$\overline{2}$	$\overline{1}$

나. 위 연산표를 이용하여 $\overline{\mathbb{Z}_4}$에 정의된 덧셈과 곱셈에 관하여 다음을 설명하여라.

(1) 항등원이 존재한다.

(2) 결합법칙과 교환법칙이 성립한다.

(3) 덧셈에 관한 곱셈의 분배법칙이 성립한다.

합동식은 등식과 비슷한 성질을 가진다. 합동식에 대하여 다음을 알 수 있다.

> **≪정리 4.11≫** $a \equiv b \pmod{n}$이고 $c \equiv d \pmod{n}$이면 $a+c \equiv b+d \pmod{n}$, $a-c \equiv b-d \pmod{n}$, $ac \equiv bd \pmod{n}$이다.

과제 4.12 가. 등식의 경우 위 정리가 성립함을 설명하여라.

나. 부등식의 성질을 합동식의 성질과 비교하여라.

다. 합동식 $2 \equiv 6 \pmod{4}$에서 양변을 2로 나누어 $1 \equiv 3 \pmod{4}$이라고 할 수 없다.

라. 다음을 참고하여 합동식의 성질을 등식의 성질과 비교하여라.

실수의 곱셈에서는 다음이 성립한다.

(1) $ab = 0 \Rightarrow a = 0$ 또는 $b = 0$

(2) $ab = ac \Rightarrow a = 0$ 또는 $b = c$

그러나 합동식에서는 일반적으로 다음이 성립하지 않는다.

(3) $ab \equiv 0 \pmod{m} \Rightarrow a \equiv 0 \pmod{m}$ 또는 $b \equiv 0 \pmod{m}$

(4) $ab \equiv ac \pmod{m} \Rightarrow a \equiv 0 \pmod{m}$ 또는 $b \equiv c \pmod{m}$

나눗셈의 경우에는 나누는 수가 특별한 조건을 만족시키는 경우에만 가능하다(정리 2.27).

≪정리 4.13≫ 자연수 m과 정수 a, b, c에 대하여 다음이 성립한다.

가. $(a,\ m)=1$일 때, $ab\equiv 0 \pmod m \Rightarrow b\equiv 0 \pmod m$

나. $(a,\ m)=1$일 때, $ab\equiv ac \pmod m \Rightarrow b\equiv c \pmod m$

과제 4.14 가. 정수 d가 정수 a, b, m의 공약수일 때에 다음이 성립한다.

$$ax\equiv b \pmod m \Leftrightarrow \frac{a}{d}x\equiv\frac{b}{d} \left(\mathrm{mod}\ \frac{m}{d}\right)$$

나. 정수 $2^{32}\cdot 14^{41}$을 11로 나누었을 때의 나머지를 구하여라.

두 소수 p, q에 대하여 $n=pq$라고 하면 다음을 알 수 있다. 즉, 임의의 두 정수 a, b에 대하여

$$a\equiv b \pmod n \Leftrightarrow a\equiv b \pmod p \text{이고 } a\equiv b \pmod q$$

이다. 사실, $a-b$가 pq의 배수이면 $a-b$가 p의 배수이고 동시에 q의 배수이다. 한편, $a-b$가 p의 배수이고 동시에 q의 배수이면, p와 q는 소수이므로 $a-b$는 pq의 배수이다.

법 m에 관한 m개의 잉여류 $\overline{0}$, $\overline{1}$, $\cdots$, $\overline{m-1}$에서 정수를 각각 한 개씩 택하여 만든 집합 $S=\{s_0,\ s_1,\ \cdots,\ s_{m-1}\}$를 법 m에 관한 완전잉여계(complete residue system)라고 한다.

법 m에 관한 완전잉여계로서 보통 $\{0,\ 1,\ \cdots,\ m-1\}$을 사용한다. 한편, 주어진 잉여류의 집합이 완전잉여계인가 아닌가를 쉽

게 확인할 수 있다.

> **≪정리 4.15≫** 정수로 이루어진 집합 $S=\{s_0, s_1, \cdots, s_{m-1}\}$에 대하여 다음이 성립할 때 그리고 이때에만 S는 법 m에 관한 완전잉여계이다.
>
> 가. $|S|=m$
>
> 나. $i \neq j \Rightarrow s_i \not\equiv s_j \pmod{m}$

과제 4.16 가. 정리 4.15를 설명하여라.

나. 다음을 확인하여라.

차원이 n인 벡터 공간 V의 부분 집합 $\mathfrak{R}$에 대하여 다음 명제는 모두 동치이다.

(1) $\mathfrak{R}$는 V의 기저이다.

(2) $|\mathfrak{R}|=n$이고 $\mathfrak{R}$는 일차독립이다.

(3) $|\mathfrak{R}|=n$이고 $\mathfrak{R}$는 V를 생성한다.

> **≪정리 4.17≫** 집합 $S=\{s_0, s_1, \cdots, s_{m-1}\}$가 법 m에 관한 완전잉여계일 때, $(a, m)=1$인 정수 a와 임의의 정수 b에 대하여 $T=\{as_0+b, as_1+b, \cdots, as_{m-1}+b\}$는 법 m에 관한 완전잉여계이다.

증명 먼저 $|T|=m$임은 분명하다. 이제 $as_i+b \equiv as_j+b \pmod{m}$이라고 하면 $as_i \equiv as_j \pmod{m}$인데 $(a, m)=1$이므로 $s_i \equiv s_j \pmod{m}$,

따라서 $i=j$이다. ■

학교수학에서의 합동식

합동식을 이용하여 어떤 수가 어떤 수로 나누어떨어지는 필요충분조건을 쉽게 구할 수 있다.

먼저, 자연수 k를 십진법으로 전개하면 다음과 같다고 하자 :

$$k=a_n10^n+a_{n-1}10^{n-1+}\cdots+a_110+a_0.$$

다음 사실을 알 수 있다.

규칙 1 : 수 k가 10으로 나누어떨어질 필요충분조건

수 k의 일의 자리 숫자 a_0가 0이면, 수 k는 10으로 나누어떨어진다.

규칙 2 : 수 k가 5로 나누어떨어질 필요충분조건

수 k의 일의 자리 숫자 a_0가 0 또는 5이면 수 k는 5로 나누어떨어진다.

규칙 3 : 수 k가 2로 나누어떨어질 필요충분조건

수 k의 일의 자리 숫자 a_0가 2로 나누어 떨어지면 수 k는 2로 나누어떨어진다.

규칙 4 : 수 k가 4로 나누어떨어질 필요충분조건

수 k의 끝의 두 자릿수 $a_1 10 + a_0$가 4로 나누어떨어지면 수 k는 4로 나누어떨어진다.

규칙 5 : 수 k가 3(또는 9)로 나누어떨어지기 위한 필요충분조건

수 k의 각 자리 숫자의 합 $a_n + a_{n-1} + \cdots + a_0$이 3(또는 9)로 나누어떨어지면 수 k는 3(또는 9)로 나누어떨어진다.

과제 4.18 가. 주어진 자연수가 6, 8, 12로 나누어떨어지기 위한 필요충분조건을 각각 구하여라.

*나. 주어진 자연수가 7, 11, 13으로 나누어떨어지기 위한 필요충분조건에 대해서 조사하여라.

일차합동식

앞으로 혼동의 여지가 없을 때에는 $\overline{\mathbb{Z}_m} = \{\overline{0}, \overline{1}, \cdots, \overline{m-1}\}$를 간단히 $\mathbb{Z}_m = \{0, 1, \cdots, m-1\}$와 같이 나타낸다. 단, 0, 1, $\cdots$, $m-1$ 등은 자연수 0, 1, $\cdots$, $m-1$과는 다른 것이고 $\mathbb{Z}_m$에서의 덧셈, 곱셈은 정수의 덧셈, 곱셈과는 다르다.

≪**정의 4.19**≫ 정수를 계수로 가지는 x에 관한 다항식 $f(x) = a_n x^n + a_{n-1} x^{n-1} + \cdots + a_0$에서 $a_n \not\equiv 0 \pmod{m}$일 때, $f(x) \equiv 0 \pmod{m}$을 미지수 x에 관한 n차 합동식이라고 한다.

정수 계수 다항식 $f(x)=a_nx^n+a_{n-1}x^{n-1}+\cdots+a_0$에서 $a\equiv b \pmod{m}$이면 $f(a)\equiv f(b) \pmod{m}$이므로, $x=c$가 $f(x)\equiv 0 \pmod{m}$을 만족시킬 때, 즉 $f(c)\equiv 0 \pmod{m}$일 때, $x\equiv c \pmod{m}$를 이 합동식의 해라고 한다. 또한, 이 합동식의 해 $x\equiv c_1 \pmod{m}$, $x\equiv c_2 \pmod{m}$에 대하여 $c_1 \not\equiv c_2 \pmod{m}$일 때, 이 두 해는 서로 다른 해라고 생각한다. 따라서 합동식 $f(x)\equiv 0 \pmod{m}$의 해 전체의 개수는 법 m에 관한 완전 잉여계, 즉 $\mathbb{Z}_m=\{0,1,2,\cdots,m-1\}$에 속하는 원소 중에서 이 합동식을 만족시키는 원소 전체의 개수와 일치한다.

여기에서는 주로 일차합동식에 대하여 살펴본다.

과제 4.20 가. 다음을 확인하여라.

$2x+2\equiv 0 \pmod{4}$에 대하여

$$2\cdot 0+2\equiv 2 \pmod{4} \quad 2\cdot 1+2\equiv 0 \pmod{4}$$
$$2\cdot 2+2\equiv 2 \pmod{4} \quad 2\cdot 3+2\equiv 0 \pmod{4}$$

이고 또 $1\not\equiv 3 \pmod{4}$이므로 $2x+2\equiv 0 \pmod{4}$을 만족시키는 x 값은 $x\equiv 1 \pmod{4}$와 $x\equiv 3 \pmod{4}$이다.

나. $\mathbb{Z}_n=\{0,1,\cdots,n-1\}$의 원소를 하나하나 대입해 봄으로써 다음을 만족시키는 x 값을 구하여라.

(1) $2x\equiv 3 \pmod{5}$

(2) $2x\equiv 4 \pmod{6}$

(3) $2x\equiv 1 \pmod{4}$

다. 방정식 $ax=b$의 해에 관하여 알아보아라.

(1) 언제 해를 가지는가?

(2) 해를 가진다면 몇 개인가?

라. 미지수가 두 개인 일차방정식 두 개로 이루어진 일차연립 방정식은 $AX=B$와 같은 모양의 행렬 표현이 가능하다. 여기서 A는 2×2 행렬이고, X와 B는 2×1 행렬이다. 이 연립방정식의 해에 관하여, '$ax=b$'와 같은 모양의 방정식의 경우와 비슷한 사실을 설명하여라. 사실, 이 연립방정식 $AX=B$의 해의 존재성과 유일성에 관하여 가장 중요한 역할을 하는 것은 행렬 A의 행렬식이다.

이제 미지수 x에 관한 일차합동식 $ax\equiv b \pmod{m}$, $a\not\equiv 0 \pmod{m}$의 풀이에 관하여 생각해보자.

≪**정리 4.21**≫ 일차합동식 $ax\equiv b \pmod{m}$, $(a, m)=1$은 단 한 개의 해를 갖는다.

증명 가정에 의하여 $(a, m)=1$이므로 $as+mt=1$인 정수 s, t가 존재한다. 이때, $asb+mtb=b$이므로 $a(sb)\equiv b \pmod{m}$이고 따라서 $x\equiv sb \pmod{m}$는 주어진 합동식 $ax\equiv b \pmod{m}$의 해이다. 다음에 $x\equiv x_1 \pmod{m}$, $x\equiv x_2 \pmod{m}$가 주어진 합동식의 해이면, $ax_1\equiv b\equiv ax_2 \pmod{m}$이고 또 $(a, m)=1$이므로, $x_1\equiv x_2 \pmod{m}$이다. 따라서 주어진 일차합동식은 단 한 개의 해를 가진다. ■

≪정리 4.22≫ $(a,\ m)=d$라고 하자. 그러면 일차합동식 $ax\equiv b\ (\mathrm{mod}\, m)$가 해를 가질 필요충분조건은 $d\mid b$이다. 또, $d\mid b$이면 주어진 일차합동식은 법 m으로 d개의 합동이 아닌 해들을 갖는다. 만일 x_0가 이 일차합동식의 해라고 하면 d개의 합동이 아닌 해는 다음과 같다.

$$x\equiv x_0+\frac{m}{d}r\ (\mathrm{mod}\, m),\ r=0,\ 1,\ \cdots,\ d-1$$

증명 먼저 일차합동식 $ax\equiv b\ (\mathrm{mod}\, m)$가 해 $x\equiv c\ (\mathrm{mod}\, m)$를 가지면 $ac\equiv b\ (\mathrm{mod}\, m)$이므로 $ac+mk=b$인 정수 k가 존재하고 따라서 $d\mid b$이다. 역으로, $d\mid b$라고 가정하자. 이때 $ax\equiv b\ (\mathrm{mod}\, m)\Leftrightarrow \frac{a}{d}x\equiv\frac{b}{d}\ \left(\mathrm{mod}\ \frac{m}{d}\right)$이고 $\left(\frac{a}{d},\ \frac{m}{d}\right)=1$이므로 이 합동식은 법 $\frac{m}{d}$에 관하여 단 한 개의 해를 가진다. 이제 그 해를 $x\equiv x_0\ \left(\mathrm{mod}\ \frac{m}{d}\right)$라고 하면 다음이 성립한다.

$$\begin{aligned} x\equiv x_0\ \left(\mathrm{mod}\ \frac{m}{d}\right) &\Leftrightarrow\ x=x_0+\frac{m}{d}k\ (k\in\mathbb{Z})\\ &\Leftrightarrow\ x=x_0+\frac{m}{d}(dq+r),\ (q\in\mathbb{Z},\ 0\le r\le d-1)\\ &\Leftrightarrow\ x=x_0+mq+\frac{m}{d}r,\ (q\in\mathbb{Z},\ 0\le r\le d-1)\\ &\Leftrightarrow\ x\equiv x_0+\frac{m}{d}r\ (\mathrm{mod}\, m),\ (0\le r\le d-1)\end{aligned}$$

한편,

$$x_0+\frac{m}{d}r_1\equiv x_0+\frac{m}{d}r_2\ (\mathrm{mod}\, m)$$

$$\Leftrightarrow \frac{m}{d}r_1 \equiv \frac{m}{d}r_2 \pmod{m} \text{ 즉 } \frac{m}{d}d \,\Big|\, \frac{m}{d}(r_1 - r_2)$$
$$\Leftrightarrow d \mid (r_1 - r_2)$$
$$\Leftrightarrow r_1 \equiv r_2 \pmod{d}$$

따라서 합동식 $ax \equiv b \pmod{m}$는 서로 다른 d개의 해를 가진다.

▩

과제 4.23 다음을 확인하여라.

가. 위의 정리의 증명은 앞에서 논의한 정리 2.35를 이용하여 할 수 있다. 사실, 일차합동식 $ax \equiv b \pmod{m}$에서 $d \mid b$이고 $x \equiv x_0 \pmod{m}$가 한 해라고 하면 $ax_0 + my = b$에서 $x = x_0 + \frac{m}{d}k,\ k \in \mathbb{Z}$이다. 여기서 $k = dq + r,\ \ 0 \le r \le d-1$이라고 하면 $x \equiv x_0 + \frac{m}{d}r \pmod{m},\ r = 0, 1, \cdots, d-1$이다. 한편, 이들 모두는 m을 법으로 합동이 아님을 다음과 같이 설명할 수도 있다.

$$x_0 + \frac{m}{d}r_1 \equiv x_0 + \frac{m}{d}r_2 \pmod{m}$$
$$\Leftrightarrow \frac{m}{d}r_1 \equiv \frac{m}{d}r_2 \pmod{m}$$

$m \,\Big|\, \frac{m}{d}(r_1 - r_2)$이므로 $\frac{r_1 - r_2}{d}$는 정수 즉, $d \mid (r_1 - r_2)$이어야 한다. 그런데 $0 \le r_1,\ r_2 \le d-1$이므로 $r_1 = r_2$이다.

나. 합동식 $ax \equiv b \pmod{m}$의 해를 구하기 위하여 $\mathbb{Z}_m = \{0, 1, \cdots, m-1\}$의 원소를 하나하나 대입하여 풀 수 있다.

이상에서 살펴보았듯이 합동식 $ax \equiv b \pmod{m}$의 해를 구하는 문제는, 본질적으로 일차부정방정식 $ax+my=b$의 해를 구하는 문제와 같다. 다만 일차부정방정식에는 법(modulus)이 없으므로 해가 있으면 무수히 많지만 합동식에는 법이 주어지므로 해가 있어도 유한개 있다.

한편, 합동식 $ax \equiv b \pmod{m}$의 특수한 해는 부정방정식 $ax+my=b$의 특수한 정수해를 구할 때와 마찬가지로 유클리드 알고리즘을 이용하면 편리하다.

이제 $\mathbb{Z}_m = \{0,\ 1,\ \cdots,\ m-1\}$에서 곱셈에 관한 역원을 생각하자.

> **≪정의 4.24≫** 자연수 m과 $(a,\ m)=1$인 정수 a에 대하여 $aa' \equiv 1 \pmod{m}$인 a'을 법 m에 관한 a의 역원(inverse)[7]이라고 한다.

과제 4.25 다음을 확인하여라.

$\mathbb{Z}_7 = \{0,\ 1,\ 2,\ 3,\ 4,\ 5,\ 6\}$에서는

$$1 \cdot 1 \equiv 1 \pmod{7} \qquad 2 \cdot 4 \equiv 1 \pmod{7}$$
$$3 \cdot 5 \equiv 1 \pmod{7} \qquad 6 \cdot 6 \equiv 1 \pmod{7}$$

---

7) 집합 A에 정의된 연산 $\cdot$에 관한 항등원이 e라고 할 때, 한 원소 $a \in A$에 대하여 $a \cdot a^{-1} = a^{-1} \cdot a = e$을 만족시키는 원소 $a^{-1} \in A$를 a의 $\cdot$에 관한 역원이라고 한다(이 장 '뒷 이야기' 1. 참조). 합동식의 곱셈에 관하여 교환법칙이 성립하므로 정의를 간단하게 할 수 있다.

한 관계가 성립한다.

일반적으로는 다음을 알 수 있다.

> **≪정리 4.26≫** 자연수 m과 정수 a에 대하여 다음이 성립한다.
> 가. $(a, m)=1$이면 $aa' \equiv 1 \pmod{m}$인 정수 a'이 존재한다.
> 나. $aa' \equiv 1 \pmod{m}$인 정수 a'이 존재하면, $(a, m)=(a', m)$ $=1$이다.

증명 가. $(a, m)=1$이므로 정리 4.21에 의하여 $as \equiv 1 \pmod{m}$인 s가 (유일하게) 존재한다.

나. $aa' \equiv 1 \pmod{m}$이면 $aa'+mt=1$인 정수 t가 있다. 정리 2.20에 의하여 이는 $(a, m)=(a', m)=1$임을 뜻한다. ■

법 p가 소수인 경우에는 $\mathbb{Z}_p=\{0, 1, \cdots, p-1\}$에서 0이 아닌 모든 원소는 곱셈에 관한 역원을 가진다. 이 사실을 이용하면, 일차합동식 $ax \equiv b \pmod{m}$, $(a, m)=1$의 유일한 해(정리 4.21)는 $x \equiv a^{-1}b \pmod{m}$임을 알 수 있다.

위 정리와 다음 정리에 의하면 $\mathbb{Z}_m$에서 0이 아닌 모든 원소가 곱셈에 관한 역원을 가지기 위한 필요충분조건은 법 m이 소수인 것이다.

> **≪정리 4.27≫** $\mathbb{Z}_m=\{0, 1, \cdots, m-1\}$에서 0이 아닌 모든 원소가 곱셈에 관한 역원을 가지면 법 m은 소수이다.

증명 m이 소수가 아니라고 하자. 즉, $m = kl$, $k > 1$, $l > 1$이라고 하자. k는 곱셈에 관한 역원을 가질 수 없다. 왜냐하면, k가 곱셈에 관한 역원 k^{-1}을 가진다고 하면 $kk^{-1} \equiv 1 \pmod{m}$이므로 $l \equiv k^{-1}m \equiv 0 \pmod{m}$이 되어 모순이기 때문이다. ■

앞에서 언급하였듯이 $\mathbb{Z}_m = \{0, 1, \cdots, m-1\}$에서의 0, 1, ⋯, $m-1$ 등은 자연수 0, 1, ⋯, $m-1$과는 다른 것이고 $\mathbb{Z}_m$에서의 덧셈, 곱셈은 정수의 덧셈, 곱셈과는 다르다. 그러나 $\mathbb{Z}_m$에서도 $4! \equiv 4 \cdot 3 \cdot 2 \cdot 1 \pmod{m}$ 등을 자연스럽게 정의할 수 있다.

과제 4.28 다음을 확인하여라.

가. $\mathbb{Z}_3 = \{0, 1, 2\}$에서 $2! \equiv -1 \pmod{3}$이다.

나. $\mathbb{Z}_5 = \{0, 1, 2, 3, 4\}$에서 $4! \equiv -1 \pmod{5}$이다.

다. $\mathbb{Z}_7 = \{0, 1, 2, 3, 4, 5, 6\}$에서 $6! \equiv -1 \pmod{7}$이다.

일반적으로 소수는 다음과 같은 성질을 가진다.

> **≪정리 4.29≫** (Wilson)
> p가 소수이면 $(p-1)! \equiv -1 \pmod{p}$이다.

증명 먼저 $1 \equiv -1 \pmod{2}$, $1 \cdot 2 \equiv -1 \pmod{3}$이므로 $p = 2$, $p = 3$인 경우에 정리는 성립한다. 이제 $p \geq 5$라고 하고 $R = \{1, 2, \cdots, p-1\}$이라고 하자. 그러면 각 $r \in R$에 대하여 $rr' \equiv 1 \pmod{p}$인 원소 $r' \in R$이 단 하나 존재한다. 그런데

$$\begin{aligned} r \equiv r' \pmod{p} &\Leftrightarrow r^2 \equiv 1 \pmod{p} \Leftrightarrow p \mid (r+1)(r-1) \\ &\Leftrightarrow r \equiv 1 \pmod{p} \text{ 또는 } r \equiv -1 \pmod{p} \\ &\Leftrightarrow r = 1 \text{ 또는 } r = p-1 \end{aligned}$$

이므로, $2 \le r \le p-2$일 때 $r \ne r'$, $2 \le r' \le p-2$이다. 따라서 곱 $2 \cdot 3 \cdot \cdots \cdot (p-2)$에서 $rr' \equiv 1 \pmod{m}$인 r와 r'을 둘씩 묶어 $\dfrac{(p-3)}{2}$개의 짝을 생각하면 $2 \cdot 3 \cdot \cdots \cdot (p-2) \equiv 1 \pmod{p}$이다. 그러므로 $(p-1)! \equiv 1 \cdot 2 \cdot \cdots \cdot (p-2) \cdot (p-1) \equiv 1 \cdot (p-1) \equiv -1 \pmod{p}$이다. ■

위 정리의 역도 성립한다.

≪정리 4.30≫ 정수 p $(p \ge 2)$에 대하여 $(p-1)! \equiv -1 \pmod{p}$이면, p는 소수이다.

증명 $(p-1)! \equiv -1 \pmod{p}$가 성립할 때 p가 합성수라고 가정하자. 이때, d를 $1<d<p$인 p의 약수라고 하면, $d \mid (p-1)!$이므로 $d \nmid \{(p-1)!+1\}$이고 따라서 $p \nmid \{(p-1)!+1\}$이다. 그러나 이것은 $(p-1)! \equiv -1 \pmod{p}$이라는 사실에 모순이다. 따라서 p는 소수이다. ■

소수임을 판정하기 위해서 위의 성질을 이용하면 알 수 있지만 예를 들어 정수 13이 소수임을 판정하기 위해서는 $(13-1)!+1 = 12!+1 = 13 \times 36846277$이라는 힘든 계산 과정이 필요하므로 실제 계산상으로는 크게 유용하지 않다.

합동식의 응용

문구점이나 시장에서 살 수 있는 모든 제품에는 바코드(bar code)가 찍혀 있다. 나라마다 각기 다른 바코드를 사용할 수 있다. 이를테면, 미국이나 캐나다에서 주로 사용되는 바코드는 UPC (Universal Product Code)이다. 우리나라에서 사용하는 바코드는 EAN13(European Article Number)이다.

EAN13은 모두 13개의 수로 구성된다. 처음 세 자리는 국가 코드이고, 다음 네 자리는 회사 코드이며, 그 다음 다섯 자리는 상품 코드이다. 마지막 한 자리는 오류수정을 위한 검사자리로서 다음과 같은 원리로 계산된다.

> 먼저, 짝수 자릿값을 모두 더한 값에 3을 곱한다.
> 곱한 값에 홀수 자릿수를 모두 더한다.
> 이렇게 얻은 값을 10으로 나누어 나머지를 계산한다.
> 그 나머지를 10에서 뺀다.
> 최종적으로 얻은 마지막 수가 검사자릿값이다.

이를테면, '880902300888□'에서 □는 다음과 같이 구할 수 있다.

> $8+9+2+0+8+8=35,\ 35\times 3=105$
> $105+8+0+0+3+0+8=124$
> 124을 10으로 나눈 나머지는 4이다.
> $10-4=6$

결국, 검사자리 □는 6이다.

한편, 1970년부터 2006년 12월 31일까지 출간된 모든 책은 ISBN(International Standard Book Number)가 부여되어 있다. ISBN은 열 자리의 수이다. 이 번호를 매기는 데 맨 마지막 번호의 결정은 합동식에 따른다. 예를 들어, 책의 ISBN이 $x_1 x_2 \cdots x_{10}$(중간의 -는 무시)일 때 처음 아홉 개의 숫자는 각각 0, 1, 2, ⋯, 8, 9, 또는 X(10을 나타내는 수) 중의 하나로서 마지막 수 x_{10}은 $x_{10} = \sum_{k=1}^{9} kx_k \pmod{11}$, $0 \le x_{10} \le 10$을 만족시키는 정수이다. 따라서 다음이 성립한다.

$$\sum_{k=1}^{10} kx_k = \sum_{k=1}^{9} kx_k + 10x_{10} \equiv x_{10} + 10x_{10} \equiv 11x_{10} \equiv 0 \pmod{11}$$

그러나 2007년 1월 1일 이후에 출판된 책에 부여된 것은 13자리 번호로 구성된 ISBN-13 부호이다.[8] 이미 널리 사용되고 있는 바코드인 EAN13 부호와 통일을 기하기 위함이다. ISBN-13 부호에서는 기존의 10자리 ISBN-부호에서 앞의 9자리는 그대로 사용하되, 맨 앞에 '978' 세 자리를 추가하고, 맨 끝의 검사자리는 EAN13 부호 방식에 따라 결정된다. 앞의 세 자리 '978'의 경우가 모두 소진될 때에는 '979'를 사용할 것이다.

현대 암호학에서 난수(random number)는 중요한 역할을 한다. 그러나 보통은 난수의 역할을 유사난수(pseudorandom number)가 감당한다. 유사난수를 생성하는 방법은 여러 가지가 있으나 그 중 하나가 일차합동식을 이용하는 것이다. 다음 장에서부터 암호

---

8) 기존의 체계를 ISBN-10이라고도 한다.

학에서의 기본 개념이나 여러 가지 암호학적 약정(protocol)들이 소개된다. 이들 중 일부는 합동식과 관련되는 것으로 볼 수 있다. 예를 들어 '전화로 동전던지기(제7장)'는 큰 두 소수의 곱을 법으로 하는 합동식의 성질을 이용하고, 합동식의 성질을 이용하는 일방향함수(제Ⅴ장)도 있다.

과제 4.31 가. 여권번호와 주민등록번호는 각각 어떠한 규칙으로 만드는지 조사하여라.

나. 일상생활에서 가끔 언급하는 난수(random number)를 수학적으로 정의하기는 쉽지 않다. 실제로, 난수열(random sequence)을 수학적으로 제시하는 것은 가능하지 않다. 따라서 난수의 역할을 유사난수(pseudorandom number) 또는 유사난수열(pseudorandom sequence)가 대체한다. 유사난수를 발생시키는 방법은 여러 가지가 있다. 예를 들어, x, a, b, m 이 고정되었지만 밖으로는 알려지지 않은 네 개의 자연수라고 하고, $m > \max\{a,b\}$ 라고 가정하면 다음과 같은 유사난수열을 얻을 수 있다.

$$x_i = \begin{cases} x \text{ if } i = 0 \\ (ax_{i-1} + b)(\bmod m) \text{ if } i > 0 \end{cases}$$

Kranakis(1986)를 참고하여 일차합동식을 이용하여 유사 난수(pseudorandom number)를 생성하는 방법에 대하여 알아보아라.

뒷 이야기

1. 수학에는 여러 가지 중요한 개념들이 있지만 그 중에서도 기초적인 수리논리, 집합, 관계(함수, 동치, 순서)는 특히 기본적이라고 할 수 있다. 이와 함께 중요한 것이 연산(operation)이다. 사실, 대수학의 중요한 특징은 주어진 집합에서 연산의 여러 성질을 살핀다는 것이다. 연산에 관한 기본 법칙에 관하여 조사하여라.

2. 35명으로 구성된 한 학급을 다섯 모둠으로 나누고자 한다. 학생들의 번호에 합동관계를 이용하여 모둠을 나눌 수 있는 방안은 무엇인가?

3. 정수 전체의 집합 $\mathbb{Z}$에서 모든 정수를 이진법으로 나타내고 덧셈과 곱셈을 생각하자. 한편, $\mathbb{Z}_2=\{0,\ 1\}$에서 덧셈과 곱셈을 생각하자. 각각의 경우에서 다음을 확인하여라.

   (1) $1_{(2)}+1_{(2)}=10_{(2)}$와 $1+1=0$

   $-1_{(2)}\neq 1_{(2)}$와 $-1=1$

   (2) 전자의 경우에 $1_{(2)}$, $10_{(2)}$는 정수로서 표현을 달리하였을 뿐이다. 그러나 후자의 경우에서 $1\in\mathbb{Z}_2$은 정수 1과는 완전히 다른 개념이다. 한편, 전자에서의 덧셈은 정수의 덧셈이지만 후자의 경우에서의 덧셈은 보통의 덧셈과는 완전히 다른 연산이다.

*4. 다음은 덧셈의 검산법 중 하나이다(임나탈리아, 2006).

가. 그 방법에 대하여 조사하고 원리를 설명하여라.

$$
\begin{array}{rl}
35786 & \cdots\cdots\ 2 \\
+\ 78635 & \cdots\cdots\ 2 \\
\hline
114421 & \cdots\cdots\ 4
\end{array}
$$

나. 위 검산법으로는 드러나지 않을 잘못된 계산의 예를 제시하여라.

5. 다음 물음에 답하여라.

가. 2007년은 몇 일인가?

나. 2007년 1월 1일은 월요일이다. 2007년 12월 31일은 무슨 요일인가?

다. 2007년 중 월요일은 몇 번인가? 다른 요일은 어떠한가?

6. 임의의 소수 p에 관하여 n차 합동식 $f(x) \equiv 0 \pmod{p}$는 n개 이하의 해를 가짐을 확인하여라.

실제로, 다음과 같은 수학적 귀납법 절차에 따라 증명할 수 있다. 먼저, $n=1$인 경우에는 정리 4.21에 의해 성립한다. 이제, $n-1$차 이하의 합동식에 대하여 위 사실이 성립한다고 가정한다. $x \equiv a \pmod{p}$가 $f(x) \equiv 0 \pmod{p}$의 해이면 $f(x) \equiv (x-a)g(x) \pmod{p}$이고 $b \not\equiv a \pmod{p}$인 $f(x) \equiv 0 \pmod{p}$의 또 다른 근 $x \equiv b \pmod{p}$는 $g(x) \equiv 0 \pmod{p}$의 근임을 알 수 있다.

V

연립합동식

지난 줄거리

1. 합동식 $2x \equiv 1 \pmod{3}$을 풀어라.

2. 다음 용어를 모두 사용하여 작문하여라.
   $\mathbb{Z}$, 법 5, 동치관계, 동치류, 분할, $\mathbb{Z}_5$

3. 주어진 수가 9의 배수인가 아닌가를 판정하는 방법과 그 이유를 설명하여라.

이번 줄거리

- 일차방정식과 일차합동식, 일차연립방정식과 일차연립합동식의 풀이를 비교 이해한다.

- 중국인의 나머지 정리의 내용과 증명을 이해하고 연립합동

식을 실제로 풀 수 있다.

- 오일러 φ-함수의 필요성, 정의, 성질, 유용성을 종합적으로 이해한다.

여는 이야기

중학교에서 연립방정식을 배운다. 여러 개의 방정식을 동시에 만족시키는 해를 찾는 것이 문제이다.

합동식의 경우에도 비슷한 문제를 생각할 수 있다. 즉, 여러 개의 합동식을 모두 만족시키는 해를 찾는 것은 중요한 문제이다.

이 장에서 논의하는 구체적인 문제는 다음과 같다.

- 연립합동식은 어떻게 풀 수 있는가?
- 연립합동식의 학교 수학이나 실생활과의 연계성은 무엇인가?
- 정보보호에서 연립합동식은 어떻게 응용되는가?

연립합동식

일차방정식를 배운 후 일차연립방정식을 생각하듯이 일차합동식으로부터 일차연립합동식을 생각할 수 있다.

과제 5.1 선형대수학의 내용 중 일차연립방정식에 관하여 조사하여라.

가. 행렬을 이용한 일차연립방정식의 표현

나. 연립방정식의 해의 존재성과 유일성

(1) 계수행렬(coefficient matrix)이 정사각행렬인 경우
정칙 또는 비정칙인 경우

(2) 계수행렬이 정사각행렬이 아닌 경우
계급수(rank)의 역할

한 미지수 x에 관한 몇 개의 일차합동식을 한 데 묶어 놓아 그 해를 구하는 경우에 이것을 미지수 x에 관한 일차연립합동식이라고 한다.

과제 5.2 초등학교와 중학교에서 배우는 다음 문제를 생각하여 보자.

가. 가로, 세로, 높이가 각각 2cm, 3cm, 5cm인 블록을 촘촘히 쌓아 정육면체의 탑을 만들려고 한다. 최소 몇 개의 블록이 필요한가? 이 문제는 다음과 같이 나타낼 수 있다 : 다음 연립합동식을 풀고, 가장 작은 자연수 해를 구하여라.

$$\begin{cases} x \equiv 0 \pmod{2} \\ x \equiv 0 \pmod{3} \\ x \equiv 0 \pmod{5} \end{cases}$$

나. 2로 나누면 나머지가 1, 3으로 나누어도 나머지가 1, 5로 나누어도 나머지가 1이며, 1보다 큰 수 중에서 가장 작은 수는 무엇인가? 이 문제는 다음과 같이 나타낼 수 있다 : 다음 연립합동식을 풀고, 1보다 큰 수 중에서 가장 작은 자연수 해를 구하여라.

$$\begin{cases} x \equiv 1 \pmod{2} \\ x \equiv 1 \pmod{3} \\ x \equiv 1 \pmod{5} \end{cases}$$

다. 2로 나누면 나머지가 1, 3으로 나누면 나머지가 2, 5로 나누면 나머지가 4인 수 중에서 가장 작은 수는 무엇인가? 이 문제는 다음과 같이 나타낼 수 있다 : 다음 연립합동식을 풀고, 가장 작은 자연수 해를 구하여라.

$$\begin{cases} x \equiv 1 \pmod{2} \\ x \equiv 2 \pmod{3} \\ x \equiv 4 \pmod{5} \end{cases}$$

라. 2로 나누면 나머지가 1, 3으로 나누면 나머지가 2, 5로 나누면 나머지가 3인 수 중에서 가장 작은 수는 무엇인가? 이 문제는 다음과 같이 나타낼 수 있다 : 다음 연립합동식을 풀고, 가장 작은 자연수 해를 구하여라.

$$\begin{cases} x \equiv 1 \pmod{2} \\ x \equiv 2 \pmod{3} \\ x \equiv 3 \pmod{5} \end{cases}$$

위의 문제 중에서 '가', '나', 그리고 '다'의 문제는 간단한 문제로 변형시켜 쉽게 풀 수 있다. 그러나 '라'의 경우에는 사정이 다르기 때문에 일반적인 풀이법은 초·중등학교 수준에서는 쉽지 않다. 물론, 다음과 같이 시도할 수는 있다. 즉, 2로 나누면 나머지가 1인 수 즉, 홀수 중에서 3으로 나누면 나머지가 2인가를 확인하고, 그러한 수 중에서 5로 나누어 나머지가 3인가를 확인함으로써 구하는 답을 구할 수 있다. 그러나 '라' 등 일반적인 경우에는 다음 정리로부터 답을 얻을 수 있다.

세 개 이상의 자연수 $m_1,\ m_2,\ \cdots,\ m_n$의 최대공약수가 1일 때 두 수의 경우와 마찬가지로 $m_1,\ m_2,\ \cdots,\ m_n$는 서로소라고 한다. 이제 $m_1,\ m_2,\ \cdots,\ m_n$ 중 어느 두 수를 택하더라도 서로소일 때, $m_1,\ m_2,\ \cdots,\ m_n$는 쌍마다 서로소(relatively prime in pairs)라고 한다. 쌍마다 서로소이면 서로소이지만, 서로소라고 해서 쌍마다 서로소가 아님은 분명하다.

과제 5.3 가. 서로소이지만 쌍마다 서로소가 아닌 세 수를 제시하여라.

나. $m_1,\ m_2,\ \cdots,\ m_n$가 쌍마다 서로소이면 $m_1,\ m_2,\ \cdots,\ m_n$의 최소공배수는 $m_1 m_2 \cdots m_n$이다.

≪정리 5.4≫ (중국인의 나머지 정리, Chinese Remainder Theorem)
자연수 $m_1,\ m_2,\ \cdots,\ m_n\ (n \geq 2)$이 쌍마다 서로소라고 하자. 임의의 정수 $c_1,\ c_2,\ \cdots,\ c_n$에 대하여 일차연립합동식

$$\begin{cases} x \equiv c_1 \pmod{m_1} \\ x \equiv c_2 \pmod{m_2} \\ \qquad\vdots \\ x \equiv c_n \pmod{m_n} \end{cases}$$

은 법 $m_1 m_2 \cdots m_n$에 관하여 단 한 개의 해를 가진다.

증명 먼저 $M = m_1 m_2 \cdots m_n$이고 $M_i = \dfrac{M}{m_i} = m_1 \cdots m_{i-1} m_{i+1} \cdots m_n\ (1 \leq i \leq n)$라고 놓으면, $i \neq j$일 때, $(m_i,\ m_j) = 1$이므로 $(M_i,\ m_i) = 1$이고 따라서 $M_i N_i \equiv 1 \pmod{m_i}\ (1 \leq i \leq n)$인 정수 N_i가 존재한다. 이제

$$u = M_1 N_1 c_1 + M_2 N_2 c_2 + \cdots + M_n N_n c_n$$

이라고 놓으면 $i \neq j$일 때

$$M_j = m_1 \cdots m_{j-1} m_{j+1} \cdots m_n \equiv 0 \pmod{m_i}$$

이므로 $u \equiv M_i N_i c_i \equiv c_i \pmod{m_i}\ (1 \leq i \leq n)$이다. 따라서 주어진 일차연립합동식은 한 개의 해 $x \equiv u \pmod{M}$를 가진다. 한편, $x \equiv u' \pmod{M}$도 주어진 연립합동식의 해라면 각각의 m_i에 대하여 $u \equiv u' \pmod{m_i}$이고 $m_1,\ m_2,\ \cdots,\ m_n$가 쌍마다 서로소이므로 $u \equiv u' \pmod{M}$이다. 따라서 주어진 연립합동식은 법 $m_1 m_2 \cdots m_n$에 관하여 유일한 해를 가진다. ▒

과제 5.5 가. 위 정리의 증명과정을 따라 다음 연립합동식(과제 5.2 라)을 풀어라.

$$\begin{cases} x \equiv 1 \pmod{2} \\ x \equiv 2 \pmod{3} \\ x \equiv 3 \pmod{5} \end{cases}$$

나. 아래 절차에 따라 다음 연립합동식을 풀어라.

$$\begin{cases} 8x \equiv 4 \pmod{14} \\ 5x \equiv 3 \pmod{11} \end{cases}$$

(1) 먼저 처음 합동식은 두 개의 해를 가짐에 주목하고 그 두 해를 구한다. 이때 유클리드 알고리즘을 사용할 수 있고, 법이 크지 않으므로 수를 직접 대입하여 구할 수 있다. 사실, 구하는 두 해는 $x \equiv 4 \pmod{14}$, $x \equiv 11 \pmod{14}$이다.

(2) 두 번째 합동식은 유일한 해를 구한다. 이때에도 유클리드 알고리즘을 사용할 수 있고, 법이 크지 않음으로 수를 직접 대입하여 구할 수 있다. 사실, 해는 $x \equiv 5 \pmod{11}$이다.

(3) 위의 결과로부터 다음과 같은 두 쌍의 연립합동식을 얻는다.

$$\begin{cases} x \equiv 4 \pmod{14} \\ x \equiv 5 \pmod{11} \end{cases}, \quad \begin{cases} x \equiv 11 \pmod{14} \\ x \equiv 5 \pmod{11} \end{cases}$$

(4) 중국인의 나머지 정리를 이용하여 각각의 연립합동식을 푼다.

오일러 φ-함수

법 $m(\geq 2)$에 관한 완전잉여계 $\mathbb{Z}_m$에서 $(a,\ m)=1$인 원소 $a \in \mathbb{Z}_m$는 곱셈에 관한 역원을 가진다. 따라서 $\mathbb{Z}_m$의 원소 중에서 법 m과 서로소인 원소들만을 곱셈 연산과 관련하여 자세히 논의할 필요가 있다.

법 m에 관한 완전잉여계를 생각하였듯이 다음 집합을 생각한다.

> ≪**정의 5.6**≫ 법 $m(\geq 2)$에 관한 잉여류 $\bar{a} \in \overline{\mathbb{Z}_m}$에 대하여 $(a,\ m)=1$일 때, $\bar{a}$를 법 m에 관한 기약잉여류라고 한다. 또 법 m에 관한 기약잉여류 전체의 집합을 $\overline{\mathbb{Z}_m^*}$으로 나타낸다. 즉
>
> $$\overline{\mathbb{Z}_m^*}=\left\{\bar{a} \in \overline{\mathbb{Z}_m} \mid (a,\ m)=1\right\}.$$
>
> $\overline{\mathbb{Z}_m^*}$을 완전기약잉여계(complete reduced residue system)라고 한다.

***과제 5.7** 다음을 확인하여라.

가. $\overline{\mathbb{Z}_m}$은 다음과 같은 성질을 가진다(과제 4.10.나).

(1) 덧셈이 잘 정의된다.

(2) 덧셈에 관하여 결합법칙이 성립한다.

(3) 덧셈에 관한 항등원을 가진다.

(4) 모든 원소의 덧셈에 관한 역원이 존재한다.

(5) 덧셈에 관하여 교환법칙이 성립한다.

나. $\overline{\mathbb{Z}_m^*}$은 다음과 같은 성질을 가진다.

(1) 곱셈이 잘 정의된다.

(2) 곱셈에 관하여 결합법칙이 성립한다.

(3) 곱셈에 관한 항등원을 가진다.

(4) 모든 원소의 곱셈에 관한 역원이 존재한다.

(5) 곱셈에 관하여 교환법칙이 성립한다.

다. 각 잉여류 $\bar{a} \in \overline{\mathbb{Z}_m}$에 대하여 $\bar{a} = \bar{r}$인 $r \in \mathbb{Z}_m$이 단 하나 존재하고, 이때 $(a, m) = (r, m) = 1$이다.

라. 정수로 이루어진 집합 $\{s_1, s_2, \cdots, s_n\}$에 대하여 다음이 성립할 때 그리고 이때에만 법 m에 관한 완전기약잉여계이다.

(1) $n = \varphi(m)$

(2) $(m, s_i) = 1, \ i = 1, \ \cdots, \ n$

(3) $i \neq j \Rightarrow s_i \not\equiv s_j \pmod{m}, \ 1 \leq i, \ j \leq n$

혼동의 여지가 없을 때에는 $\overline{\mathbb{Z}_m} = \{\bar{0}, \bar{1}, \cdots, \overline{m-1}\}$를 간단히 $\mathbb{Z}_m = \{0, 1, \cdots, m-1\}$으로 나타내듯이 $\overline{\mathbb{Z}_m^*} = \{\bar{a} \in \overline{\mathbb{Z}_m} \mid (a, m) = 1\}$도 $\mathbb{Z}_m^* = \{a \in \mathbb{Z}_m \mid (a, m) = 1\}$로 나타낸다.

≪**정의 5.8**≫ 집합 $\mathbb{Z}_m^*$, $m \geq 2$의 위수를 $\varphi(m)$로 나타낸다. 즉 $\varphi(m) = |\mathbb{Z}_m^*|$ 이다. 임의의 자연수 m을 $\varphi(m)$으로 대응시키는 함수 $\varphi : \mathbb{N} \to \mathbb{Z}$를 오일러의 φ-함수라고 한다. 이때, $\varphi(1)$은 1이라고 정의한다.

과제 5.9 다음을 확인하여라.

p가 소수이면 다음이 성립한다.

$$\mathbb{Z}_p^* = \{1, 2, \cdots, p-1\} = \mathbb{Z}_p - \{0\}, \ \varphi(p) = p-1$$

≪**정리 5.10**≫ 가. $\varphi(m) = m \Leftrightarrow m = 1$

나. $\varphi(m) = 1 \Leftrightarrow m = 1$ 또는 2

다. m이 합성수이면, $2 \leq \varphi(m) \leq m-2$이다.

라. $\varphi(m) = m-1$일 때 그리고 이때에만 m은 소수이다.

마. p가 소수일 때 다음이 성립한다.

$$\varphi(p^k) = p^k - p^{k-1} = p^{k-1}(p-1), \ (k \geq 1)$$

증명 가. $m = 1$이면 $\varphi(m) = 1 = m$임은 분명하다. 이제 $m \neq 1$ 즉, $m > 1$이면 $(0, m) = m > 1$이므로 $\varphi(m) < m$, 즉 $\varphi(m) \neq m$이다.

나. $m = 1$ 또는 2이면 $\varphi(m) = 1$임은 분명하다. 이제 $m > 2$이면 m과 $m-1$은 서로소다. 즉, 1과 $m-1$은 m과 서로소인 서로 다른 두 수다. 따라서 $\varphi(m) > 1$ 즉, $\varphi(m) \neq 1$이다.

다. m이 합성수이면 $m \geq 4$이므로 위 '나'의 증명에서 $2 \leq \varphi(m)$임을 알 수 있다. 한편, $m = kl,\ k > 1,\ l > 1$라고 하면 k와 l은 m과 서로소가 아니므로 $\varphi(m)\ \leq m - 2$이다.

라. m은 소수이면 $\varphi(m) = m - 1$이다. 이제 m이 소수가 아니라고 하자. 먼저 $m = 1$이면 $\varphi(1) = 1 \neq 0 = 1 - 1$이다. 한편 m이 $m > 1$인 합성수이면 $\varphi(m)\ \leq m - 2 \neq m - 1$이다.

마. p^k개의 수 1, 2, ⋯, p^k 중에서 p^k와 서로소가 아닌 수는 $p,\ 2p,\ \cdots,\ p^{(k-1)}p = p^k$이므로 p^k와 서로소인 수의 개수는 $p^k - p^{k-1}$이다. ■

과제 5.11 가. 위 정리 '나'의 증명에서 '$m = 1$ 또는 2'의 부정은 '$m > 2$'임을 이용하였다. 이를 설명하여라.

나. 집합론에서 드 모르간(De Morgan)의 법칙을 설명하여라.

> **≪정리 5.12≫** 오일러 φ-함수에 대하여 다음이 성립한다.
>
> $$(m,\ n) = 1 \Rightarrow \varphi(mn) = \varphi(m)\varphi(n)$$
>
> 즉, $\left|\mathbb{Z}_{mn}^*\right| = \left|\mathbb{Z}_m^*\right|\left|\mathbb{Z}_n^*\right|$이다.

[증명 및 그림]

다음과 같이 정의된 함수 $f : \mathbb{Z}_{mn}^* \rightarrow \mathbb{Z}_m^* \times \mathbb{Z}_n^*$을 생각하여 보자 :

$$f(a) = (a \pmod m,\ a \pmod n)$$

이 함수는 잘 정의된 함수이다. 또, 중국인의 나머지 정리에 의하면 함수 f는 일대일 대응임도 알 수 있다.

증명 다음과 같은 함수 f를 생각하자.

$$f : \mathbb{Z}_{mn}^* \to \mathbb{Z}_m^* \times \mathbb{Z}_n^*$$
$$f(a) = (a \pmod m),\ a \pmod n))$$

먼저, $(a,\ mn) = 1$이면 $(a,\ m) = 1 = (a,\ n)$이므로 f는 잘 정의된다(well-defined). 이제 임의의 $(\alpha,\ \beta) \in \mathbb{Z}_m^* \times \mathbb{Z}_n^*$에 대하여 다음 조건을 만족시키는 $a \in \mathbb{Z}_{mn}^*$가 유일하게 있다 : $a \equiv \alpha \pmod m$이고 $a \equiv \beta \pmod n$. 사실, $(m,\ n) = 1$이므로 중국인의 나머지정리에 의하여 위 연립합동식은 법 mn에 관하여 유일한(단사) 해를 가진다(전사). 따라서 f는 일대일대응이다. ■

과제 5.13 다음을 확인하여라.

가. 임의의 자연수 n에 대하여 n의 양의 약수 전체의 개수 $\tau(n)$과 양의 약수 전체의 합 $\sigma(n)$에 대하여 $(m,\ n) = 1$이면 $\tau(mn) = \tau(m)\tau(n)$이고 $\sigma(mn) = \sigma(m)\sigma(n)$이다(정리 3.26).

나. 임의의 두 정사각행렬 A, B에 대하여 $|AB| = |A||B|$이다.

≪**정리 5.14**≫ 1보다 큰 정수 m의 표준소인수분해가 $m = p_1^{k_1} p_2^{k_2} \cdots p_r^{k_r}$이면

$$\varphi(m) = (p_1^{k_1} - p_1^{k_1 - 1})(p_2^{k_2} - p_2^{k_2 - 1}) \cdots (p_r^{k_r} - p_r^{k_r - 1})$$
$$= m\left(1 - \frac{1}{p_1}\right)\left(1 - \frac{1}{p_2}\right) \cdots \left(1 - \frac{1}{p_r}\right)$$

> ≪**정리 5.15**≫ $m \ge 3$이면 $\varphi(m)$은 짝수이다.

[증명 밑 그림]

$m \ge 3$이면 m은 다음 중 한 가지 꼴로 나타낼 수 있다.

(1) $m = 2^k \ (k \ge 2)$

(2) $m = p^e m'$, 여기서 p는 홀수인 소수이고 $e \ge 1$, $(m', p) = 1$이다.

증명 위 (1)의 경우에 $\varphi(m) = \varphi(2^k) = 2^{k-1}$이므로 $\varphi(m)$은 짝수이다. 한편, (2)의 경우에는 $\varphi(m) = \varphi(p^e m') = \varphi(p^e)\varphi(m') = p^{e-1}(p-1)\varphi(m')$이므로 이 경우에도 $\varphi(m)$은 짝수이다. ▩

> ≪**정리 5.16**≫ (Gauss)
>
> 모든 자연수 m에 대하여 다음이 성립한다.
>
> $$m = \sum_{d \mid m} \varphi(d)$$

증명 먼저, $\sum_{d \mid 1} \varphi(d) = \varphi(1) = 1$임은 분명하다. 이제 $m \ge 2$라고 하고 표준소인수분해 $m = p_1^{e_1} \cdots p_t^{e_t}$를 생각한다. m의 임의의 양의 약수는 $d = p_1^{f_1} \cdots p_t^{f_t}$, $0 \le f_i \le e_i$이고 $\varphi(d) = \varphi(p_1^{f_1}) \cdots \varphi(p_t^{f_t})$이다. 따라서 다음을 알 수 있다.

$$\sum_{d \mid m} \varphi(d) = \left\{\varphi(1) + \varphi(p_1) + \cdots + \varphi(p_1^{e_1})\right\} \cdots \left\{\varphi(1) + \varphi(p_t) + \cdots + \varphi(p_t^{e_t})\right\}$$

그런데 $\varphi(1) + \varphi(p_i) + \cdots + \varphi(p_i^{e_i}) = p_i^{e_i}$이다. ▩

페르마-오일러 정리

법 m에 관한 $\varphi(m)$개의 기약잉여류에서 각각 한 개의 정수를 택하여 만든 집합 $R=\{r_1, r_2, \cdots, r_{\varphi(m)}\}$, $|R|=\varphi(m)$은 법 m의 완전기약잉여계이다. 다음 정리는 쉽게 증명할 수 있다(과제 5.7.라).

≪**정리 5.17**≫ 정수로 이루어진 집합 $R=\{r_1, r_2, \cdots, r_{\varphi(m)}\}$에 대하여 다음이 성립할 때 그리고 이때에만 R는 법 m에 관한 완전기약잉여계이다.
가. $|R|=\varphi(m)$
나. 각 $r_i \in R$에 대하여, $(r_i, m)=1$이다.
다. $r_i \neq r_j \Rightarrow r_i \not\equiv r_j \pmod{m}$

한편, $\mathbb{Z}_5=\{0, 1, 2, 3, 4\}$에서 다음을 알 수 있다.

$$1^4 \equiv 2^4 \equiv 3^4 \equiv 4^4 \equiv 1 \pmod{5}$$

사실, 페르마는 다음 사실(페르마의 소 정리, Fermat Little Theorem)을 발견하였다.

p가 소수이고 $(a, p)=1$이면, $a^{p-1} \equiv 1 \pmod{p}$이다.

오일러는 이 사실을 일반화하였다. 먼저, 다음 사실에 주목한다.

《**정리 5.18**》 집합 $R=\{r_1, r_2, \cdots, r_{\varphi(m)}\}$가 법 m에 관한 완전기약잉여계일 때, $(a, m)=1$인 정수 a에 대하여 $T=\{ar_1, ar_2, \cdots, ar_{\varphi(m)}\}$는 법 m에 관한 완전기약잉여계이다.

증명 $|T|=\varphi(m)$임은 분명하다. 이제, 각 $ar_i \in T$에 대하여 $(ar_i, m)=1$이다. 한편, $ar_i \equiv ar_j \pmod{m}$라고 하면 정리 4.13에 의하여 $r_i \equiv r_j \pmod{m}$이므로 $r_i = r_j$이다. ■

이제, 다음 정리를 증명할 수 있다.

《**정리 5.19**》 (페르마-오일러 정리)
m이 자연수이고 $(a, m)=1$이면 $a^{\varphi(m)} \equiv 1 \pmod{m}$이다.

증명 집합 $R=\{r_1, r_2, \cdots, r_{\varphi(m)}\}$를 법 m에 관한 완전기약잉여계라고 하면 $T=\{ar_1, ar_2, \cdots, ar_{\varphi(m)}\}$도 법 m에 관한 완전기약잉여계이다. 따라서 T의 각 원소는 R의 단 한 개의 원소와 법 m에 관하여 합동이므로 다음 합동식이 성립한다.

$$ar_1 \cdot ar_2 \cdot \cdots \cdot ar_{\varphi(m)} \equiv r_1 r_2 \cdots r_{\varphi(m)} \pmod{m}$$

즉

$$a^{\varphi(m)} r_1 r_2 \cdots r_{\varphi(m)} \equiv r_1 r_2 \cdots r_{\varphi(m)} \pmod{m}$$

그런데 각 $r_i \in R$에 대하여 $(r_i, m)=1$이므로 $(r_1 r_2 \cdots r_{\varphi(m)}, m)=1$이다. 따라서 $a^{\varphi(m)} \equiv 1 \pmod{m}$이다. ■

과제 5.20 가. 다음을 확인하여라 : $\varphi(6)=2,\ 5^2\equiv 1 \pmod 6$.

나. 페르마-오일러 정리로부터 다음 사실(페르마의 소 정리)을 설명하여라.

p가 소수이고 $(a,\ p)=1$이면, $a^{p-1}\equiv 1 \pmod p$이다.

> ≪**정리 5.21**≫ p가 소수일 때, 모든 정수 a에 대하여 $a^p\equiv a \pmod p$이 성립한다.

과제 5.22 가. 다음을 확인하여라.

p가 소수이면 임의의 정수 a에 대하여 $a^p\equiv a \pmod p$이라는 사실을 다음과 같이 증명할 수 있다.

먼저 a가 자연수인 경우에 위의 주장을 a에 관한 수학적 귀납법으로 증명한다. 분명히 $1^p\equiv 1 \pmod p$이다. 이제 $k^p\equiv k \pmod p$라고 하면 $(k+1)^p\equiv k+1 \pmod p$이다. $a=0$인 경우와 a가 음의 정수인 경우는 분명하다.

나. 페르마의 마지막(대) 정리(Fermat's Last(Great) Theorem)는 무엇인가?

페르마-오일러 정리를 이용하면, 특수한 형태의 일차합동식의 해를 구할 수 있다.

> ≪**정리 5.23**≫ 일차합동식 $ax\equiv b \pmod m$, $(a,\ m)=1$은 단 한 개의 해 $x\equiv a^{\varphi(m)-1}b \pmod m$를 가진다.

증명 페르마-오일러 정리에 의하여 $a^{\varphi(m)} \equiv 1 \pmod{m}$ 즉, $a \times a^{\varphi(m)-1} \equiv 1 \pmod{m}$이다. 따라서 $a \times (a^{\varphi(m)-1}b) \equiv b \pmod{m}$이므로 $x \equiv a^{\varphi(m)-1}b \pmod{m}$는 해이다. ■

과제 5.24 가. 5^{10}을 11로 나눈 나머지가 1임을 설명하여라.

나. 정수 7^{1001}의 일의 자릿수를 구하여라.

다. 다음 합동식을 만족시키는 정수 x, y를 몇 개 제시하여라.

$$9^x \equiv y \pmod{19}$$

곱셈 함수

자연수 전체의 집합 $\mathbb{N}$에서 정수 전체의 집합 $\mathbb{Z}$로의 함수 $f : \mathbb{N} \to \mathbb{Z}$를 정수론적 함수라고 한다. 일반적으로, 정수론적 함수 $f : \mathbb{N} \to \mathbb{Z}$가 다음의 두 조건을 만족시킬 때, 이를 곱셈함수(multiplicative function)이라고 한다.

(1) $f(1) = 1$

(2) $(m, n) = 1 \Rightarrow f(mn) = f(m)f(n)$

앞에서 언급한 세 함수 $\tau(n)$, $\sigma(n)$, $\varphi(n)$ 모두는 곱셈함수이다.

이제, 정수론적 함수 $f : \mathbb{N} \to \mathbb{Z}$에 대하여 함수 $F: \mathbb{N} \to \mathbb{Z}$, $F(n) = \sum_{d \mid n} f(d)$를 f의 뫼비우스 변환(Möbius transformation)

이라고 한다. 임의의 자연수 n에 대하여 다음이 성립함을 알 수 있다.

$$F(n) = \sum_{d \mid n} f(d) = \sum_{d \mid n} f\left(\frac{n}{d}\right)$$

예를 들어, $f(n) = \varphi(n)$ 경우에는 $F(n) = n$이다.

정수 n $(n \ge 2)$이 완전제곱수인 인수를 가질 때, 즉 $a^2 \mid n$, $a \ge 2$인 정수 a가 존재할 때, n은 제곱인수(square factor)를 가진다고 한다. 정수 n $(n \ge 2)$의 표준소인수분해가

$$n = p_1 p_2 \cdots p_r \ (p_1, \ \cdots, \ p_r \text{는 서로 다른 소수})$$

와 같은 꼴일 때 그리고 이때에만 n은 제곱인수를 갖지 않는다(square-free)고 한다.

다음과 같이 정의된 함수 $\mu : \mathbb{N} \to \mathbb{Z}$를 뫼비우스 함수(Möbius function)라고 한다.

$$\mu(n) = \begin{cases} 1, & n = 1\text{일 때} \\ 0, & n\text{이 제곱인수를 가질 때} \\ (-1)^r, & n\text{이 서로 다른 } r\text{개의 소수의 곱일 때} \end{cases}$$

다음 정리가 성립한다.

≪정리 5.25≫ 뫼비우스 함수에 대하여 다음이 성립한다.

가. 곱셈함수이다.

나. $(m, n) > 1$이면 $\mu(mn) = 0$이다.

다. $\sum_{d \mid n} \mu(d) = \begin{cases} 1, & n = 1 \\ 0, & n \geq 2 \end{cases}$

증명 가. 정의에 의하여 $\mu(1) = 1$이다. $m = 1$ 또는 $n = 1$이면, 각각 $\mu(m) = 1$ 또는 $\mu(n) = 1$이므로 $\mu(mn) = \mu(m)\mu(n)$이다. 이제 $(m, n) = 1$, $m > 1$, $n > 1$이라고 가정하고 m, n의 표준인수분해를 $m = p_1^{e_1} p_2^{e_2} \cdots p_r^{e_r}$, $n = q_1^{f_1} q_2^{f_2} \cdots q_s^{f_s}$라고 하자. $e_i (1 \leq i \leq r)$, $f_j (1 \leq j \leq s)$ 중에서 하나라도 1보다 큰 수가 있다면, m 또는 n이 제곱인수를 가지므로 $\mu(mn) = 0 = \mu(m)\mu(n)$이다. 모두 1보다 크지 않다면 즉, 전부 1이라면, 가정에 의하여 $p_1, \cdots, p_r, q_1, \cdots, q_s$는 모두 다른 소수이므로, $\mu(mn) = (-1)^{r+s} = (-1)^r(-1)^s = \mu(m)\mu(n)$이다.

나. $(m, n) = d$라고 하고 $d > 1$이라면, mn은 d^2을 인수로 가지므로 $\mu(mn) = 0$이다.

다. $n = 1$일 때, $\sum_{d|n} \mu(d) = \mu(1) = 1$이다. $n > 1$일 때 $n = p_1^{e_1} \cdots p_r^{e_r}$을 n의 표준인수분해라고 하면, n의 양의 약수는 모두 $d = p_1^{f_1} \cdots p_r^{f_r}$, $(0 \leq f_i \leq e_i)$의 꼴로 나타내어진다. 그러면 다음이 성립한다.

$$\sum_{d|n} \mu(d) = \mu(1) + \sum_i \mu(p_i) + \sum_{i<j} \mu(p_i p_j) + \cdots + \mu(p_1 p_2 \cdots p_r)$$

$$= 1 + {}_rC_1(-1) + {}_rC_2(-1)^2 + \cdots + {}_rC_k(-1)^k + \cdots + {}_rC_r(-1)^r$$

$$= \sum_{k=0}^{r} {}_rC_k(-1)^k = \{1 + (-1)\}^r = 0$$

■

뫼비우스는 '안'과 '밖'의 구별이 없는 띠로 인하여 잘 알려져 있다. 다음 정리는 리이만가설 등 정수론에서 중요한 역할을 한다.

≪**정리 5.26**≫ (뫼비우스 반전 공식, Möbius inversion formula)
함수 $F:\mathbb{N}\to\mathbb{Z}$가 곱셈 함수 $f:\mathbb{N}\to\mathbb{Z}$의 뫼비우스 변환이면, 모든 자연수 n에 대하여 다음이 성립한다.

$$\sum_{d\mid n}\mu(d)F\left(\frac{n}{d}\right)=\sum_{d\mid n}\mu\left(\frac{n}{d}\right)F(d)=f(n)$$

증명 $\sum_{d|n}\mu(d)F(\frac{n}{d})=\sum_{d|n}\mu(d)\sum_{d'|\frac{n}{d}}f(d')$인데, d에 대한 총합과 d'에 대한 총합의 순서를 바꾸면 $\sum_{d|n}\mu(d)F(\frac{n}{d})=\sum_{d'|n}f(d')\left\{\sum_{d|\frac{n}{d'}}\mu(d)\right\}$이다. 한편 정리 5.25 (다)에 의하여 $\sum_{d|\frac{n}{d'}}\mu(d)$은 $n=d'$일 때만 1이므로, $\sum_{d|n}\mu(d)F(\frac{n}{d})=f(n)$이다. ■

$f(n)=\varphi(n)$인 경우에는 $\sum_{d|n}\mu(d)\frac{n}{d}=\sum_{d|n}\mu\left(\frac{n}{d}\right)d=\varphi(n)$이다.

전자서명

합동식이나 페르마-오일러 정리는 암호학에서 중요하게 활용된다.

여기에서는 대표적인 공개열쇠 암호 체계(Public-Key Cryptosystem)로서 전자서명(digital signature) 기법인 RSA[9)]-체계를 소개한다.

RSA-체계

가. 먼저 암호 망(net)에 참여하고 있는 각 회원(i)은 다음과 같은 작업을 한다.

(1) 100 자리 두 소수 p_i, q_i를 구하고 그 두 소수의 곱 $n_i = p_i q_i$를 구한다.

(2) 다음 조건을 만족시키는 두 자연수 e_i, d_i를 구한다.

(가) $e_i,\ d_i < \varphi(n_i)$

(나) $(e_i,\ \varphi(n_i)) = 1$

(다) $e_i d_i \equiv 1 \pmod{\varphi(n_i)}$

사실, 150자리 소수 e_i를 택하면 $e_i > \max\{p_i,\ q_i\}$이고 $(e_i,\ \varphi(n_i))$=1이다. 이제 일차합동식 $e_i d_i \equiv 1 \pmod{\varphi(n_i)}$를 풀어 d_i를 구한다. 이때, $d_i \equiv e_i^{\varphi(\varphi(n_i))-1} \pmod{\varphi(n_i)}$를 사용해도 된다.

이제 n_i와 e_i는 공개열쇠로 등록하고, p_i, q_i, d_i는 비밀열쇠로 한다.

평문 M의 암호화 하는 방법은 $E(M) \equiv M^{e_i} \pmod{n_i}$이고 암호문

9) 이 기법을 소개한 세 명의 암호학자 Rivest-Shamir-Adleman을 나타낸다.

M^*의 복호화하는 방법은 $D(M^*) \equiv (M^*)^{d_i} \pmod{n_i}$이다.

나. 이제 i는 평문 M을 다음과 같이 서명한다.

(1) $S(M) \equiv M^{d_i} \pmod{n_i}$을 계산한다.

(2) i는 j에게 $(M,\ S(M)^{e_j} \pmod{n_j})$를 보낸다.

j는 $(M,\ S(M))$을 구할 수 있고 $M \equiv S(M)^{e_i} \pmod{n_i}$이므로 $S(M)$을 생성할 수 있는 사람은 i 밖에 없음을 알 수 있다.

과제 5.27 가. 다음을 증명하여라.

평문(전문, message) M에 대하여 $D(E(M)) \equiv M \pmod{n}$이다.

나. 위에서 d_i를 구하는 과정에서 유클리드 알고리즘을 활용할 수 있음을 설명하여라.

다. Schneier(1996) 등을 참고하여 RSA 체계에 관하여 더 자세히 알아보아라. 사실, RSA-체계에서 n_i의 소인수 p_i, q_i가 노출되면 $\varphi(n_i) = (p_i - 1)(q_i - 1)$을 구할 수 있고, $\varphi(n_i)$를 알면 d_i가 노출된다. 한편, $\varphi(n_i)$가 노출되면 p_i, q_i도 쉽게 구할 수 있다.

라. 두 소수 $p_i = 41$, $q_i = 53$을 사용하여 RSA 체계가 구동하는 과정을 살펴보아라.

뒷 이야기

1. 정수론은 암호학에 유용하게 활용된다. '자료 : 대수학과 정보보호' 또는 Schneier(1996) 등을 참조하여 다음에 관하여 개략적으로 조사하여 보자.

   가. 비밀열쇠 암호체계(Secret Key Cryptosystem)
      (1) 비밀열쇠(예를 들어, 난수표)가 알려지면 와해된다.
      (2) 많은 사람 사이에 구축하기에는 번거롭다.
      (3) 일반적으로 암호화와 복호화가 수월하다.

   나. 공개열쇠 암호체계(Public Key Cryptosystem)
      (1) 많은 사람과 암호체계를 구축할 수 있다.
      (2) 일반적으로 암호화와 복호화 과정에서 많은 계산이 요구된다.
      (3) 전자 서명(digital signature) 등 응용가치가 크다.

   다. 혼합 방식(Hybrid System)
      (1) 두 개의 장점을 섞어서 사용한다. 예를 들어, 비밀열쇠 분배과정에서는 공개열쇠 암호체계를 이용하고 비밀열쇠가 일단 분배되면 비밀열쇠 암호체계를 구축한다.
      (2) PGP가 대표적인 예이다.

   라. 일방향 함수(One-way Functions)[10]
   일방향 함수의 대표적인 예로서 소수 판정(primality test)과 소인수분해(factoring)의 성질을 이용하는 다음 함수를 생각할 수 있다.

   두 수를 곱하는 것은 쉬우나 충분히 큰 합성수의 소인수분해

---

10) 여기에 제시되는 함수는 일방향 함수로 '증명'된 것이 아니고 여러 가지 정황으로 보아 일방향 함수라고 '여겨지는' 것이다. 사실, 양자 컴퓨터 등이 개발되어 컴퓨터의 계산능력이 획기적으로 향상되면 이 함수는 일방향 함수가 되지 않을 가능성이 크다. 함수의 일방향(one-way)성은 수학적 개념이 아니다.

는 계산상 어렵다. 이제, P를 100자리 소수 전체의 집합이라고 하자. 함수 $F: P\times P\to\mathbb{N}$ 를 다음과 같이 정의하자.

$$F(p,\ q) = pq$$

이 함수는 일방향 함수이다.

2. '자료 : 확률의 난해성과 유용성' 또는 '자료 : 수학판타지5'를 참고하여 정보수학에서 정수론이 '확률'의 특성과 어울려 어떠한 역할을 하는지 조사하여라.

3. 다음을 참조하여 페르마 정리와 무한 순환소수의 순환마디의 관계를 살펴라.

> 2나 5가 아닌 소수 p에 대하여 $\frac{1}{p}$는 무한순환소수인데 순환마디 δ는 다음 조건을 만족시키는 최소지수다 : $10^{\delta}\equiv 1 \pmod p$. 페르마 정리(Fermat's Little Theorem)에 의하면 $10^{p-1}\equiv 1 \pmod p$이므로 δ는 $p-1$이거나 $p-1$의 약수이다. 이제 $\frac{10^{\delta}-1}{p}$는 정수 N이므로 $\frac{10^{\delta}}{p} = \frac{1}{p} + N$이다. 따라서 $\frac{1}{p}$의 소수점을 오른쪽으로 δ만큼 움직여도 $\frac{1}{p}$의 소수점 이하와 같다. 한편, 순환마디가 δ보다 작은 δ'이라고 하면 $10^{\delta'}\equiv 1 \pmod p$임을 알 수 있다. 이는 δ의 최소성에 위배된다. 결국 무한순환소수 $\frac{1}{p}$의 순환마디는 $10^{\delta}\equiv 1 \pmod p$을 만족시키는 최소 δ이다. 예를 들어, $\frac{1}{3}$의 순환마디는 1, $\frac{1}{11}$의 순환마디는 2, $\frac{1}{7}$의 순환마디는 6이다.

Ⅵ

원시근

지난 줄거리

1. 중국인의 나머지 정리를 기술하여라.

2. 다음 연립합동식을 풀어라 : $\begin{cases} x \equiv 2 \pmod 5 \\ x \equiv 3 \pmod 7 \end{cases}$.

3. 페르마-오일러 정리를 기술하여라.

4. 다음 용어를 모두 사용하여 작문하여라.
   중학교, 일차방정식, 일차연립방정식, 일차합동식, 일차연립합동식, 중국인의 나머지 정리

이번 줄거리

• 모든 자연수가 원시근을 갖는 것은 아니함을 알고, 주어진

자연수가 원시근을 갖기 위한 필요충분조건이 무엇인지 이해한다.

- 이산로그 개념은 고등학교에서 배운 로그 개념과 같은 것이나 이산적인 특성이 있음을 안다.

- 원시근과 지수의 정보 수학에서의 유용성을 이해한다.

여는 이야기

양수 g에 대하여 $g^x = y$일 때, $x = \log_g y$로 나타낸다.

자연수 n에 대하여 $\mathbb{Z}_n$에는 원소가 n개 있으며, 덧셈과 곱셈이 잘 정의된다. 한편, $\mathbb{Z}_n^*$에는 원소가 $\varphi(n)$개 있으며, 곱셈이 잘 정의된다. 이제, $\mathbb{Z}_n^*$에 어떤 원소 $g \in \mathbb{Z}_n^*$가 존재하여, $\mathbb{Z}_n^*$의 임의의 원소 a가 g^k $(k = 0,\ 1,\ \cdots,\ \varphi(n)-1)$과 같은 꼴로 표현된다면, $a = g^k$로부터 $k = \log_g a$를 생각할 수 있을 것이다.

이 장에서 논의하는 구체적인 문제는 다음과 같다.

- 원시근과 이산로그의 뜻과 기본적인 성질은 무엇인가?
- 원시근이 있기 위한 필요충분조건은 무엇인가?

- 정보보호에 이산로그는 어떻게 응용되는가?
- 이산로그의 학교 수학이나 실생활과의 연계성은 무엇인가?

생성하는 원소

과제 6.1 다음 물음에 답하여라.

가. 법이 7인 경우 완전기약잉여계 $\mathbb{Z}_7^*$는 무엇인가?

나. $\mathbb{Z}_5^*$의 모든 원소는 2의 거듭 제곱으로 생성할 수 있는가?

다. 이와 같은 성질을 가지는 원소는 2 외에 또 있는가?

라. $\mathbb{Z}_8^*$의 모든 원소를 생성할 수 있는 원소가 있는가?

위에서 알 수 있듯이 $\mathbb{Z}_5^*$의 모든 원소는 2의 거듭 제곱으로 표현(생성)된다. 그러나 $\mathbb{Z}_8^*$에는 모든 원소를 생성할 수 있는 원소가 없다.

위수

오일러의 정리에 의하면 $(a,\ m)=1$인 경우에 항상 $a^{\varphi(m)}\equiv 1 \pmod{m}$이 성립함을 알고 있다. 그러나 때로는 정수 a에 따라서는 $\varphi(m)$보다 작은 양수 r에 대하여 $a^r\equiv 1 \pmod{m}$이 성립하기도 한다.

≪정의 6.2≫ 자연수 m $(m \geq 2)$과 $(a,\ m)=1$인 정수 a에 대하여 $a^r \equiv 1 \pmod{m}$인 가장 작은 자연수 r를 법 m에 관한 a의 위수(order)[11]라 하고, r를 $\mathrm{ord}_m a$로 나타낸다.

과제 6.3 다음을 확인하여라.

가. 위수를 다음과 같이 정의할 수 있다.

$a \in \mathbb{Z}_n^*$에 대하여 a의 위수 $\mathrm{ord}_n a$는 다음과 같다.

$$\mathrm{ord}_n a = \min\{k \in \mathbb{N} \mid a^k \equiv 1 \pmod{n}\}$$

나. 페르마-오일러 정리에 의하면 $\{k \in \mathbb{N} \mid a^k \equiv 1 \pmod{n}\} \neq \varnothing$ 이다.

다. 자연수 집합에서의 정렬성에 의하여 $\mathrm{ord}_n a = \min\{k \in \mathbb{N} \mid a^k \equiv 1 \pmod{n}\}$는 항상 존재한다.

≪정리 6.4≫ 임의의 $a,\ b \in \mathbb{Z}_m^*$에 대하여 $a \equiv b \pmod{m}$이면 $\mathrm{ord}_m a = \mathrm{ord}_m b$이다.

증명 $a = b + mk,\ k \in \mathbb{Z}$ 이므로 $a^r = (b+mk)^r \equiv b^r \pmod{m}$이다. 따라서 $a^r \equiv 1 \pmod{m}$이기 위한 필요충분조건은 $b^r \equiv 1 \pmod{m}$

11) 유한집합의 원소의 개수를 그 집합의 위수(order)라고 한다. 원소의 위수와 집합의 위수와의 관계는 뒤(과제 6.5)에서 설명한다.

이므로 $\text{ord}_m a = \text{ord}_m b$이다. ▩

앞서 배운 내용에 의하면 $(b,\ m) \neq 1$인 정수 b에 대해서는 $b^n \equiv 1 \pmod{m}$이 되는 자연수 n이 존재하지 않음을 알 수 있다. 그리고 위의 정리에 의하면 법 m에 관한 위수를 논할 때에는 적당한 완전기약잉여계, 특히 $\mathbb{Z}_m^*$에 속하는 정수에 대해서만 생각하면 된다. 앞으로는 특별한 언급이 없는 한 법 m에 관한 b의 위수를 논할 때에 b는 m과 서로소이다.

과제 6.5 다음을 확인하여라.

가. $m=7$인 경우에는 다음이 성립한다.

a	1	2	3	4	5	6
$\text{ord}_7 a$	1	3	6	3	6	2

나. 모든 원소의 위수는 $\varphi(7)=6$의 약수이다.

다. 각각의 원소의 거듭제곱으로 나타낼(생성할) 수 있는 원소 전체의 집합의 위수는 그 원소의 위수와 같다. 예를 들어, $m=7$인 경우에 2로 생성되는 원소 전체의 집합은 $\{2,\ 4,\ 1\}$이므로 이 집합의 위수는 2의 위수 3과 같다.

≪**정리 6.6**≫ 법 m에 관하여 $a \in \mathbb{Z}_m^*$의 위수가 r이기 위한 필요충분조건은 r가 다음 두 조건을 만족시키는 것이다.

가. $a^r \equiv 1 \pmod{m}$이다.

나. $a^k \equiv 1 \pmod{m}$이면 $r \mid k$이다.

증명 (⇒) '가'는 당연하므로 '나'만 증명한다. 사실 $k = qr + s$ $(0 \le s < r)$라고 하면, $a^k \equiv a^{qr} a^s \equiv (a^r)^q a^s \equiv a^s \pmod{m}$이다. 따라서 $a^s \equiv 1 \pmod{m}$이다. 그런데 a의 위수는 r이고, $s < r$이므로, $s = 0$이어야 한다. 즉, $r \mid k$이다.

(⇐) 주어진 두 조건으로부터, $\text{ord}_m a = \min\{k \in \mathbb{N} \mid a^k \equiv 1 \pmod{m}\} = r$임을 알 수 있다. 즉, $r = \text{ord}_m a$이다. ■

다음 사실을 쉽게 알 수 있다.

≪**정리 6.7**≫ 법 m에 관한 a의 위수를 r라고 하면 다음이 성립한다.

가. $a^k \equiv 1 \pmod{m}$이기 위한 필요충분조건은 $r \mid k$이다. 특히 $r \mid \varphi(m)$이다.

나. $a^i \equiv a^j \pmod{m}$이기 위한 필요충분조건은 $i \equiv j \pmod{r}$이다.

≪**정리 6.8**≫ 법 m에 관한 a의 위수가 r라고 할 때 a^k에 대하여 다음이 성립한다.

가. 자연수 k에 대하여, 법 m에 관한 a^k의 위수는 $\dfrac{r}{(r,\ k)}$이다.

나. $(r,\ k) = 1$이 되는 k에 대하여는 a^k의 위수가 r이고 그 역도 성립한다.

다. $\{a^0,\ a^1,\ \cdots,\ a^{r-1}\}$ 중에서 법 m에 관한 위수가 r인 원소의 개수는 $\varphi(r)$이다.

증명 '나'와 '다'는 '가'로부터 쉽게 얻어지므로 '가'만 증명한다. 먼저 $(r,\ k)=d$라고 하면 $r=dr'$, $k=dk'$, r', $k'\in\mathbb{Z}$이다. 분명히 $(a^k)^{\frac{r}{d}}\equiv 1\pmod m$이다. $(a^k)^s\equiv 1\pmod m$라고 하면 $r\mid ks$이다. 따라서 $dr'\mid dk's$ 즉, $r'\mid k's$이다. $(r',\ k')=1$이므로 $r'\mid s$이다. ▒

> **≪정리 6.9≫** 법 m에 관한 a의 위수가 r이고 b의 위수가 s이며, $(r,\ s)=1$일 때, ab의 위수는 rs이다.

증명 $(ab)^{rs}\equiv 1\pmod m$임은 분명하다. 이제 $(ab)^t\equiv 1\pmod m$라고 하면 $(ab)^{ts}\equiv a^{ts}\equiv 1\pmod m$이므로 $r\mid ts$ 즉 $r\mid t$이다. 마찬가지 방법으로 $s\mid t$이다. 따라서 $rs\mid t$이다. ▒

a와 b가 $\mathbb{Z}_m^*$에서 곱셈에 관한 역원이면 두 원소의 위수는 같다. 즉, 다음 정리가 성립한다.

> **≪정리 6.10≫** $ab\equiv 1\pmod m$이면 a의 위수와 b의 위수는 같다.

증명 a와 b의 위수를 각각 r, s라고 하자. $1\equiv (ab)^r\equiv b^r\pmod m$이므로 $s\mid r$이다. 마찬가지 방법으로 $r\mid s$이다. ▒

원시근의 정의

자연수 m $(m \geq 2)$과 $(a,\ m)=1$인 a에 대하여 a의 위수는 $\varphi(m)$의 약수다. 그런데 법 m의 값에 따라서 $\mathrm{ord}_m a=\varphi(m)$인 a가 존재하는 경우와 존재하지 않는 경우가 있다.

> **≪정의 6.11≫** 자연수 m $(m \geq 2)$에 대하여, $(g,\ m)=1$이고 법 m에 대하여 g의 위수가 $\varphi(m)$일 때, g를 법 m에 관한 원시근(primitive root)이라고 한다.

과제 6.12 가. 다음을 확인하여라.

(1) $m=7$인 경우의 각 a, $(a,\ m)=1$의 위수는 아래의 표와 같다.

a	1	2	3	4	5	6
$\mathrm{ord}_7 a$	1	3	6	3	6	2

그런데 $\varphi(7)=6$이므로 법 7에 관한 원시근은 두 개 존재한다.

(2) $m=8$인 경우의 각 a, $(a,\ m)=1$의 위수는 아래의 표와 같다.

a	1	3	5	7
$\mathrm{ord}_8 a$	1	2	2	2

그런데 $\varphi(8)=4$이므로 법 8에 관한 원시근은 존재하지 않는다.

(3) $m=15$인 경우의 각 a, $(a, m)=1$의 위수는 아래의 표와 같다.

a	1	2	4	7	8	11	13	14
$\mathrm{ord}_{15}a$	1	4	2	4	4	2	4	2

그런데 $\varphi(15)=8$이므로 법 15에 관한 원시근은 존재하지 않는다.

나. 위 표에서 다음을 확인하여라.

$ab \equiv 1 \pmod{m}$이면 a의 위수와 b의 위수는 같다.

g가 법 m에 관한 원시근일 때, $a \equiv g \pmod{m}$인 a는 모두 법 m에 관한 원시근이다. 따라서 법 m에 관한 원시근의 존재를 확인하려면 법 m에 관한 적당한 완전기약잉여계에 속하는 원소 중에 원시근이 있는지를 조사하면 된다. 보통은 $\mathbb{Z}_m^* \subset \mathbb{Z}_m=\{0, 1, \cdots, m-1\}$에서 원시근을 생각한다. 한편, 이 완전기약잉여계에 속하는 원시근의 개수가 법 m에 관한 서로 다른 원시근의 개수이다.

정리 6.7로부터 다음을 알 수 있다.

과제 6.13 g가 법 m에 관한 원시근일 때 다음이 성립함을 설명하여라.

가. 음이 아닌 정수 k에 대하여, $g^k \equiv 1 \pmod{m} \Leftrightarrow \varphi(m) \mid k$이다.

나. 음이 아닌 정수 i, j에 대하여,

$$g^i \equiv g^j \pmod{m} \Leftrightarrow i \equiv j \pmod{\varphi(m)}$$

이다.

다. 집합 $R=\{g^0,\ g^1,\ \cdots,\ g^{\varphi(m)-1}\}$은 법 m에 관한 완전기약잉여계이다.

라. 음이 아닌 정수 k에 대하여, $\mathrm{ord}_m g^k = \dfrac{\varphi(m)}{(k,\ \varphi(m))}$이다.

마. 음이 아닌 정수 i에 대하여, $(i,\ \varphi(m))=1$일 때 그리고 이 때에만 g^i는 법 m에 관한 원시근이다.

앞에서 살펴보았듯이 법에 따라 원시근이 존재할 수도 있고 그렇지 않을 수도 있다. 따라서 원시근에 관하여 다음과 같은 문제를 생각할 수 있다.

- 원시근이 존재한다면 몇 개인가?
- 어떠한 법에 관하여 원시근이 존재하는가?
- 원시근이 존재한다면 원시근을 구체적으로 어떻게 찾을 수 있는가?

과제 6.14 가. $\mathbb{Z}_7^*$의 모든 원소를 $3 \in \mathbb{Z}_7^*$의 거듭 제곱으로 나타내어 3은 7에 관한 원시근임을 확인하여라.

나. 법 7에 관한 원시근의 총 개수는 $\varphi(\varphi(7))$임을 확인하여라.

다. 법 m에 관한 원시근이 존재할 때 원시근의 총 개수는 $\varphi(\varphi(m))$이다.

다음은 원시근의 존재에 관한 정리이다.

≪**정리 6.15**≫ (원시근의 존재 정리)
자연수 m $(m \geq 2)$이 다음과 같은 꼴의 정수일 때 그리고 이 때에만 법 m에 관한 원시근이 존재한다.

$$2,\ 4,\ p^k,\ 2p^k \ (p\text{는 홀수 소수},\ k \geq 1)$$

다음 두 정리로부터 자연수 m이 2, 4, p^k, $2p^k$ (p는 홀수 소수, $k \geq 1$)의 꼴인 경우에만 원시근이 있는지를 살피면 된다는 것을 알 수 있다.

≪**정리 6.16**≫ 양의 정수 m이

$$m = m_1 m_2,\ (m_1,\ m_2) = 1,\ m_1 \geq 3,\ m_2 \geq 3$$

와 같은 꼴일 때 법 m에 관한 원시근은 존재하지 않는다.

증명 먼저, $\varphi(m_1)$, $\varphi(m_2)$ 모두는 짝수이므로 다음을 알 수 있다.

$$[\varphi(m_1),\ \varphi(m_2)] < \varphi(m_1)\varphi(m_2) = \varphi(m_1 m_2)$$

이제, $(a,\ m_1 m_2) = 1$인 a를 생각하면, $(a,\ m_1) = 1$, $(a,\ m_2) = 1$이고, 오일러 정리에 의하여 $a^{\varphi(m_1)} \equiv 1 \pmod{m_1}$, $a^{\varphi(m_2)} \equiv 1 \pmod{m_2}$이다. 한편, $[\varphi(m_1),\ \varphi(m_2)]$은 $\varphi(m_1)$과 $\varphi(m_2)$

의 배수이므로, $a^{[\varphi(m_1),\ \varphi(m_2)]} \equiv 1 \pmod{m_1}$, $a^{[\varphi(m_1),\ \varphi(m_2)]} \equiv 1 \pmod{m_2}$이다. 따라서 $a^{[\varphi(m_1),\ \varphi(m_2)]} \equiv 1 \pmod{m_1 m_2}$이다. 여기서 $[\varphi(m_1),\ \varphi(m_2)] < \varphi(m_1 m_2)$이므로 법 $m_1 m_2$에 관한 a의 위수는 $\varphi(m_1 m_2)$보다 작음을 알 수 있다. 즉, a는 법 $m_1 m_2$에 관한 원시근이 아니다. 따라서 $m_1 m_2$에 관한 원시근은 존재하지 않는다. ■

> **≪정리 6.17≫** 법 2^k $(k \geq 3)$에 관한 원시근은 없다.

증명 $(a,\ 2^k) = 1$ 즉, a를 임의의 홀수라고 하자. $a = 1 + 2t$ $(t \in \mathbb{Z})$일 때, 적당한 정수 $t_1,\ t_2,\ \cdots,\ t_{k-2}$에 대하여 $a^2 = 1 + 8t_1$, $a^4 = 1 + 16t_2$, $\cdots$, $a^{2^{k-2}} = 1 + 2^k t_{k-2} (k \geq 3)$로 나타낼 수 있다. 특히 $a^{2^{k-2}} \equiv 1 \pmod{2^k}$, $k \geq 3$이므로 이 합동식은 법 2^k에 관한 a의 위수가 2^{k-2}를 넘지 못함을 뜻한다. 그런데 $\varphi(2^k) = 2^{k-1}$이므로 2^k에 관한 원시근은 없다. ■

이제, $m = 2$인 경우와 $m = 4$인 경우에 원시근이 존재한다는 것을 쉽게 확인할 수 있다.

임의의 홀수 소수에 관하여 원시근이 존재한다는 것은 다음 정리로부터 알 수 있다.

> **≪정리 6.18≫** p가 홀수 소수일 때, $p-1$의 각 양의 약수 d에 대하여 위수가 d인 원소가 $\mathbb{Z}_p^*$ 안에 $\varphi(d)$개 있다.

증명 $p-1$의 각 양의 약수 d에 대하여 $X_d = \{a \in \mathbb{Z}_p^* | \mathrm{ord}_p a = d\}$, $\psi(d) = |X_d|$라고 하면 $\psi(d) \geq 0$이고 $\sum_{d \mid (p-1)} \psi(d) = p-1$이다. 따라서 $\sum_{d \mid (p-1)} \psi(d) = \sum_{d \mid (p-1)} \varphi(d)$이다(정리 5.16). 이제 $\psi(d) > 0$이고 $a \in X_d$라고 하면 a는 합동식 $x^d \equiv 1 \pmod{p}$의 해이다. 그런데 $x^d \equiv 1 \pmod{p}$는 d개의 서로 다른 해 $x \equiv a^i \pmod{p}$, $0 \leq i \leq d-1$를 가지며 이들 중 $\varphi(d)$개의 위수가 d이다. 한편, X_d의 각 원소는 합동식 $x^d \equiv 1 \pmod{p}$의 해인데 합동식 $x^d \equiv 1 \pmod{p}$는 꼭 d개의 해 $x \equiv a^i \pmod{p}$, $0 \leq i \leq d-1$만 가진다(Ⅳ. 뒷 이야기 6 또는 정리 6.27). 따라서 $\psi(d) = \varphi(d)$이다. 결국 $p-1$의 각 양의 약수 d에 대하여 $\psi(d) = \varphi(d)$이다. ■

한편, 홀수 소수 p에 관한 원시근을 알면 p^k와 $2p^k$에 관한 원시근은 쉽게 구할 수 있다.

먼저, 홀수 소수인 법 p에 관한 원시근이 있으면 법 p^k에 관한 원시근이 있다.

> **≪정리 6.19≫** 홀수인 소수 p에 관한 원시근 중에는 $g^{p-1} \not\equiv 1 \pmod{p^2}$인 g가 있고, 이것은 임의의 자연수 k에 대하여 법 p^k에 관한 원시근이다.

증명 앞에서 증명한 바에 의해, 법 p에 관한 원시근 g는 존재한다. 그런데 $g \equiv g+p \pmod{p}$이므로 $g+p$도 법 p에 관한 원시근이다. 이제, $g^{p-1} \equiv 1 \pmod{p^2}$이라고 하면 다음이 성립한다.

$$(g+p)^{p-1} \equiv g^{p-1} + (p-1)pg^{p-2} \equiv 1 - pg^{p-2} \pmod{p^2}$$

이 식에서 $(g,\ p)=1$이므로 $(g+p)^{p-1} \not\equiv 1 \pmod{p^2}$이다. 따라서 $g^{p-1} \not\equiv 1 \pmod{p^2}$ 또는 $(g+p)^{p-1} \not\equiv 1 \pmod{p^2}$이다. 결국, $g^{p-1} \not\equiv 1 \pmod{p^2}$인 p에 관한 원시근 g가 존재한다. 다음으로, 법 p에 관한 원시근 g가 $g^{p-1} \not\equiv 1 \pmod{p^2}$을 만족시킨다고 가정하고, 모든 $k \geq 2$에 대하여 $g^{p^{k-2}(p-1)} \not\equiv 1 \pmod{p^k}$가 성립함을 수학적 귀납법으로 증명한다. 먼저, $k=2$일 때에는 분명히 성립하므로 이 식이 k일 때 성립한다고 가정한다. $\varphi(p^{k-1}) = p^{k-2}(p-1)$이고 $(g,\ p^{k-1})=1$이므로 페르마-오일러정리(정리 5.19)에 의하여 $g^{p^{k-2}(p-1)} \equiv 1 \pmod{p^{k-1}}$이다. 따라서 $g^{p^{k-2}(p-1)} = 1 + cp^{k-1}$, $(c,\ p)=1$인 정수 c가 존재한다. 이 식의 양 변을 p 제곱하여 $g^{p^{k-1}(p-1)} \equiv 1 + cp^k \pmod{p^{k+1}}$임을 알 수 있다. 그런데 $(c,\ p)=1$이므로 $g^{p^{k-1}(p-1)} \not\equiv 1 \pmod{p^{k+1}}$이다. 따라서 모든 $k \geq 2$에 대하여 $g^{p^{k-2}(p-1)} \not\equiv 1 \pmod{p^k}$이다. 이제, 이러한 g가 법 p^k에 관한 원시근임을 보이자. 분명히 g는 법 p에 관한 원시근이다. $k \geq 2$인 경우에는 g의 법 p^k에 관한 위수를 t라고 하면, $g^t \equiv 1 \pmod{p^k}$, $g^t \equiv 1 \pmod{p}$이므로, $t|\varphi(p^k)$, $(p-1)|t$가 성립한다. 한편, $\varphi(p^k) = p^{k-1}(p-1)$이므로, $t = p^{\alpha}(p-1)$, $(0 \leq \alpha \leq k-1)$의 꼴로 표시된다. 그런데 $0 \leq \alpha \leq k-2$이면 $g^{p^{k-2}(p-1)} \equiv 1 \pmod{p^k}$이므로 앞에서 얻은 결과와 모순이다. 따라서 $\alpha = k-1$, 즉 g의 위수는 $p^{k-1}(p-1) = \varphi(p^k)$이다. 그러므로 g는 법 p^k에 관한 원시근이다. ■

법이 홀수 소수 p^k에 관한 원시근이 있으면 법 $2p^k$에 관한 원시근이 있다.

≪**정리 6.20**≫ 홀수인 소수 p와 자연수 k에 대하여 법 p^k에 관한 원시근이 g일 때 다음이 성립한다.

가. g가 홀수이면 g는 법 $2p^k$에 관한 원시근이다.

나. g가 짝수이면 $g+p^k$는 법 $2p^k$에 관한 원시근이다.

증명 가. g가 홀수이면 자연수 i에 대하여 다음이 성립한다.

$$g^i \equiv 1 \pmod{2p^k} \Leftrightarrow g^i \equiv 1 \pmod{p^k}$$

이제 $\min\{i \in \mathbb{N} \mid g^i \equiv 1 (\mathrm{mod}\, p^k)\} = \mathrm{ord}_{p^k} g = \varphi(p^k) = \varphi(2p^k)$ 인데 이는 $\min\{i \in \mathbb{N} \mid g^i \equiv 1 \pmod{2p^k}\} = \mathrm{ord}_{2p^k} g$와 같다. 따라서 g는 법 $2p^k$에 관한 원시근이다.

나. g가 짝수이면 $g+p^k$는 홀수이고 법 p^k에 관한 원시근이므로 위의 '가'에 의하여 법 $2p^k$에 관한 원시근이다. ▒

주어진 법 m에 관한 원시근의 존재 여부는 알 수 있지만, 원시근을 구체적으로 제시하는 것은 또 다른 문제이다. 사실, 홀수 소수 p에 관한 원시근을 알면 p^k와 $2p^k$에 관한 원시근은 쉽게 구할 수 있다. 그러나 일반적인 홀수 소수 p에 관한 원시근을 구체적으로 찾는 것은 쉬운 일이 아니다.

과제 6.21 Knuth(1969)를 참고하여 임의로 주어진 소수에 관한 원시근을 효과적으로 찾을 수 있음을 확인하여라.

지수

식 $y=x^n$, $x>0$이 주어지면 $x=\sqrt[n]{y}$와 $n=\log_x y$와 같이 나타낼 수 있다. 이제 로그(logarithm) 함수를 정수의 경우에 알아본다.

≪**정의 6.22**≫ 법 m $(m\ge 3)$에 관한 원시근 g가 존재할 때, $(a,\ m)=1$인 a에 대하여 $a\equiv g^i \pmod{m}$, $0\le i\le \varphi(m)-1$인 정수 i를 법 m에 관한 (g를 밑으로 가지는) a의 지수(index) 또는 이산로그(discrete logarithm)라고 하고, 이것을 $\mathrm{ind}_g a$로 나타낸다. 즉,

$$\mathrm{ind}_g a = i \Leftrightarrow a\equiv g^i \pmod{m},\ 0\le i\le \varphi(m)-1.$$

과제 6.23 가. 다음을 확인하여라.

(1) $\mathbb{Z}_7^*$에서 다음을 알 수 있다.

$$\begin{array}{ll}
3^1\equiv 3 \pmod{7} & 5^1\equiv 5 \pmod{7}\\
3^2\equiv 2 \pmod{7} & 5^2\equiv 4 \pmod{7}\\
3^3\equiv 6 \pmod{7} & 5^3\equiv 6 \pmod{7}\\
3^4\equiv 4 \pmod{7} & 5^4\equiv 2 \pmod{7}\\
3^5\equiv 5 \pmod{7} & 5^5\equiv 3 \pmod{7}\\
3^6\equiv 1 \pmod{7} & 5^6\equiv 1 \pmod{7}
\end{array}$$

(2) $\mathrm{ord}_7 3=6$이고 $\mathrm{ord}_7 5=6$이므로 3과 5는 법 7에 관한

원시근이다.

나. $\mathbb{Z}_7^*$ 각 원소의 원시근 3과 5 각각에 대한 지수를 계산하여라.

정의로부터 짐작할 수 있는 바와 같이, 이산로그에 대해서는 로그 법칙과 비슷한 법칙이 성립한다. 다만 $\bmod m$과 $\bmod \varphi(m)$의 변동에 유의하여야 한다.

≪정리 6.24≫ 법 m $(m \geq 3)$에 관한 원시근 g가 존재할 때, $(a, m)=1$, $(b, m)=1$인 a, b에 대하여 다음이 성립한다.

가. $\mathrm{ind}_g 1 = 0$, $\mathrm{ind}_g g = 1$

나. $a \equiv b \pmod m \Leftrightarrow \mathrm{ind}_g a = \mathrm{ind}_g b$

다. $\mathrm{ind}_g ab \equiv \mathrm{ind}_g a + \mathrm{ind}_g b \pmod{\varphi(m)}$

라. $\mathrm{ind}_g a^n \equiv n \mathrm{ind}_g a \pmod{\varphi(m)}$

증명 '가'와 '나'는 분명하다.

다. $\mathrm{ind}_g a = i$, $\mathrm{ind}_g b = j$라고 하면 $g^i \equiv a \pmod m$, $g^j \equiv b \pmod m$이므로 $ab \equiv g^{i+j} \pmod m$이다. 따라서 $\mathrm{ind}_g ab \equiv \mathrm{ind}_g a + \mathrm{ind}_g b \pmod{\varphi(m)}$이다.

라. $\mathrm{ind}_g a = i$라고 하면 $g^{ni} \equiv a^n \pmod m$이다. 따라서 $\mathrm{ind}_g a^n \equiv n\, \mathrm{ind}_g a \pmod{\varphi(m)}$이다. ■

과제 6.25 이 책 뒤 부록에 있는 원시근표와 지수표(이산로그표) 읽는 법에 관하여 알아보아라. 사실, 원시근표에 나타난 원시근은 주어진 법에 관한 여러 원시근 중에서 가장 작은 것이다. 한편, 지수표에서 사용하는 원시근은 주어진 법에 관한 여러 원시근 중에서 가장 작은 것으로서 지수가 1인 수이다.

고등학교에서 배우는 로그함수는 큰 수를 다루는데 유용하게 활용될 수 있다. 이산로그도 여러 측면에서 유용한데 그 중의 하나가 고차합동식을 쉽게 풀 수 있게 한다는 것이다.

한 예로서 합동식 $6^x \equiv 7 \pmod{13}$의 해를 구하여보자. 양변에 지수를 취하면 다음을 얻는다. 편의상 원시근을 나타내지 않는다.

$$x \operatorname{ind} 6 \equiv \operatorname{ind} 7 \pmod{12}$$

지수표로부터 다음을 얻는다.

$$5x \equiv 11 \pmod{12}$$

이로부터 $x \equiv 7 \pmod{12}$임을 알 수 있다.

과제 6.26 합동식 $13x^{18} \equiv 7 \pmod{25}$의 해를 구하여라.

일반적으로 법 m에 관한 원시근이 존재하는 경우에는 이산로그의 성질을 이용하면 다음과 같은 합동식의 해를 구하거나, 해의 존재성을 알아 볼 수 있다.

$$ax^n \equiv b \pmod{m}$$

≪정리 6.27≫ 법 m $(m \geq 3)$에 관한 원시근이 존재하고, $(a, m)=1$, $d=(n, \varphi(m))$일 때 합동식 $x^n \equiv a \pmod{m}$이 해를 가질 필요충분조건은 $a^{\frac{\varphi(m)}{d}} \equiv 1 \pmod{m}$이다. 또, 이 합동식이 해를 가지는 경우에 이 합동식은 꼭 d개의 해를 갖는다.

증명 $x^n \equiv a \pmod{m}$이 해를 가진다.

$\Leftrightarrow n \operatorname{ind} x \equiv \operatorname{ind} a \pmod{\varphi(m)}$이 해를 가진다.
$\Leftrightarrow d \mid \operatorname{ind} a$
$\Leftrightarrow de \mid e \operatorname{ind} a$, 여기서 $\varphi(m)=de$이다.
$\Leftrightarrow e \operatorname{ind} a \equiv 0 \pmod{\varphi(m)}$
$\Leftrightarrow \operatorname{ind} a^e \equiv 0 \pmod{\varphi(m)} \Leftrightarrow a^e \equiv 1 \pmod{m}$
한편, 해를 가지면 정리 4.22에 의하여 d개 가진다. ■

이차합동식의 경우 다음을 알 수 있다.

≪정리 6.28≫ (오일러 규준, Euler's criterion)
p가 홀수인 소수일 때, $(a, p)=1$인 a에 대하여 다음이 성립한다.

가. 이차합동식 $x^2 \equiv a \pmod{p}$는 $a^{\frac{p-1}{2}} \equiv 1 \pmod{p}$일 때 그리고 이때에만 해를 두 개 가진다.

나. 이차합동식 $x^2 \equiv a \pmod{p}$는 $a^{\frac{p-1}{2}} \equiv -1 \pmod{p}$일 때 그리고 이때에만 해를 갖지 않는다.

증명 페르마-오일러 정리에 의하여 $a^{p-1} \equiv 1 \pmod{p}$이다.

$$\begin{aligned} & a^{p-1} - 1 \equiv 0 \pmod{p} \\ \Leftrightarrow & \left(a^{\frac{p-1}{2}} + 1\right)\left(a^{\frac{p-1}{2}} - 1\right) \equiv 0 \pmod{p} \\ \Leftrightarrow & \ a^{\frac{p-1}{2}} \equiv -1 \pmod{p} \text{ 또는 } a^{\frac{p-1}{2}} \equiv 1 \pmod{p} \end{aligned}$$

여기서 $a^{\frac{p-1}{2}}$은 동시에 1과 -1에 합동일 수 없다. 왜냐하면, $1 \equiv -1 \pmod{p}$이면, $p \mid 2$을 뜻하므로 모순이다. 즉, $a^{\frac{p-1}{2}}$은 1 또는 -1 하나 하고만 합동이다. 그런데 앞 정리에 의하면 $x^2 \equiv a \pmod{p}$가 해를 가지기 위한 필요충분조건은 $a^{\frac{p-1}{2}} \equiv 1 \pmod{p}$이다. 따라서 $x^2 \equiv a \pmod{p}$가 해를 가지지 않을 필요충분조건은 $a^{\frac{p-1}{2}} \equiv -1 \pmod{p}$이다. ■

과제 6.29 오일러 규준을 법이 7인 경우를 예로 들어 확인하여라.

열쇠 분배

원시근과 이산로그의 암호학적 활용에 관하여 알아보자.

소수 판정과 소인수분해처럼 이산로그도 암호학에서 유용하게 사용된다. 주어진 법에 관하여 원시근의 거듭제곱은 계산상으로(computationally) 용이하나 주어진 수의 지수(index)의 계산은 현실적으로 어렵기 때문이다.

사실, 이산로그의 계산상의 성질을 이용하여 다음과 같은 일방향함수를 생각할 수 있다. 이 함수도 일방향 함수로 '증명'된 것이 아니고 여러 가지 정황으로 보아 일방향 함수라고 '여겨지는' 것이다. 사실, 양자컴퓨터 등이 개발되어 컴퓨터의 계산능력이 획기적으로 향상되면 이 함수는 일방향 함수가 되지 않을 가능성이 크다.

> 법과 원시근이 주어질 때 주어진 수를 거듭 제곱하기는 쉬우나 거듭 제곱된 수에서 지수(index)를 구하기는 어렵다. 이제, p를 200자리 소수라고 하고, $g \in \mathbb{Z}_p^*$를 원시근이라고 하자.
>
> 함수 $DL : \mathbb{Z}_p^* \to \{0,\ 1,\ \cdots,\ p-2\}$을 다음과 같이 정의하자.
>
> $$DL(a) = \mathrm{ind}_g a$$
>
> 이 함수는 일방향 함수다.

다음 약정(protocol)은 열쇠 분배(key distribution)를 위한 한 가지 방안이다. 이 방안을 실제로 사용하기에는 여러 가지 문제가 있을 수 있다. 이에 관한 자세한 분석은 생략한다.

두 사람이 비밀열쇠를 보통의 통신망을 통하여 분배하고자 한다. 다음과 같은 방안을 생각할 수 있다. 이때, 법 p과 p의 원시근 g는 이미 정해져 공개되었다고 한다.

(증)명자 (확)인자

임의로(randomly) $k_1 \in \{0,\ 1,\ \cdots,\ p-2\}$
을 택하고 g^{k_1}를 인자에게 보낸다.

$$\xrightarrow{\quad g^{k_1} \quad}$$

임의로(randomly) $k_2 \in \{0,\ 1,\ \cdots,\ p-2\}$
을 택하고 g^{k_2}를 명자에게 보낸다.

$$\xleftarrow{\quad g^{k_2} \quad}$$

이제 명자는 $(g^{k_2})^{k_1}$를 계산할 수 있고, 인자는 $(g^{k_1})^{k_2}$를 계산할 수 있다. 이 두 값은 같게 되고, 이 값이 열쇠가 된다.

과제 6.30 다음을 확인하여라.

가. 인자는 k_1을 모르지만 열쇠를 계산할 수 있다.

나. 명자는 k_2를 모르지만 열쇠를 계산할 수 있다.

다. 제3자가 두 사람의 통신 내용을 아는 경우 그는 $g^{k_1}g^{k_2} = g^{k_1+k_2}$를 계산할 수 있다. 그러나 이것은 열쇠와는 다르다.

라. 열쇠 분배를 위한 위 방안을 공격하는 것이 쉽지는 않지만 이 방안이 실제로 사용되는 열쇠 분배 방안은 아니다. Schneier(1996)를 참고하여 열쇠 분배 방안에 관하여 알아보아라.

뒷 이야기

1. 다음을 확인하여라.

   이 책 뒤 부록에 있는 원시근표에는 법이 p^k (p는 홀수 소수, $k \geq 2$)인 경우와 $2p^k$ (p는 홀수 소수, $k \geq 1$)인 경우에 대해서는 언급이 없다. 홀수 소수인 법 p에 관한 원시근을 알면 법 p^k와 $2p^k$에 관한 원시근을 구할 수 있다.

2. 이 책 뒤 부록에 있는 지수표에는 법이 $2p^k$ (p는 홀수 소수, $k \geq 1$)인 경우에 대해서는 언급이 없다. 다음 합동식의 풀이에 관하여 논하여라.

$$x^5 \equiv 1 \pmod{6}$$

3. 제Ⅳ장 '뒷 이야기 6'을 참고하여 다음을 확인하여라.

> **≪정리≫** 정수를 계수로 가지는 다항식 $f(x)$와 정수 a에 대하여 $f(a) \equiv 0 \pmod{m}$이기 위한 필요충분조건은 $f(x) \equiv (x-a)g(x) \pmod{m}$인 정수를 계수로 가지는 다항식 $g(x)$가 존재하는 것이다.

> **≪라그랑쥬 정리≫** p가 소수일 때, n차 합동식 $a_n x^n + \cdots + a_1 x + a_0 \equiv 0 \pmod{p}$, $a_n \not\equiv 0 \pmod{p}$는 n개 이하의 해를 가진다.

일차합동식 $2x \equiv 0 \pmod 4$는 두 개의 해 $x \equiv 0 \pmod 4$, $x \equiv 2 \pmod 4$를 가진다. 이로부터 라그랑쥬 정리에서 p가 소수라는 조건은 필요하다는 것을 알 수 있다.

4. 다음을 참고하여 고등학교에서 배우는 로그(logarithm)와 이산로그(discrete logarithm)를 비교하여라.

임의의 양수 a에 대하여 $y = \log_a x$, $x > 0$은 항상 정의되며, 정의역 $\mathbb{R}^+ = \{x \in \mathbb{R} \mid x > 0\}$에서 연속함수이다. 그러나 이산로그 $y = \mathrm{ind}_g x$, $x \in \mathbb{Z}_n^*$는 원시근 g를 가지는 법 n에 대해서만 정의되고, 정의역 $\mathbb{Z}_n^*$에서 이산적(discrete) 함수이다. 또, 이산로그의 밑은 법 n의 원시근이어야 한다.

5. 다음을 확인하여라.

앞에서 $DL(a) = \mathrm{ind_g a}$ 와 같이 정의되는 함수 $DL : \mathbb{Z}_p^* \to \{0, 1, \dots, \mathrm{p}-2\}$는 일방향 함수라고 하였다. $\mathrm{ind_g a}$는 $\{0, 1, \dots, \mathrm{p}-2\}$의 한 원소이므로 0부터 $p-2$ 까지 하나하나 일일이 확인하면 되지 않을까? 실제로, 그렇게 할 수 없다. 왜냐하면, 확인하여야 할 경우의 수가 너무 많기 때문이다. 편의상 대략 p 번이라고 하면 $p = 2^{\log_2 p}$ 이므로 연산 속도는 입력값의 크기 $\log_2 p$의 다항식이 아니다. 즉, 0부터 $p-2$ 까지 하나하나 일일이 확인하는 알고리즘은 다항식 시간 알고리즘이 아니다.

Ⅷ

제곱잉여

지난 줄거리

1. 제곱근의 존재에 관한 오일러의 규준을 기술하여라.
2. 원시근이 존재하는 자연수는 어떠한 형태인가?
3. 다음 고차합동식을 풀어라 : $x^5 \equiv 2 \pmod{9}$.
4. 다음 용어를 모두 사용하여 작문하여라.
   법, 원시근, 원시근의 존재, 고등학교에서의 로그함수, 이산로그, 지수표, 고차합동식, 일방향성, 암호학

이번 줄거리

- 이차방정식과 이차합동식의 성질을 비교하며 이해한다.
- 제곱잉여의 판정과 제곱근 구하기의 계산상의 특징을 이해한다.

- 암호학에서의 제곱잉여의 응용을 안다.

여는 이야기

임의의 양의 실수 a에 대하여 이차방정식 $x^2 = a$는 두 개의 해 $x = \pm\sqrt{a}$를 가진다.

곱셈이 잘 정의되는 $\mathbb{Z}_n^*$에서도 비슷한 문제를 생각할 수 있다.

이 장에서 논의하는 구체적인 문제는 다음과 같다.

- 제곱잉여의 뜻과 기본적인 성질은 무엇인가?
- 제곱잉여임을 어떻게 판별할 수 있는가?
- 정보보호에 제곱잉여는 어떻게 응용되는가?
- 제곱잉여의 학교 수학이나 실생활과의 연계성은 무엇인가?

제곱근 구하기

학교 수학에서 일반적인 이차방정식 $ax^2 + bx + c = 0,\ a \neq 0$의 근의 공식을 유도한다.

과제 7.1 가. 아래의 어느 수 집합에서 다음 명제는 참일까?

$$\forall a \in X,\ \exists x \in X\ ;\ x^2 = a.$$
$$X = \mathbb{C},\ X = \mathbb{R},\ X = \mathbb{Q},\ X = \mathbb{Z}$$

나. 위의 문제에서 이차방정식 $x^2 = a$의 해가 존재하는 경우 즉, a가 제곱근을 가지는 각각의 경우 해는 몇 개인가?

사실, 위 문제 '가'에 주어진 명제는 $X = \mathbb{C}$ 인 경우에는 참이지만 그 외에는 참이 아니다. 즉, $X = \mathbb{R}$, $X = \mathbb{Q}$, $X = \mathbb{Z}$ 인 경우에는 특정한 $a \in X$에 대해서만 이차방정식 $x^2 = a$을 풀 수 있다.

이 장에서는 $\mathbb{Z}_n^*$에서 이차합동식 $x^2 \equiv a \pmod{n}$을 생각한다.

제곱잉여

여기에서는 p가 홀수인 소수일 때, $(a,\ p) = 1$인 a에 대하여 다음과 같은 특별한 이차합동식 $x^2 \equiv a \pmod{p}$가 해를 가지는지를 판정하는 효율적인 방법에 대해서 논한다.

과제 7.2 가. 다음을 확인하여라.

(1) 이차합동식 $x^2 \equiv 1 \pmod{5}$에 대해서,

$$1^2 \equiv 1 \pmod{5} \quad 2^2 \equiv 4 \pmod{5}$$
$$3^2 \equiv 4 \pmod{5} \quad 4^2 \equiv 1 \pmod{5}$$

이므로 법 5에 관하여, 1, 4는 해이고, 2, 3은 해가 아니다.

(2) 이차합동식 $x^2 \equiv a \pmod{5}$에 대해서 $a=1,\ 4$일 때에만 제곱근이 두 개씩 있고 그 외 즉, $a=2,\ 3$의 경우에는 해가 없다.

(3) $\mathbb{Z}_7^* = \{1,\ 2,\ 3,\ 4,\ 5,\ 6\}$에서 이차합동식 $x^2 \equiv a \pmod{7}$은 $a=1,\ 2,\ 4$일 때에만 제곱근이 두 개씩 있고 그 외 즉, $a=3,\ 5,\ 6$의 경우에는 해가 없다.

나. $\mathbb{Z}_5^*$에서 합동식 $x^2-2 \equiv 0 \pmod{5}$의 해를 모두 구하여라.

다. $\mathbb{Z}_{15}^* = \{1,\ 2,\ 4,\ 7,\ 8,\ 11,\ 13,\ 14\}$에서 다음 물음에 답하여라.

(1) $x^2 \equiv a \pmod{15}$가 해를 가지는 a의 값은 무엇인가?

(2) $x^2 \equiv a \pmod{15}$가 해를 가지는 경우 몇 개의 해를 가지는가?

≪**정의 7.3**≫ 자연수 m과 $(a,\ m)=1$인 a에 대하여 이차합동식 $x^2 \equiv a \pmod{m}$의 해가 존재할 때 a를 법 m에 관한 제곱잉여(quadratic residue)라고 하고, 또 이와는 반대로 위의 합동식의 해가 존재하지 않을 때, a를 법 m에 관한 제곱비잉여(quadratic nonresidue)라고 한다.

법 m에 관한 제곱잉여 전체의 집합을 QR_m으로 나타내고 법 m에 관한 제곱비잉여 전체의 집합을 QNR_m으로 나타낸다.

법 m에 관한 제곱잉여와 제곱비잉여를 논할 때에는 $(a, m)=1$인 a에 대해서만 논한다. 그리고 $a \equiv b \pmod{m}$이면, 두 이차합동식 $x^2 \equiv a \pmod{m}$, $x^2 \equiv b \pmod{m}$은 동일한 합동식이므로 a와 b는 동시에 제곱잉여이거나 동시에 제곱비잉여다. 따라서 법 m에 관한 제곱잉여와 제곱비잉여를 논할 때는 $\mathbb{Z}_m^*$에 속하는 원소에 대해서만 생각하면 된다.

과제 7.4 법 m에 관한 제곱잉여와 제곱비잉여를 논할 때에 $(a, m)=1$인 a에 대해서만 논하는 이유는 무엇인가?

앞에서 증명한 오일러 규준은 다음과 같이 기술할 수 있다.

≪정리 7.5≫ (오일러 규준, Euler's criterion)
p가 홀수인 소수일 때, $(a, p)=1$인 a는 $a^{\frac{p-1}{2}} \equiv 1 \pmod{p}$일 때 그리고 이때에만 법 p에 관한 제곱잉여이고 또, $a^{\frac{p-1}{2}} \equiv -1 \pmod{p}$일 때 그리고 이때에만 법 p에 관한 제곱비잉여이다.

과제 7.6 다음을 설명하여라.
p가 홀수인 소수일 때, 법 p에 관한 원시근은 제곱비잉여이다.

정리 6.27에 의하여 다음을 알 수 있다.

≪**정리 7.7**≫ p가 홀수인 소수이고 a가 법 p에 관한 제곱잉여이면, 이차합동식 $x^2 \equiv a \pmod{p}$는 꼭 두 개의 해를 갖는다.

법 p에 관한 제곱잉여 전체를 구하려면 법 p에 관한 적당한 완전기약잉여계 R에 속하는 모든 원소 c에 대하여 c^2을 계산하면 된다.

≪**정리 7.8**≫ p가 홀수인 소수일 때, 완전기약잉여계 $\mathbb{Z}_p^* = \{1, 2, \cdots, p-1\}$에는 법 p에 관한 제곱잉여와 제곱비잉여가 각각 $\frac{p-1}{2}$개씩 있다. 즉, $|QR_p| = |QNR_p| = \frac{p-1}{2}$이다.

증명 g가 법 p에 관한 원시근이라고 하면 $\mathbb{Z}_p^*$의 임의의 원소는 g^i, $1 \le i \le p-1$와 같이 나타난다. 따라서 제곱잉여 전체의 집합은 $\{g^{2i} \mid 1 \le i \le p-1\}$이다. 이제 $g^{2i} \equiv g^{2j} \pmod{p}$이면 $(p-1) \mid 2(i-j)$ 즉, $\frac{p-1}{2} \mid (i-j)$이므로 $\left\{g^{2i} \mid 1 \le i \le \frac{p-1}{2}\right\}$는 서로 다른 제곱잉여 전체의 집합이다. ▩

과제 7.9 가. 위 정리의 증명을 다음과 같이 할 수 있음을 확인하여라.

p는 홀수 소수이므로 $p-1$은 짝수이다. 이제, 1^2, 2^2, $\cdots$, $(p-1)^2$가 제곱잉여인데 $1^2 \equiv (p-1)^2 \equiv (-1)^2 \pmod{p}$, $2^2 \equiv (p-2)^2 \equiv (-2)^2 \pmod{p}$, $\cdots$, $\left(\frac{p-1}{p}\right)^2 = \left(-\frac{p-1}{p}\right)^2$

이므로 제곱잉여는 $\dfrac{p-1}{2}$개 있다.

나. 다음을 확인하여라.

$$QR_7=\{1,\ 2,\ 4\},\ \ QNR_7=\{3,\ 5,\ 6\}$$

르장드르 기호

제곱잉여를 다룰 때에 프랑스의 수학자 르장드르(Legendre)가 도입한 다음과 같은 기호를 도입하면 좀 더 효율적으로 제곱잉여에 관하여 논의할 수 있다.

> **≪정의 7.10≫** p가 홀수인 소수일 때, $(a,\ p)=1$인 a에 대하여 기호 $\left(\dfrac{a}{p}\right)$의 값을 다음과 같이 정의한다.
>
> $$\left(\frac{a}{p}\right)=\begin{cases}1, & a\text{가 법 } p\text{에 관한 제곱잉여일 때}\\ -1, & a\text{가 법 } p\text{에 관한 제곱비잉여일 때}\end{cases}$$
>
> 기호 $\left(\dfrac{a}{p}\right)$를 르장드르 기호(Legendre symbol)라고 한다.

과제 7.11 가. 다음을 확인하여라.

(1) $\left(\dfrac{1}{5}\right)=1,\ \left(\dfrac{4}{5}\right)=1,\ \left(\dfrac{2}{5}\right)=-1,\ \left(\dfrac{3}{5}\right)=-1$

(2) $\left(\dfrac{1}{7}\right)=\left(\dfrac{2}{7}\right)=\left(\dfrac{4}{7}\right)=1,\ \left(\dfrac{3}{7}\right)=\left(\dfrac{5}{7}\right)=\left(\dfrac{6}{7}\right)=-1$

나. 르장드르 기호와 관련하여 다음에 관하여 조사하여라.

(1) 행렬식을 정의할 때 사용하는 기호(sign)함수

(2) 주어진 집합의 원소 여부를 나타내는 특성(characteristic)함수

르장드르 기호에 대하여 다음과 같은 기본 성질들이 성립한다. 특히, $\mathbb{Z}_p^*$의 원소 중에서 $p-1 \equiv -1 \pmod p$가 어떤 법(소수 p)에 관하여 제곱잉여인지 알 수 있다.

≪정리 7.12≫ p가 홀수인 소수일 때, $(a, p)=(b, p)=1$인 a, b에 대하여 다음이 성립한다.

가. $\left(\dfrac{1}{p}\right)=1$이고, 또 $a \equiv b \pmod p$이면 $\left(\dfrac{a}{p}\right)=\left(\dfrac{b}{p}\right)$이다.

나. $\left(\dfrac{a}{p}\right) \equiv a^{\frac{p-1}{2}} \pmod p$

다. $\left(\dfrac{ab}{p}\right)=\left(\dfrac{a}{p}\right)\left(\dfrac{b}{p}\right)$, $\left(\dfrac{a^2}{p}\right)=1$, $\left(\dfrac{a^2b}{p}\right)=\left(\dfrac{b}{p}\right)$

라. $\left(\dfrac{-1}{p}\right)=(-1)^{\frac{p-1}{2}}$

$$p \equiv 1 \pmod 4 \Leftrightarrow \left(\frac{-1}{p}\right)=1$$

$$p \equiv -1 \pmod 4 \Leftrightarrow \left(\frac{-1}{p}\right)=-1$$

마. $\left(\dfrac{1}{p}\right)+\left(\dfrac{2}{p}\right)+ \cdots +\left(\dfrac{p-1}{p}\right)=0$

증명 '가', '나', 그리고 '라'의 증명은 쉽다.

다. $\left(\frac{ab}{p}\right) \equiv (ab)^{\frac{p-1}{2}} \equiv a^{\frac{p-1}{2}} b^{\frac{p-1}{2}} \equiv \left(\frac{a}{p}\right)\left(\frac{b}{p}\right) \pmod{p}$인 데 $\left(\frac{ab}{p}\right)$, $\left(\frac{a}{p}\right)$, $\left(\frac{b}{p}\right)$이 1 또는 -1이므로 $\left(\frac{ab}{p}\right) = \left(\frac{a}{p}\right)\left(\frac{b}{p}\right)$이다.

마. $\mathbb{Z}_p^* = \{1,\ 2,\ \cdots,\ p-1\}$에는 법 p에 관한 제곱잉여와 제곱비잉여가 각각 $\frac{p-1}{2}$개씩 있으므로 $\left(\frac{1}{p}\right) + \left(\frac{2}{p}\right) + \cdots + \left(\frac{p-1}{p}\right) = 0$이다. ■

과제 7.13 가. 다음을 증명하여라.

p가 홀수인 소수이고 g가 법 p에 관한 원시근일 때 다음이 성립한다.

임의의 자연수 i에 대하여 $\left(\frac{g^i}{p}\right) = (-1)^i$이다.

나. 정리 7.12 다의 내용을 다음과 함께 기억하여라.

(1) 임의의 자연수 n에 대하여 n의 양의 약수 전체의 개수 $\tau(n)$과 양의 약수 전체의 합 $\sigma(n)$에 대하여 $(m,\ n) = 1$이면 $\tau(mn) = \tau(m)\tau(n)$이고 $\sigma(mn) = \sigma(m)\sigma(n)$이다 (정리 3.26).

(2) 임의의 두 정사각행렬 A, B에 대하여 $|AB| = |A|\,|B|$이다.

(3) 임의의 두 자연수 $m,\ n$에 대하여, $(m,\ n) = 1$이면 $\varphi(mn) = \varphi(m)\varphi(n)$이다(정리 5.12).

다. $p \equiv 1 \pmod 4 \Leftrightarrow \left(\frac{-1}{p}\right) = 1$라는 주장과 $4k+1$ 꼴의 소수는 서로 다른 두 자연수의 제곱의 합이라는 주장이 동치임을

설명하여라.

임의의 홀수 소수 p를 법으로 할 때, 1이나 -1이 제곱잉여인지 아닌지는 쉽게 판별할 수 있다. 그렇다면 2 또는 -2가 제곱잉여인지 아닌지는 어떻게 판별할 수 있을까? 더 나아가 임의의 $a \in \mathbb{Z}_p^*$가 제곱잉여인지 아닌지는 어떻게 판별할 수 있을까?

이 문제에 관하여 알아보기 위하여, 홀수 소수 p에 대하여 집합 $\mathbb{Z}_p^* = \{1, 2, 3, \cdots, p-1\}$를 두 집합 $A = \left\{1, \cdots, \frac{p-1}{2}\right\}$, $B = \left\{-1, -2, \cdots, -(\frac{p-1}{2})\right\}$로 분할하고, 임의의 $a \in \mathbb{Z}_p^*$에 대하여 $aA = \{ag | g \in A\}$를 생각하자.[12] 먼저, $(a, p) = 1$이므로 $aA \subset \mathbb{Z}_p^*$이다. 한편, aA의 임의의 두 원소 $ai, aj \in aA$ ($i, j \in A$)에 대해 $ai \equiv aj \pmod p$이면 $(a, p) = 1$이므로 $i \equiv j \pmod p$이다. 따라서 aA는 $\mathbb{Z}_p^*$의 원소 중 $\frac{p-1}{2}$개로 이루어진다. 또한, $ai \in aA$ ($i \in A$)가 $j \in \mathbb{Z}_p^*$와 같다면, aA의 다른 원소 $ai' \in aA$ ($i' \in A$)는 $-j \in \mathbb{Z}_p^*$와 같을 수 없다. 왜냐하면, $ai \equiv j \pmod p$, $ai' \equiv -j \pmod p$이면 $ai + ai' \equiv a(i + i') \equiv 0 \pmod p$이고 $(a, p) = 1$이므로 $i + i' \equiv 0 \pmod p$인데 $i, i' \in A = \left\{1, 2, \cdots, \frac{p-1}{2}\right\}$이므로 모순이다. 이제, $aA = \{a, 2a, \cdots, \frac{p-1}{2}a\}$인데 위의 논의에 의하여 $aA = \left\{X_i i | i = 1, 2, \cdots, \frac{p-1}{2}\right\}$ (여기서, 각각의 X_i는 1 또는 -1)임을 알 수 있다. 따라서 aA에

---

12) 여기서의 곱셈 'ag' 등은 p를 법으로 계산한다.

대한 다른 두 가지 표현을 얻을 수 있다. aA의 모든 원소를 곱하면 $\left(\frac{p-1}{2}\right)!a^{\frac{p-1}{2}} \equiv \prod_i X_i \left(\frac{p-1}{2}\right)! \pmod{p}$이고 $\left(\left(\frac{p-1}{2}\right)!,\ p\right)=1$ 이므로, $a^{\frac{p-1}{2}} \equiv \prod_i X_i \pmod{p}$이다. 여기서, $aA \cap B$의 원소의 개수를 n이라고 하면, 오일러 규준에 의하여 $\left(\frac{a}{p}\right)=(-1)^n$ 임을 알 수 있다.

한편, 임의의 $a \in \mathbb{Z}_p^*$와 임의의 $i\left(1 \le i \le \frac{p-1}{2}\right)$에 대하여, ia를 p로 나누면 몫은 $\left[\frac{ia}{p}\right]$이다. $ia=\left[\frac{ia}{p}\right]p+t_i,\ 0 \le t_i < p$라고 하면, $t_i \neq 0$이고 $ia \equiv t_i \pmod{p}$이다. $ia \in A$이든가 $ia \in B$이다. $ia \in A$이면 $t_i=r_i,\ r_i \in A$이고 $ia \in B$이면 $t_i=s_i+p,\ s_i \in B$이다. 다음이 성립한다.

$$\sum_{i=1}^{\frac{p-1}{2}} ia = p\sum_{i=1}^{\frac{p-1}{2}}\left[\frac{ia}{p}\right]+\sum_{i=1}^{\frac{p-1}{2}} t_i = p\sum_{i=1}^{\frac{p-1}{2}}\left[\frac{ia}{p}\right]+\sum_i (p+s_i)+\sum_i r_i$$

이제, $-\sum_i s_i+\sum_i r_i=\sum_{i=1}^{\frac{p-1}{2}} i=\frac{p^2-1}{8}$이므로 $\sum_{i=1}^{\frac{p-1}{2}}\left[\frac{ia}{p}\right]=M$ 이라고 놓으면 $\frac{p^2-1}{8}(a-1)=(M+n)p+2\sum_i s_i$임을 알 수 있다.

≪정리 7.14≫ 홀수 소수 p에 대하여 다음이 성립한다.

가. 임의의 홀수 $a \in \mathbb{Z}_p^*$에 대하여, $\left(\frac{a}{p}\right) = (-1)^M$이다.

단, $M = \sum_{i=1}^{\frac{p-1}{2}} \left[\frac{ia}{p}\right]$이다.

나. $\left(\frac{2}{p}\right) = (-1)^{\frac{p^2-1}{8}}$

증명 가. p와 a가 모두 홀수이므로 $M+n$은 짝수이다. 따라서 $\left(\frac{a}{p}\right) = (-1)^n = (-1)^M$이다.

나. 모든 $i\left(1 \le i \le \frac{p-1}{2}\right)$에 대하여 $2i < p$이므로 $M = \sum_{i=1}^{\frac{p-1}{2}} \left[\frac{2i}{p}\right]$ $=0$이다. p는 홀수이므로 $\frac{p^2-1}{8} \equiv n \pmod 2$이어야 한다. 따라서 $\left(\frac{2}{p}\right) = (-1)^n = (-1)^{\frac{p^2-1}{8}}$이다. ▩

위 정리로부터 다음을 알 수 있다.

$$p \equiv \pm 1 \pmod 8 \Leftrightarrow \left(\frac{2}{p}\right) = 1$$

$$p \equiv \pm 3 \pmod 8 \Leftrightarrow \left(\frac{2}{p}\right) = -1$$

과제 7.15 p가 홀수인 소수일 때, $\left(\frac{2}{p}\right) = (-1)^{\frac{p^2-1}{8}}$임을 다음과 같이 증명할 수 있음을 확인하여라.

홀수인 소수 p에 대하여 $\mathbb{Z}_p^* = \{1,\ 2,\ \cdots,\ p-1\}$을 $A = \left\{1, 2, \cdots, \frac{p-1}{2}\right\}$, $B = \left\{\frac{p+1}{2}, \cdots, p-1\right\}$로 분할한 후 $2A = \{2,\ 4,\ \cdots\ p-1\}$를 생각하면, $2A$의 모든 원소는 p보다 크지 않으므로 $2A$의 원소 중에 B의 원소인 것을 쉽게 찾을 수 있다. 실제로, $p = 4k+1\,(k \in \mathbb{N})$의 꼴이면, $2A$의 원소의 개수는 짝수이므로 이 중 B의 원소인 것의 개수는 $2A$의 원소 개수의 절반인 $\frac{p-1}{4}$이다. 한편, $p = 4k+3\,(k \in \mathbb{N})$의 꼴이면, $2A$의 원소의 개수는 홀수인데, A의 중앙값은 $\frac{p+1}{4}$이므로, $2A$의 원소 중 B의 원소인 것의 개수는 $\frac{p+1}{4}$이다. 이제, $p = 4k+1\,(k \in \mathbb{N})$의 경우에는 $\frac{p+1}{2}$이 홀수이므로

$$\left(\frac{2}{p}\right) \equiv (-1)^{\frac{p-1}{4}} \equiv \left((-1)^{\frac{p-1}{4}}\right)^{\frac{p+1}{2}} \equiv (-1)^{\frac{p^2-1}{8}} \pmod{p}$$

이고, $p = 4k+3\,(k \in \mathbb{N})$의 경우에는 $\frac{p-1}{2}$가 홀수이므로

$$\left(\frac{2}{p}\right) \equiv (-1)^{\frac{p+1}{4}} \equiv \left((-1)^{\frac{p+1}{4}}\right)^{\frac{p-1}{2}} \equiv (-1)^{\frac{p^2-1}{8}} \pmod{p}$$

이다.

두 법이 서로 다른 홀수인 소수일 때 각각의 법에 관한 르장드르 기호 사이에는 다음과 같은 관계가 있다. 가우스는 이 정리를 "aureum theorema(golden theorem)"이라고 불렀다.

≪정리 7.16≫ (제곱잉여의 상호 법칙, law of quadratic reciprocity)
p와 q가 서로 다른 홀수인 소수일 때, 다음 등식이 성립한다.

$$\left(\frac{q}{p}\right)\left(\frac{p}{q}\right)=(-1)^{\frac{p-1}{2}\frac{q-1}{2}}$$

증명 정리 7.14에 의하여 $\left(\frac{q}{p}\right)=(-1)^{M}$, $M=\sum_{i=1}^{\frac{p-1}{2}}\left[\frac{iq}{p}\right]$ 이고 $\left(\frac{p}{q}\right)=(-1)^{N}$, $N=\sum_{i=1}^{\frac{q-1}{2}}\left[\frac{ip}{q}\right]$ 이다. 따라서 $\left(\frac{q}{p}\right)\left(\frac{p}{q}\right)=(-1)^{M+N}$이다. $(-1)^{M+N}=(-1)^{\frac{p-1}{2}\frac{q-1}{2}}$ 임을 보이면 된다. 실제로, $M+N=\frac{p-1}{2}\frac{q-1}{2}$ 임을 보인다. 다음 그림에서 두 변의 길이가 각각 $\frac{p}{2}$, $\frac{q}{2}$인 직사각형 안에서 $x-$좌표와 $y-$좌표가 모두 자연수인 격자점의 개수를 두 가지 방법으로 센다. 먼저, $\left[\frac{p}{2}\right]\left[\frac{q}{2}\right]=\frac{p-1}{2}\frac{q-1}{2}$개 있음은 분명하다. 이제, 각 자연수 $i\left(1\le i\le\frac{p-1}{2}\right)$에 대하여 선분 XP 위에 있는 격자점의 개수는 $\left[\frac{iq}{p}\right]$이다. 따라서 직선 $y=\frac{q}{p}x$의 아랫 부분에는 $\sum_{i=1}^{\frac{p-1}{2}}\left[\frac{iq}{p}\right]=M$개 있다.

마찬가지로 직선 $y=\frac{q}{p}x$의 윗 부분에는 $\sum_{i=1}^{\frac{q-1}{2}}\left[\frac{ip}{q}\right]=N$개 있다. 직선 $y=\frac{q}{p}x$ 위에는 격자점이 하나도 없으므로, 직사각형 안에는 $M+N$개의 격자점이 있다. 따라서 $M+N=\frac{p-1}{2}\frac{q-1}{2}$이다.

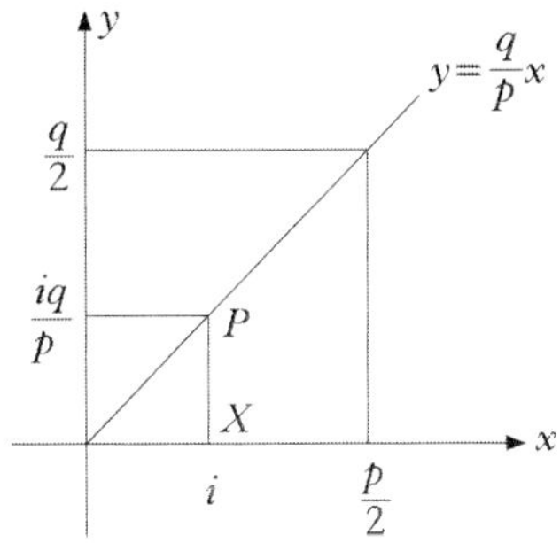

***과제 7.17** 가. 위 정리로부터 다음을 설명하여라.

p와 q가 서로 다른 홀수인 소수일 때, 다음 등식이 성립한다.

(1) $\left(\frac{q}{p}\right)=\left(\frac{p}{q}\right) \Leftrightarrow p\equiv 1 \pmod 4$ or $q\equiv 1 \pmod 4$

(2) $\left(\frac{q}{p}\right)=-\left(\frac{p}{q}\right) \Leftrightarrow p\equiv q\equiv -1 \pmod 4$

나. Wells(2005)를 참고하여 정리 7.16의 증명은 200여개가 있음을 확인하여라.

르장드르 기호는 임의의 홀수 소수에 대하여 정의된다. 야코비(Jacobi)는 르장드르 기호 개념을 일반화하여 임의의 홀수에 대하여 야코비 기호를 정의하였다.

***과제 7.18** 김응태·박승안(2002) 또는 Kranakis(1986)를 참고하여 르장드르 기호의 일반화된 개념인 야코비(Jacobi) 기호에 관하여 다음을 확인하여라.

가. 홀수 k $(k\geq 3)$의 표준소인수분해가 $k=p_1^{e_1}p_2^{e_2}\cdots p_r^{e_r}$일 때, $(a,\ k)=1$인 정수 a에 대하여 야코비 기호 $\left(\frac{a}{k}\right)$를 다음과

같이 정의한다.

$$\left(\frac{a}{k}\right)=\left(\frac{a}{p_1}\right)^{e_1}\left(\frac{a}{p_2}\right)^{e_2}\cdots\left(\frac{a}{p_r}\right)^{e_r}$$

나. 홀수 k $(k \ge 3)$가 소수인 경우에는 야코비 기호와 르장드르 기호가 같다.

다. 홀수 k $(k \ge 3)$와 $(a,\ k)=(b,\ k)=1$인 정수 a, b에 대하여 다음이 성립한다.

(1) $\left(\frac{1}{k}\right)=1$이고, 또 $a \equiv b \pmod{k}$이면 $\left(\frac{a}{k}\right)=\left(\frac{b}{k}\right)$이다.

(2) $\left(\frac{ab}{k}\right)=\left(\frac{a}{k}\right)\left(\frac{b}{k}\right)$, $\left(\frac{a^2}{k}\right)=1$

(3) $\left(\frac{-1}{k}\right)=(-1)^{\frac{k-1}{2}}$, $\left(\frac{2}{k}\right)=(-1)^{\frac{k^2-1}{8}}$

(4) k $(k \ge 3)$와 l $(l \ge 3)$가 서로 다른 홀수일 때, 다음 등식이 성립한다.

$$\left(\frac{k}{l}\right)\left(\frac{l}{k}\right)=(-1)^{\frac{k-1}{2}\frac{l-1}{2}}$$

법이 두 홀수 소수의 곱인 경우의 제곱잉여

서로 다른 두 홀수 소수 p, q에 대하여 법 $n=pq$에 대한 제곱잉여의 개수는 얼마나 될까?

먼저, 정리 5.12의 증명에 의하면 $|\mathbb{Z}_{pq}^*| = |\mathbb{Z}_p^*||\mathbb{Z}_q^*|$이다. 즉, 임의의 $(\alpha, \beta) \in \mathbb{Z}_p^* \times \mathbb{Z}_q^*$에 대하여 다음 조건을 만족시키는 $a \in \mathbb{Z}_{pq}^*$가 유일하게 있다 : $a \equiv \alpha \pmod p$이고 $a \equiv \beta \pmod q$. 한편, $x^2 \equiv a \pmod n$, $a \in \mathbb{Z}_n^*$가 해를 가질 필요충분조건은

$$\begin{cases} x^2 \equiv a \pmod p \\ x^2 \equiv a \pmod q \end{cases}$$

가 해를 갖는 것임을 알 수 있다. 또, 해를 가지는 경우는 네 개의 해가 있음을 알 수 있다. 이제 $x^2 \equiv a \pmod p$와 $x^2 \equiv a \pmod q$가 모두 해를 가질 필요충분조건은 $\left(\frac{a}{p}\right) = \left(\frac{a}{q}\right) = 1$인 것이다. 그런데 법 p에 관한 제곱잉여는 $\frac{p-1}{2}$개 있고, 법 q에 관한 제곱잉여는 $\frac{q-1}{2}$개 있으므로 다음이 성립한다.

$$|QR_n| = \frac{(p-1)(q-1)}{4}, \quad |QNR_n| = \frac{3(p-1)(q-1)}{4}$$

한편, 법이 소수인 경우와는 달리 법이 합성수인 경우에는 주어진 원소가 제곱잉여인지 아닌지를 판정할 수 있는 효과적으로 방법이 아직 알려지지 아니하였다(Kranakis, 1986).

과제 7.19 법 n이 세 개 이상의 홀수 소수의 곱일 때 법 n에 관한 제곱잉여는 몇 개인가?

앞(정리 3.7)에서 다음을 언급하였다 : $(a, b) = 1$일 때 $an+b$

꼴의 소수는 무수히 많다. 즉, 기울기 a와 y 절편 b가 서로소이면 직선 $y=ax+b$ 위에는 무수히 많은 소수가 있다. 한편, 앞(과제 3.8)에서 $4n+3$ 꼴의 소수는 무수히 많음을 증명하였다. 이제, 르장드르 기호의 성질을 이용하면 위의 특수한 경우를 증명할 수 있다.

> ≪**정리 7.20**≫ $4n+1$꼴의 소수는 무수히 많다.

증명 $4n+1$ 꼴의 소수가 유한개라고 하고 그들을 $p_1, \cdots, p_k$라고 놓자. 이제, $N=(2p_1p_2 \cdots p_k)^2+1$이라고 하면 N은 $4n+1$ 꼴이며 $p_1, p_2, \cdots, p_k$보다 크므로 N은 합성수이어야 한다. 이 N을 나누는 홀수 소수를 p라고 하자. 즉, $(2p_1p_2 \cdots p_k)^2+1 \equiv 0 \pmod p$,

$$(2p_1p_2 \cdots p_k)^2 \equiv -1 \pmod p$$

이다. 따라서 이차합동식 $x^2 \equiv -1 \pmod p$은 해를 가진다. 이는 다음을 뜻한다. $\left(\dfrac{-1}{p}\right)=1$, 즉 $p=4k+1$. 따라서 p는 $p_1, p_2, \cdots, p_k$ 중 하나이다. 그런데 어떤 p_i $(i=1, 2 \cdots k)$도 N을 나눌 수 없다. 따라서 모순이다. ▩

과제 7.21 위의 증명은 '소수가 무수히 많다'에 대한 유클리드 증명과 어느 점에서 흡사한지 살펴보아라.

전화로 동전 던지기

이산로그와 마찬가지로 제곱잉여도 정보보호에 유용하게 활용된다.

제곱잉여의 일방향 성질을 이용하여 다음을 생각할 수 있다. 이 함수도 앞에서 소개한 다른 함수와 마찬가지로 일방향 함수로 '증명'된 것이 아니고 여러 가지 정황으로 보아 일방향 함수라고 '여겨지는' 것이다. 양자컴퓨터 등이 개발되어 컴퓨터의 계산능력이 획기적으로 향상되면 이 함수들은 일방향 함수가 되지 않을 가능성이 크다.

> 주어진 법에 관하여 어떤 수를 제곱하기는 쉬우나 주어진 제곱수의 제곱근을 구하기는 어렵다. 이제 p, q를 서로 다른 100 자리 소수라고 하고, $n = pq$라고 하자. 함수 $QR : \mathbb{Z}_n^* \to \mathbb{Z}_n^*$를 다음과 같이 정의하자.
>
> $$QR(a) = a^2$$
>
> 이 함수는 일방향 함수이다.

이제, 전화로 동전 던지기(Coin Flipping by Telephone) 약정을 생각할 수 있다.

두 사람(명자, 인자)이 동전을 던져서 승패를 가르고자 한다. 그들은 여건 상 직접 만날 수 없어서 전화 상에서 동전을 던지고자 한다. 그들은 서로 신뢰하지 않고, 승리를 양보할 의사가 없기[13] 때문에 약정이 게임의 공정성과 신뢰성을 보장해야 한다.

먼저, 계산 상의 다음 사실은 인정한다.

(1) 법이 소수이면 주어진 수의 제곱근을 구할 수 있다.[14]

(2) 법이 큰 두 소수의 곱이면 주어진 수의 제곱근을 구할 수 없다.[15]

자세한 약정은 다음과 같다.

명자		인자
먼저 큰 두 소수 (p와 q)를 정하고 그 두 소수의 곱 n을 인자에게 알려 준다. 이때, 두 소수를 알려 주면 안 된다.		
	n →	
		$r \in_R \mathbb{Z}_n$[16]을 임의로(randomly) 택하여 $m \equiv r^2 \pmod{n}$을 계산하여 m을 명자에게 보낸다.
	← m	

13) 암호학에서 약정을 설계할 때에는 약정에 참여하는 대상자 모두는 서로를 신뢰하지 않고, 누구도 승리를 양보할 의사가 없다는 것을 전제하는 것 외에 참가자 모두는 최고의 암호학자이며 최고의 기술과 장비를 사용한다는 것도 전제한다.

14) 이에 관한 확률론적 다항식시간(probabilistic polynomial time) 알고리즘(Adleman-Manders-Miller algorithm)이 알려져 있다(Kranakis, 1986, 22쪽).

15) 법이 두 홀수 소수의 곱이지만 그 법의 두 인수(소수)를 알면 주어진 수의 제곱근을 구할 수 있다.

16) ‘$r \in_R \mathbb{Z}_n$’는 ‘$\mathbb{Z}_n$에 속하는 임의의 원소 r’라는 뜻이다.

이차합동식 $x^2 \equiv m \pmod{n}$을
풀어 $x \equiv \pm r \pmod{n}$와
$x \equiv \pm s \pmod{n}$를 얻는다.

$x \equiv r \pmod{n}$ 또는 $x \equiv s \pmod{n}$
$\longrightarrow$

$x \equiv r \pmod{n}$이면 명자가, $x \equiv s \pmod{n}$이면 인자가 이긴다.

위 약정을 다음과 같이 이해할 수 있다.

먼저, 명자가 인자에게 동전(n)을 준다. 인자는 그 동전을 던져 양면(위의 경우에는 r과 s) 중 한 면을 얻고, 그 결과(위의 경우에는 r)를 가린다. 명자는 양면 중 한 면(위의 경우에는 r 또는 s)을 지정하여 인자에게 알린다.

***과제 7.22** 이 게임은 공정한가? 즉, 이 게임에서 명자와 인자의 역할을 바꾸면 어떠한 변화가 생기는가?

제곱근 구하기와 인수분해가 밀접한 관계에 있음을 알 수 있다. 제곱근을 구하는 것은 같은 수가 두 번 곱해진 것을 분해하는 것으로 볼 수 있기 때문이다. 사실, 앞에서 언급하였듯이 서로 다른 큰 두 소수 p와 q를 구하고 그 두 소수의 곱을 n이라고 할 때, n의 두 소인수를 알면 임의의 원소 $a \in QR_n$에 대하여 이차합동식 $x^2 \equiv a \pmod{n}$의 네 개의 해를 구할 수 있다. 이 사실의 역도 성립한다.

≪**정리 7.23**≫ 서로 다른 홀수인 두 소수 p, q에 대하여 $n=pq$라고 하자. 한 원소 $a \in QR_n$에 대하여 이차합동식 $x^2 \equiv a \pmod{n}$의 네 개의 해를 구할 수 있으면 n의 두 소인수를 구할 수 있다.

[증명 및 그림]

원소 $a \in QR_n$에 대한 이차합동식 $x^2 \equiv a \pmod{n}$의 해를 $x \equiv x_1 \pmod{n}$, $x \equiv x_2 \pmod{n}$, $x \equiv -x_1 \pmod{n}$, $x \equiv -x_2 \pmod{n}$라고 하면 $x_1^2 - x_2^2$은 $n=pq$의 배수다. 따라서 $(x_1+x_2,\ n)=p$ 또는 $(x_1+x_2,\ n)=q$일 것이다.

증명 먼저, 다음을 알 수 있다. 임의의 $a \in QR_n$에 대하여 이차합동식 $x^2 \equiv a \pmod{n}$의 해를 각각 $x \equiv \pm b \pmod{p}$과 $x \equiv \pm c \pmod{q}$라고 하자. 이로부터 다음 네 개의 일차연립합동식을 얻을 수 있다.

$$\begin{cases} x \equiv b \pmod{p} \\ x \equiv c \pmod{q}, \end{cases} \quad \begin{cases} x \equiv -b \pmod{p} \\ x \equiv c \pmod{q}, \end{cases}$$

$$\begin{cases} x \equiv -b \pmod{p} \\ x \equiv -c \pmod{q}, \end{cases} \quad \begin{cases} x \equiv b \pmod{p} \\ x \equiv -c \pmod{q} \end{cases}$$

위 일차합동식 각각의 해는 중국인의 나머지 정리를 이용하여 풀 수 있다. 사실, $qN_1 + pN_2 = 1$, $x_1 = qN_1 b + pN_2 c$, $x_2 = qN_1(-b) + pN_2 c$라고 하면, 구하는 해는 각각 $x \equiv x_1 \pmod{n}$, $x \equiv x_2 \pmod{n}$, $x \equiv -x_1 \pmod{n}$, 그리고 $x \equiv -x_2 \pmod{n}$이다. 이제 $x_1 + x_2 = 2pN_2c$이고 $x_1 - x_2 = 2qN_1b$이며 $(b,\ p) = (c,\ q) = (N_1,\ p) = (N_2,\ q) = 1$이므로 다음이 성립한다.

$$(x_1+x_2,\ n) = p,\ (x_1-x_2,\ n) = q$$

따라서 n을 소인수분해할 수 있다. ▩

참고로, 제아무리 큰 수라 하더라도 두 수의 최대공약수는 매우 빨리(쉽게) 구할 수 있다.

영지식 증명

큰 두 소수 p와 q의 곱 n이 법인 경우에는 임의의 제곱잉여의 제곱근을 구하는 것이 어렵다는 성질을 이용하면 '영지식 증명(zero-knowledge proof)'의 약정을 생각할 수 있다. 사실, 영지식 증명은 명자가 가지고 있는 정보를 노출하지 않으면서 그 정보를 소유하고 있음을 인자에게 논증하는 기법이다.

예를 들어, 명자는 인자에게 다음 주장을 증명하고자 한다. 단, 여기서 n의 두 소인수 p와 q를 인자는 물론 명자도 모르는 것으로 한다. 즉, 법 n은 제삼자가 제공한 것으로 한다.

'다음 조건을 만족시키는 수 s를 안다 :

$$s^2 \equiv a \pmod{n}, \quad n = pq, \ a \in QR_n \subset \mathbb{Z}_n^*$$'

명자		인자
$r \in_R \mathbb{Z}_n$을 택하여 $m \equiv r^2 \pmod{n}$을 계산한다.		
	$\xrightarrow{\quad m \quad}$	
		$i \in_R \{0,\ 1\}$을 택한다.
	$\xleftarrow{\quad i \quad}$	
i가 0인 경우에는 r를 보내고 1인 경우에는 rs를 보낸다.		
	$\xrightarrow{\quad m' = r \text{ 또는 } rs \quad}$	
		$i = 0$ 또는 1에 따라 각각 $(m')^2 \equiv$ m 또는 $ma \pmod{n}$임을 확인한다.

세 번의 대화(move)로 이루어지는 한 과정을 보통 '마당(round)'이라고 한다. 영지식 증명은 20(예를 들어)마당을 반복한다.

과제 7.24 가. 위 약정에 대하여 다음 물음에 답하여라.

(1) 명자가 s를 아는 경우에 위 약정의 한 마당을 통과할 확률은 얼마인가?

(2) 명자가 s를 모르는 경우에 위 약정의 한 마당을 통과할 확률은 얼마인가?

(3) 명자가 s를 모르는 경우 위의 20마당 모두를 통과할 확률은 얼마인가?

(4) 증명이 끝난 경우에도 명자는 s에 관하여 유의미한 정보를 노출하지 않음을 직관적으로 설명하여라. 사실, '영지식(zero-knowledge)' 개념의 정확한 정의는 이 책의 범위를 벗어난다.

나. 다음을 확인하여라.

(1) 명자가 $\mathbb{Z}_n$에서 r을 임의로 택하지 않는 경우 정보(즉, s)를 노출시킬 수 있다. 사실, 두 차례에 걸쳐 명자가 같은 r을 사용하면 인자는 s를 알아낼 수 있다.

(2) 인자가 $\{0, 1\}$에서 i를 임의로 택하지 않는 경우에는 명자가 s를 알지 못하더라도 그 단계를 성공적으로 통과할 수 있다. 즉, 인자가 1을 보내올 것을 알면 m 대신 $\frac{4}{a}$를 보내고 m' 대신 2를 보낸다.

다. 위 예를 통하여 영지식 증명의 다음 특징을 설명하여라.

(1) 확률론적(probabilistic)

(2) 대화형(interactive)

(3) 비전이적(non-transferable)

*라. 위 약정의 병렬 버전은 어떻게 구성할 수 있을까?

*마. 김응태·박승안 (2002)을 참고하여 영지식 증명의 필요성과 영지식 증명의 다른 예를 알아보자.

뒷 이야기

1. 다음 이차합동식의 해가 존재하는지 판별하여라.

   가. $x^2 \equiv 97 \pmod{101}$

   나. $x^2 + 2x \equiv 28 \pmod{89}$

*2. '자료 : 대수학과 정보보호', 김응태·박승안(2002), Schneier (1996), 또는 Kranakis(1986) 등을 참고하여, 다음을 중심으로 암호학 등에서의 이차합동식의 응용에 대하여 알아보아라.

   가. $8n-1$ 꼴의 소수는 무수히 많다.

   나. 제곱잉여를 이용한 소수 판정

   (1) 페르마 수의 소수 판정

   (2) 메르센 수의 소수 판정

*3. 김응태·박승안(2000c) 492쪽을 참고하여 르장드르 기호와 아다마르(Hadamard) 행렬과의 관계를 조사하여라.

*4. 박승안·이민섭·이재학·신현용(1991)을 참고하여 제곱잉여를 활용한 부호(제곱잉여 부호, quadratic residue code)에 관하여 알아보아라.

VIII

연분수

지난 줄거리

1. 제곱잉여의 정의를 기술하여라.

2. 르장드르 기호의 정의를 기술하여라.

3. 전화로 동전 던지는 약정을 설명하여라.

4. 영지식증명의 한 예를 제시하여라.

5. 제곱근 구하는 문제와 소인수분해 문제와의 관련성을 설명하여라.

6. 다음 용어를 모두 사용하여 작문하여라.
   중학교, 이차방정식, 이차합동식, 제곱잉여, 제곱비잉여, 오일러 규준, 르장드르 기호, 일방향성, 암호학

이번 줄거리

- 연분수에서 수렴성의 중요성을 안다.
- 유리수와 무리수의 차이를 연분수를 통하여 이해한다.
- 연분수의 유용성을 이해한다.

여는 이야기

$1+\frac{1}{1}$, $1+\cfrac{1}{1+\cfrac{1}{1}}$, 또는 $1+\cfrac{1}{1+\cfrac{1}{1+\cfrac{1}{1}}}$와 같이 번잡하게 표현된 수를 계산하여 간단하게 나타내면 한 유리수가 된다는 것을 쉽게 알 수 있다.

이제 이러한 과정을 무한히 반복하는 수를 생각할 수 있을까?

이 장에서는 '무한히 반복하는 수를 생각'하기 때문에, 무한성(infinity)이 자연스럽게 개입된다. 특히, 수열(또는 급수)의 수렴을 살펴야 하므로 기초적인 해석학의 기법이 적용된다.

이 장에서 논의하는 구체적인 문제는 다음과 같다.

- 연분수의 수렴성은 어떻게 보장할 수 있는가?
- 연분수를 이용하여 유리수와 무리수를 어떻게 구별할 수 있는가?
- 연분수의 학교 수학이나 실생활과의 연계성은 무엇인가?

연분수의 계산

다음 값을 어떻게 구할 수 있을까?

$$1+\cfrac{1}{1+\cfrac{1}{1+\cfrac{1}{\cdots}}}$$

먼저, 주어진 값을 x라고 놓으면 $x=1+\frac{1}{x}$과 같은 관계를 얻어 x를 구할 수 있을 것이다. 그러나 '주어진 값을 x라고' 할 때에는 $1+\cfrac{1}{1+\cfrac{1}{1+\cfrac{1}{\cdots}}}$가 이미 하나의 수인 것을 가정하는 것인데, 여기에는 수렴성 등 여러 가지 수학적 설명이 요구된다. 사실, 위 문제는 다음 수열의 극한값을 구하는 문제로 생각할 수 있다.

$$1,\ 1+\frac{1}{1},\ 1+\cfrac{1}{1+\cfrac{1}{1}},\ 1+\cfrac{1}{1+\cfrac{1}{1+\cfrac{1}{1}}},\ \cdots$$

과제 8.1 가. 현행 교육과정에 따르면 중학교에서 $0.999\cdots = 1$임을 설명한다. 어떻게 설명하는지 조사하여라.

나. $0.999\cdots$을 구하는 문제도 다음 수열의 극한값을 구하는 문제로서 수렴 등이 논의되어야 함을 설명하여라.

$$0.9,\ 0.99,\ 0.999,\ 0.9999,\ \cdots$$

다. 수렴과 발산을 논의하지 않는 중학교 과정에서 위와 같은 내용이 초래할 수 있는 어려움과 부작용은 무엇인지 논의하여라.

라. 신현용(2007b)를 참고하여 가무한과 실무한에 대하여 알아보아라.

이 장에서는 $1+\cfrac{1}{1+\cfrac{1}{1+\cfrac{1}{\cdots}}}$와 같은 표현이 과연 한 수를 나타낸다고 할 수 있는지, 나타낸다면 그 수를 어떻게 구하는지 등을 논의한다.

연분수

먼저 다음과 같이 정의한다.

≪**정의 8.2**≫ 실수 x_0, x_1, x_2, $\cdots$에 대하여

$$x_0 + \cfrac{1}{x_1 + \cfrac{1}{x_2 + \ddots + \cfrac{1}{x_{n-1} + \cfrac{1}{x_n}}}}$$

와 같은 꼴의 분수를 유한 연분수(finite continued fraction)라고 하고, $\langle x_0 \,;\, x_1,\ x_2,\ \cdots,\ x_n \rangle$와 같이 나타낸다.

이 책에서 주로 논의하는 연분수는 다음과 같다.

≪**정의 8.3**≫ 다음과 같은 꼴의 분수를 유한 단순(simple) 연분수 또는 간단히 단순 연분수라고 한다.

$$a_0 + \cfrac{1}{a_1 + \cfrac{1}{a_2 + \ddots + \cfrac{1}{a_{n-1} + \cfrac{1}{a_n}}}}$$

여기서 a_0, a_1, a_2, $\cdots$, a_n은 정수이고 특히 $a_1 \geq 1$, $a_2 \geq 1$, $\cdots$, $a_n \geq 1$이다.

중·고등학교에서 유리수와 무리수의 구분은 다음과 같이 한다. 즉, 주어진 수를 소수(小數, decimal number)로 나타내었을 때, 순환하는 경우에는 유리수이고 순환하지 않으면 무리수이다. 이때, 유한소수는 순환하는 소수로 본다. 한편, 유리수는 $\frac{(\text{정수})}{(\text{정수})}$의 꼴로 표현이 가능하지만 무리수는 그렇지 않다.

유리수와 무리수의 구분은 연분수를 통해서도 가능하다. 사실, 유리수는 유한단순연분수로 나타내어지고 무리수는 무한단순연분수로 나타내어진다.

먼저, 유한단순연분수 $\langle a_0\,;\,a_1,\ a_2,\ \cdots,\ a_n\rangle$가 유리수를 나타낸다는 것은 분명하다. 더욱이, $u=\langle a_0\,;\,a_1,\ a_2,\ \cdots,\ a_n\rangle$이라고 할 때, $n=0$이면 $u=a_0$이고 또 $n\geq 1$이면

$$u=\langle a_0\,;\,a_1,\ a_2,\ \cdots,\ a_n\rangle=a_0+\frac{1}{\langle a_1\,;\,a_2,\ a_3,\ \cdots,\ a_n\rangle}$$

이다.

이제 유클리드 알고리즘을 이용하면 임의의 유리수를 유한 단순 연분수로 나타낼 수 있다.

≪정리 8.4≫ 모든 유리수 u는 유한단순연분수로 나타낼 수 있다.

증명 $u = \dfrac{r_0}{r_1}$가 주어진 유리수라고 하자($r_1 > 0$).

$$\begin{aligned} & r_0 = a_0 r_1 + r_2,\ 0 < r_2 < r_1 \\ & r_1 = a_1 r_2 + r_3,\ 0 < r_3 < r_2 \\ & \vdots \\ & r_{k-1} = a_{k-1} r_k + r_{k+1},\ 0 < r_{k+1} < r_k \\ & r_k = a_k r_{k+1} \end{aligned}$$

라고 하면 주어진 유리수는 다음과 같다.

$$a_0 + \cfrac{1}{a_1 + \cfrac{1}{a_2 + \ddots + \cfrac{1}{a_{k-1} + \cfrac{1}{a_k}}}}$$

$$= \langle a_0 \,;\, a_1,\ a_2,\ \cdots,\ a_k \rangle$$ ■

두 연분수 $2 + \dfrac{1}{3}$와 $2 + \cfrac{1}{2 + \cfrac{1}{1}}$는 모두 유리수 $\dfrac{7}{3}$을 나타낸다. 사실, 위 증명에서 $a_k \geq 2$이므로 $a_k - 1 \geq 1$이다. 따라서 주어진 유리수는 다음 두 가지 방법으로만 나타낼 수 있음을 알 수 있다.

$$\langle a_0 \,;\, a_1,\ a_2,\ \cdots,\ a_k \rangle,\ \langle a_0 \,;\, a_1,\ a_2,\ \cdots,\ a_k - 1,\ 1 \rangle$$

과제 8.5 다음을 확인하여라.

$$\frac{77}{15} = \langle 5 \,;\, 7,\ 2 \rangle = \langle 5 \,;\, 7,\ 1,\ 1 \rangle$$

$$\frac{15}{77} = \langle 0\,;\,5,\ 7,\ 2\rangle = \langle 0\,;\,5,\ 7,\ 1,\ 1\rangle$$

$$\frac{-77}{15} = \langle -6\,;\,1,\ 6,\ 2\rangle = \langle -6\,;\,1,\ 6,\ 1,\ 1\rangle$$

$$\frac{-15}{77} = \langle -1\,;\,1, 4, 7, 2\rangle = \langle -1\,;\,1, 4, 7, 1, 1\rangle$$

이상의 논의에서 모든 유리수는 유한단순연분수로 나타낼 수 있고, 유한단순연분수는 유리수임을 알 수 있다. 이제, 모든 무리수는 무한단순연분수로 나타낼 수 있고, 무한단순연분수는 무리수임을 알고자 한다.

다음은 무한단순연분수의 성질을 조사하는데 유용하다.

정수로 이루어진 무한수열 $a_0,\ a_1,\ a_2,\ \cdots,\ a_n,\ \cdots$을 생각하자. 여기서, $i \geq 1$일 때에는 $a_i \geq 1$이다. 이제, 임의의 $i \geq -2$에 대하여 다음과 같이 $h_i,\ k_i$를 정의하자.

$$h_{-2} = 0,\ h_{-1} = 1,\ h_i = a_i h_{i-1} + h_{i-2} \quad (i \geq 0)$$

$$k_{-2} = 1,\ k_{-1} = 0,\ k_i = a_i k_{i-1} + k_{i-2} \quad (i \geq 0)$$

예를 들어, 무한수열 1, 1, 1, $\cdots$의 경우에 $h_i,\ k_i (i \geq -2)$는 각각 다음과 같다.

$$0,\ 1,\ 1,\ 2,\ 3,\ 5,\ \cdots$$

$$1,\ 0,\ 1,\ 1,\ 2,\ 3,\ \cdots$$

≪정리 8.6≫ $u_n = \langle a_0 ; a_1, \cdots, a_n \rangle$ 이라고 하면 다음이 성립한다.

가. $1 = k_0 \le a_1 = k_1 < k_2 < \cdots < k_n < \cdots$

나. $h_i k_{i-1} - h_{i-1} k_i = (-1)^{i+1} \quad (i \ge -1)$

$h_i k_{i-2} - h_{i-2} k_i = (-1)^i a_i \quad (i \ge 0)$

다. 임의의 양의 실수 x에 대하여,

$$\langle a_0 ; a_1, \cdots, a_{i-1}, x \rangle = \frac{xh_{i-1} + h_{i-2}}{xk_{i-1} + k_{i-2}} \quad (i \ge 1)$$

라. 각 $i(i \ge 0)$에 대하여, $u_i = \dfrac{h_i}{k_i}$이고 $(h_i, k_i) = 1$이다. 또한,

$$u_i - u_{i-1} = \frac{(-1)^{i+1}}{k_i k_{i-1}} \quad (i \ge 1)$$

$$u_i - u_{i-2} = \frac{(-1)^i a_i}{k_i k_{i-2}} \quad (i \ge 2)$$

마. $u_0 < u_2 < u_4 \cdots < u_{2n} < \cdots\cdots < u_{2n+1} < \cdots < u_5 < u_3 < u_1$

바. 극한값 $\xi = \lim\limits_{n \to \infty} u_n = \lim\limits_{n \to \infty} \langle a_0 ; a_1, \cdots, a_n \rangle$가 존재한다. 또한,

$$u_{2n} < \xi < u_{2n+1} \quad (n \ge 0)$$

증명 가. 먼저, $k_0 = a_0 k_{-1} + k_{-2} = 1$이고, $k_1 = a_1 k_0 + k_{-1} = a_1 \geq 1 = k_0$이다. 이제, $i \geq 2$라고 하자. $k_i = a_i k_{i-1} + k_{i-2} \geq k_{i-1} + k_{i-2}$ $(a_i \geq 1)$이고 $k_{i-2} \geq 1$이다. 따라서

$$k_i \geq k_{i-1} + k_{i-2} > k_{i-1}$$

나. 먼저, $i = -1$인 경우에는 $h_{-1}k_{-2} - h_{-2}k_{-1} = 1 \cdot 1 = (-1)^{-1+1}$이므로 정리가 성립한다. 이제, $i \geq 0$이라고 하고 수학적 귀납법 가정으로서 $h_{i-1}k_{i-2} - h_{i-2}k_{i-1} = (-1)^i$라고 하자.

$$\begin{aligned} h_i k_{i-1} - h_{i-1} k_i &= (a_i h_{i-1} + h_{i-2}) k_{i-1} - h_{i-1}(a_i k_{i-1} + k_{i-2}) \\ &= h_{i-2} k_{i-1} - h_{i-1} k_{i-2} \\ &= -(h_{i-1} k_{i-2} - h_{i-2} k_{i-1}) \\ &= (-1)(-1)^i \\ &= (-1)^{i+1} \end{aligned}$$

두 번째 관계식은 위 관계로부터 증명할 수 있다.

다. 먼저 $i = 1$인 경우에 다음이 성립한다.

$$\langle a_0 \, ; \, x \rangle = a_0 + \frac{1}{x} = \frac{x a_0 + 1}{x} = \frac{x h_0 + h_{-1}}{x k_0 + k_{-1}}$$

다음을 가정하자.

$$\langle a_0 \, ; \, a_1, \, a_2, \, \cdots, \, a_{i-1}, \, x \rangle = \frac{x h_{i-1} + h_{i-2}}{x k_{i-1} + k_{i-2}}$$

이제,

$$\begin{aligned}
&\langle a_0 ; a_1, a_2, \cdots, a_{i-1}, a_i, x \rangle \\
&= \left\langle a_0 ; a_1, a_2, \cdots, a_{i-1}, a_i + \frac{1}{x} \right\rangle \\
&= \frac{\left(a_i + \dfrac{1}{x}\right) h_{i-1} + h_{i-2}}{\left(a_i + \dfrac{1}{x}\right) k_{i-1} + k_{i-2}} \\
&= \frac{x a_i h_{i-1} + h_{i-1} + x h_{i-2}}{x a_i k_{i-1} + k_{i-1} + x k_{i-2}} \\
&= \frac{x(a_i h_{i-1} + h_{i-2}) + h_{i-1}}{x(a_i k_{i-1} + k_{i-2}) + k_{i-1}} \\
&= \frac{x h_i + h_{i-1}}{x k_i + k_{i-1}}
\end{aligned}$$

라. 먼저 $\langle a_0 \rangle = a_0 = \dfrac{h_0}{k_0}$ 이다. 이제 $i \geq 1$에 대하여 위 '다'에 의하여 다음이 성립한다.

$$u_i = \langle a_0 ; a_1, \cdots, a_{i-1}, a_i \rangle = \frac{a_i h_{i-1} + h_{i-2}}{a_i k_{i-1} + k_{i-2}} = \frac{h_i}{k_i}$$

한편, '나'의 관계에 의하여 $(h_i, k_i) = 1$과 나머지 식을 얻을 수 있다.

마. 위 '라'의 관계로부터 알 수 있다.

바. 수열 $u_0 < u_2 < u_4 < \cdots < u_{2n} < \cdots$은 위로 유계인 단조증가이므로 한 실수 ξ에 수렴한다. 한편, 수열 $u_1 > u_3 > u_5 > \cdots > u_{2n+1} > \cdots$ 은 아래로 유계인 단조감소이므로 한 실수 ξ'에 수렴한다. 이제 $\lim_{n\to\infty}(u_{2n+1} - u_{2n}) = \lim_{n\to\infty} \dfrac{1}{k_{2n+1}k_{2n}} = 0$이므로 $\xi = \xi'$이고 $\lim_{n\to\infty} u_n = \xi$이다. ▒

과제 8.7 가. 연분수 $\langle 1\,;\,2,\ 3,\ 4\rangle = \dfrac{43}{30}$임을 다음 표를 통하여 확인하여라.

a_i			1	2	3	4
h_i	0	1	1	3	10	43
k_i	1	0	1	2	7	30

나. 위 정리에서 주어진 $a_0,\ a_1,\ a_2,\ \cdots,\ a_n,\ \cdots$에서 h_i와 k_i를 점화식으로 정의하는 방법과 관련하여 다음을 확인하여라.

유클리드 알고리즘을 이용하여 두 양의 정수 $a,\ b$의 최대공약수 $(a,\ b)=r$를 구할 수 있다. 사실, 두 자연수 $a=r_0$, $b=r_1$에 대하여 다음이 성립한다고 하자.

$$
\begin{aligned}
r_0 &= a_0r_1 + r_2 && 0 < r_2 < r_1 \\
r_1 &= a_1r_2 + r_3 && 0 < r_3 < r_2 \\
&\vdots \\
r_{n-1} &= a_{n-1}r_n + r_{n+1} && 0 < r_{n+1} < r_n \\
r_n &= a_nr_{n+1}
\end{aligned}
$$

그러면 $(a,\ b)=r_{n+1}=r$이다.

이제, $r_{n-2}=q_nr_{n-1}+r_n$에서 r_n은 r_{n-1}, r_{n-2}에 관한 식으로 나타낼 수 있다. 마찬가지로 r_{n-1}, r_{n-2}은 각각 r_{n-2}, r_{n-3}와 r_{n-3}, r_{n-4}에 관한 식으로 나타낼 수 있다. 이 과정을 계속하면 r_n은 $a,\ b$에 관한 식으로 나타낼 수 있다. 이 과정을 다음과 같이 설명할 수 있다. 먼저,

$$s_0 = 1,\ s_1 = 0,\ s_i = s_{i-2} - a_{i-2}s_{i-1}\ (2 \le i \le n+1)$$
$$t_0 = 0,\ t_1 = 1,\ t_i = t_{i-2} - a_{i-2}t_{i-1}\ (2 \le i \le n+1)$$

라고 하면 $r_i = as_i + bt_i\ (0 \le i \le n+1)$임을 수학적 귀납법으로 증명할 수 있다. 사실, $i = 0$인 경우에 $r_0 = a = 1 \cdot a + 0 \cdot b = as_0 + bt_0$이다. 이제, $r_i = as_i + bt_i$라고 가정하면 다음이 성립한다.

$$\begin{aligned} r_{i+1} &= r_{i-1} - a_{i-1}r_i = as_{i-1} + bt_{i-1} - a_{i-1}(as_i + bt_i) \\ &= a(s_{i-1} - a_{i-1}s_i) + b(t_{i-1} - a_{i-1}t_i) \\ &= as_{i+1} + bt_{i+1} \end{aligned}$$

다. 다음을 확인하여라.

폐구간 열 $[u_0, u_1], [u_2, u_3], [u_4, u_5], \cdots$의 각 항의 길이는 0에 수렴한다.

*라. 다음에 관하여 조사하여라.

(1) finite intersection condition

(2) nested sequence of closed sets

정리 8.6의 내용을 한마디로 요약하면 연분수 형태의 무한 전개는 그 값이 특정한 실수값을 갖는다는 것이다. 따라서 다음과 같은 정의를 생각할 수 있다.

≪**정의 8.8**≫ 정수로 이루어진 무한수열 $a_0, a_1, a_2, \cdots, a_n, \cdots$ (단, $n \geq 1$일 때, $a_n \geq 1$)에 대하여 표현

$$a_0 + \cfrac{1}{a_1 + \cfrac{1}{a_2 + \cfrac{1}{a_3 \atop \cdots}}}$$

을 $\langle a_0 ; a_1, a_2, \cdots, a_n, \cdots \rangle$으로 나타내고, 이를 무한단순연분수(infinite simple continued fraction)라고 한다.

유한단순연분수 $u_n = \langle a_0 ; a_1, a_2, \cdots, a_n \rangle$의 극한값 $\xi = \lim_{n \to \infty} u_n = \lim_{n \to \infty} \langle a_0 ; a_1, a_2, \cdots, a_n \rangle$은 항상 존재하며, 극한값 ξ를 무한단순연분수의 값이라 하고, u_n을 ξ의 제n근사분수(n-th convergent)라고 한다.

과제 8.9 다음을 확인하여라.

다음 무한단순연분수이므로 어느 특정한 실수 값을 갖는다.

$$1 + \cfrac{1}{1 + \cfrac{1}{1 + \cfrac{1}{\cdots}}}$$

이 연분수는 수렴한다는 사실을 이미 알고 있기 때문에 그 수

렴값을 구하기 위해 우리는 다음과 같은 과정을 통하여 그 값을 구할 수 있다.

$x = 1 + \cfrac{1}{1 + \cfrac{1}{1 + \cfrac{1}{\cdots}}}$ 라고 놓으면 오른쪽 식은 $x = 1 + \frac{1}{x}$ 이다. 따라서 이차방정식을 풀면 $x = \frac{1 \pm \sqrt{5}}{2}$ 이고 그 값이 양수임을 알기 때문에 $x = \frac{1 + \sqrt{5}}{2}$ 이다.

일반적으로 무한성이 내재된 산술적 계산을 할 때는 주의해야 한다. 수렴이 이미 증명된 식의 경우에는 변형을 통하여 그 수렴값을 찾을 수 있지만 수렴이 보장되지 않은 경우에는 그럴 수 없기 때문이다.

다음 정리를 통하여 무한단순연분수는 무리수임을 알 수 있다.

> ≪**정리 8.10**≫ 가. $\xi = \langle a_0 ; a_1, a_2, \cdots, a_n, \cdots \rangle$에 대하여 다음이 성립한다.
>
> (1) $0 < |\xi - u_n| < \frac{1}{k_{n+1} k_n} < \frac{1}{k_n^2} \ (n \geq 1)$
>
> (2) $a_0 = [\xi]$
>
> 나. $\xi = \langle a_0 ; a_1, a_2, \cdots, a_n, \cdots \rangle$는 무리수이다.

증명 가. (1) $0 < |\xi - u_n| < |u_{n+1} - u_n| = \dfrac{1}{k_{n+1}k_n} < \dfrac{1}{k_n^2}$이다.

(2) $u_0 < \xi < u_1$. 즉 $a_0 < \xi < a_0 + 1$이므로 $a_0 = [\xi]$이다.

나. 이제 $\xi = \dfrac{a}{b}$ $(a \in \mathbb{Z},\ b \in \mathbb{N})$라고 하면 $0 < \left|\dfrac{a}{b} - \dfrac{h_n}{k_n}\right| < \dfrac{1}{k_n^2}$ 이므로 $0 < |k_n a - h_n b| < \dfrac{b}{k_n}$이다. 여기서 k_n을 b보다 크게 할 수 있고 $k_n a - h_n b$는 정수이므로 모순을 얻을 수 있다. ■

과제 8.11 가. 위 정리에서 다음을 확인하여라.

$$\xi = a_0 + \frac{1}{\langle a_1\ ;\ a_2,\ a_3,\ \cdots,\ a_n,\ \cdots \rangle}$$

나. 이제 $a_0 = [\xi]$라는 사실을 반복 사용하여 다음을 설명하여라. 두 무한단순연분수 $\langle a_0\ ;\ a_1,\ a_2,\ \cdots,\ a_n,\ \cdots \rangle$, $\langle b_0\ ;\ b_1,\ b_2,\ \cdots,\ b_n,\ \cdots \rangle$의 값이 일치하면 모든 i $(i \geq 0)$에 대하여, $a_i = b_i$이다.

이상에서 무한단순연분수는 무리수임을 알았다. 다음 정리에 의하면 모든 무리수는 무한단순연분수로 나타낼 수 있다. 따라서 어떤 실수가 무리수이기 위한 필요충분조건은 그 실수를 무한단순연분수로 나타낼 수 있는 것이다.

≪정리 8.12≫ 임의의 무리수 ξ는 무한단순연분수로 나타낼 수 있다. 사실,

$$\xi_0 = \xi, \qquad a_0 = [\xi_0]$$

$$\xi_1 = \frac{1}{\xi_0 - a_0}, \qquad a_1 = [\xi_1]$$

$$\cdots$$

$$\xi_{i+1} = \frac{1}{\xi_i - a_i}, \qquad a_{i+1} = [\xi_{i+1}],\ i \geq 0$$

라고 하면 다음이 성립한다.

$$\xi = \langle a_0 \,;\, a_1,\ a_2,\ \cdots,\ a_n,\ \cdots \rangle = \langle a_0 \,;\, a_1,\ \cdots,\ a_n,\ \xi_{n+1} \rangle$$

$$\xi_i = \langle a_i \,;\, a_{i+1},\ \cdots,\ a_n,\ \cdots \rangle,\ i \geq 0$$

증명 먼저 모든 $i \geq 0$에 대하여 ξ_i는 무리수이고 $\xi_{i+1} = \dfrac{1}{\xi_i - a_i} > 1$이며 $a_{i+1} \geq 1$이다. 다음을 알 수 있다.

$$\xi = \xi_0 = a_0 + \frac{1}{\xi_1} = \langle a_0 \,;\, \xi_1 \rangle = \langle a_0 \,;\, a_1,\ \xi_2 \rangle = \cdots$$
$$= \langle a_0 \,;\, a_1,\ \cdots,\ a_n,\ \xi_{n+1} \rangle$$

이제 $\xi = \langle a_0 \,;\, a_1,\ \cdots,\ a_n,\ \xi_{n+1} \rangle = \dfrac{\xi_{n+1}h_n + h_{n-1}}{\xi_{n+1}k_n + k_{n-1}}$이므로

$$\xi - u_n = \frac{\xi_{n+1}h_n + h_{n-1}}{\xi_{n+1}k_n + k_{n-1}} - \frac{h_n}{k_n}$$

$$= \frac{(-1)^n}{k_n(\xi_{n+1}k_n + k_{n-1})}$$

이다. 따라서 $\xi = \lim_{n \to \infty} u_n = \langle a_0 ; a_1, a_2, \cdots, a_n \rangle$이다. ■

과제 8.13 가. 소수(小數)를 이용하여 유리수와 무리수를 구별하여라.

나. 다음 무리수를 무한 단순 연분수로 나타내어라.

(1) $\frac{1+\sqrt{5}}{2}$ (2) $\sqrt{2}$

(3) $\sqrt{3}$ (4) π

무리수의 유리 근사값

무한 단순 연분수를 활용하여 무리수 ξ의 유리 근사값을 구하여 보자. 사실, 무리수의 연분수 전개를 이용하면 무리수에 대한 가장 좋은 유리수 근삿값을 얻을 수 있다.

≪정리 8.14≫ 무리수 ξ의 연분수 전개가 $\langle a_0 ; a_1, a_2, \cdots, a_n, \cdots \rangle$일 때, ξ의 제n근사 분수 u_n은 n의 값이 커질수록 ξ에 보다 가까운 유리 근사값이다. 즉, 다음이 성립한다.

$$0 < |\xi - u_n| < |\xi - u_{n-1}|, \ n \geq 1$$

증명 앞의 정리 증명에서 다음 사실에 주목한다.

$$|\xi - u_n| = \frac{1}{k_n(\xi_{n+1}k_n + k_{n-1})},$$

$$|\xi - u_{n-1}| = \frac{1}{k_{n-1}(\xi_n k_{n-1} + k_{n-2})},$$

$$1 \le k_{n-1} \le k_n,\ a_n < \xi_n < a_n + 1,\quad 1 \le a_{n+1} < \xi_{n+1}$$

이제, $n\ (\ge 1)$에 대하여 다음이 성립한다.

$$\xi_{n+1}k_n + k_{n-1} > a_{n+1}k_n + k_{n-1} = k_{n+1},$$

$$\xi_n k_{n-1} + k_{n-2} < (a_n + 1)k_{n-1} + k_{n-2}$$

$$= k_n + k_{n-1} \le a_{n+1}k_n + k_{n-1} = k_{n+1}$$

따라서 $|\xi - u_n| < \dfrac{1}{k_n k_{n+1}} \le \dfrac{1}{k_{n-1}k_{n+1}} < |\xi - u_{n-1}|$ 이다. ■

다음을 확인하여라.

과제 8.15 가. 화성의 공전주기를 1.8808년이고, 2003년 태양, 지구, 화성이 일직선 위에 있었다고 하자. 이 세 천체가 다시 일직선 위에 있게 되는 때는 언제인가? 2003년 이후 100년 이내에서 일직선에 가장 유사하게 있게 되는 때는 언제인가?

나. 황금비 ϕ, 원주율 π, 오일러 상수 e 각각의 유리수 근삿값을 몇 개 계산하여라.

순환단순연분수

무한단순연분수 중에서 일정한 마디가 순환하는 경우가 있다. 이러한 연분수를 순환단순연분수(periodic simple continued fraction)라고 한다.

$b_0,\ \cdots,\ b_{r-1}$가 순환하는 순환연분수는 다음과 같이 나타낸다.

$$\langle a_0\ ;\ a_1,\ \cdots,\ a_{m-1},\ \overline{b_0,\ b_1,\ \cdots,\ b_{r-1}} \rangle$$

> **≪정의 8.16≫** 완전제곱수가 아닌 양의 정수 $c\ (c \geq 2)$에 대하여 $a+b\sqrt{c}\ \ (a,\ b(\neq 0) \in \mathbb{Q})$와 같은 꼴의 무리수를 이차무리수(quadratic irrational)라고 한다.

이차 무리수는 적당한 정수 계수 이차다항식의 해임을 쉽게 알 수 있다. 이제, 다음 정리로부터 이차무리수의 특징을 연분수와 관련하여 알 수 있다.

> **≪정리 8.17≫** 순환단순연분수는 이차무리수이다.

증명 순환단순연분수 $\xi = \langle a_0\ ;\ a_1,\ \cdots,\ a_{m-1},\ \overline{b_0,\ b_1,\ \cdots,\ b_{r-1}} \rangle$에서 $\theta = \langle \overline{b_0\ ;\ b_1,\ b_2,\ \cdots,\ b_{r-1}} \rangle$라고 하면 $\xi = \langle a_0\ ;\ a_1,\ a_2,\ \cdots,\ a_{m-1},\ \theta \rangle$이고 $\theta = \langle b_0\ ;\ b_1,\ b_2,\ \cdots,\ b_{r-1},\ \theta \rangle$이다. θ의 연분수의 제i 근사분수 $u_i = \dfrac{h_i}{k_i}$에 대하여 $\theta = \langle b_0\ ;\ b_1,\ \cdots,\ b_{r-1},\ \theta \rangle =$

$\dfrac{\theta h_{r-1}+h_{r-2}}{\theta k_{r-1}+k_{r-2}}$이다. 따라서 θ는 정수 계수 이차다항식의 근이므로 이차무리수다. 이제 $\xi=\langle a_0\,;\, a_1,\ a_2,\ \cdots,\ a_{m-1},\ \theta\rangle$의 경우에도 제$i$근사분수 $v_i=\dfrac{p_i}{q_i}$에 대하여 $\xi=\dfrac{\theta p_{m-1}+p_{m-2}}{\theta q_{m-1}+q_{m-2}}$인데 θ가 이차무리수이므로 분모의 유리화를 통하여 ξ도 이차무리수임을 알 수 있다. ▩

과제 8.18 다음을 확인하여라.

가. $\langle 2\,;\,\overline{3,\ 4}\rangle=\dfrac{4\sqrt{3}}{3}$

나. $\langle\overline{1}\rangle=\dfrac{1+\sqrt{5}}{2}$

다음 정리는 이차무리수와 순환단순연분수는 같은 개념임을 알 수 있다. 이 정리의 증명은 김응태·박승안(2002)에 있다.

≪정리 8.19≫ 이차무리수는 순환단순연분수로 나타낼 수 있다.

지금까지의 논의를 다음과 같이 요약할 수 있다. 즉, 유한단순연분수는 유리수이고 무한단순연분수는 무리수이다. 한편, 순환단순연분수는 이차무리수이고 비순환단순연분수는 이차무리수가 아닌 다른 무리수이다.

연분수와 일차부정방정식

연분수의 성질을 연구하는 데 중요한 역할을 하는 h_i, k_i는 일차부정방정식을 푸는 데에도 이용할 수 있다.

예를 들어, $3x+11y=5$를 풀어보자.

먼저, $\frac{11}{3}=\langle 3\,;\,1,\ 2\rangle$이고 다음 표를 얻을 수 있다.

a_i			3	1	2
h_i	0	1	3	4	11
k_i	1	0	1	1	3

여기서 $\frac{11}{3}=\langle 3\,;\,1,\ 2\rangle=u_2$이고 $h_2k_1-h_1k_2=-1$이므로 $3\cdot 4+11\cdot(-1)=1$이고 $3\cdot 20+11\cdot(-5)=5$이다. 따라서 구하는 해는 다음과 같다.

$$\begin{cases} x=20+11k \\ y=-5-3k \end{cases},\ k\in\mathbb{Z}$$

과제 8.20 일차부정방정식 $94x+9y=1$을 풀어라.

소인수분해

연분수는 암호학에서도 유용하다. 연분수를 이용하여 정수를 인수분해 하는 알고리즘을 생각하여 보자.

다음은 Koblitz(1994)에 소개된 연분수와 관련된 소인수분해 알고리즘과 예이다.

먼저, 다음 사실을 증명한다.

> ≪**정리 8.21**≫ 자연수 n $(n \geq 2)$에 대하여 $a^2 \equiv b^2 \pmod{n}$, $a+b \neq n$, $0 < b < a < n$인 자연수 a, b가 있으면 두 최대공약수 $(a+b,\ n)$과 $(a-b,\ n)$는 1도 n도 아닌 n의 약수이다.

증명 먼저 $n \nmid (a+b)$이고 $n \nmid (a-b)$이므로 $(a+b,\ n) \neq n$이고 $(a-b,\ n) \neq n$이다. 이제 $n \mid (a+b)(a-b)$인데 $(a+b,\ n) = 1$이면 $n \mid (a-b)$가 되어 모순이다. 따라서 $(a+b,\ n) \neq 1$이다. 마찬가지로 $(a-b,\ n) \neq 1$이다. ▒

예를 들어, 자연수 n이 서로 가까운 두 수 p, $q\,(p > q)$의 곱이라고 하면 $n = a^2 - b^2$ $\left(a = \dfrac{p+q}{2},\ b = \dfrac{p-q}{2}\right)$에서 b가 작기 때문에 a는 $\sqrt{n}$보다 약간 크다. 이제 a를 $[\sqrt{n}]+1$부터 하나씩 택하여 $a^2 - n = b^2$이 제곱수이고 $a \neq b$인 a, b를 찾으면 n을 인수분해 할 수 있다. 이때에도 b가 작기 때문에 $a^2 - n$이 제곱수임을 효과적으로 판단할 수 있다.

과제 8.22 가. Wells(2005)를 참고하여 위 알고리즘은 페르마에 기초함을 확인하여라.

나. 다음을 확인하여라.

$n=200819$에 대하여 $[\sqrt{n}]+1=449$이다. a를 $[\sqrt{n}]+1$로 하면 $449^2-200819=782$와 같이 제곱수가 아니다. 이제 a를 450이라고 하면 $450^2-200819=1681=41^2$와 같이 제곱수이다. 따라서 $450^2-41^2=200819=(450+41)(450-41)=491\times 409$이다.

이제, 일반적인 자연수 n의 인수분해에 대하여 생각하자.

법 n에 관한 제곱잉여 중에서 $-\frac{n}{2}$과 $\frac{n}{2}$ 사이에 있는 것 즉, $-\frac{n}{2}$과 $\frac{n}{2}$ 사이에 있는 $h^2 \pmod{n}$을 최소 절댓값 잉여(the least absolute residue)라고 부른다. 앞으로 특별한 언급이 없는 한 $h^2 \pmod{n}$는 최소 절댓값 잉여이다.

유한개의 서로 다른 소수의 집합 $B=\{p_1,\ p_2,\ \cdots,\ p_k\}$를 인수기저(factor base)라고 한다. 여기에서, 필요에 따라 $p_1=-1$일 수 있다. 최소 절댓값 잉여 $h^2 \pmod{n}$가 B 속에 있는 원소들의 곱일 때 $h^2 \pmod{n}$를 B-수(B-number)라고 한다.

이제 B-수 $h^2 \pmod{n}$가 $p_1^{e_1}p_2^{e_2}\cdots p_k^{e_k}$인 경우 $\epsilon_i \equiv e_i \pmod{2}$ $(i=1,\ \cdots,\ k)$라고 하고 $(\epsilon_1,\ \epsilon_2,\ \cdots,\ \epsilon_k)_h \in \mathbb{Z}_2^k=\mathbb{Z}_2\times\cdots\times\mathbb{Z}_2$

를 생각하자. 유한개의 B-수 $h_1^2 \pmod{n}$, $\cdots$, $h_t^2 \pmod{n}$에 대하여 $\sum_i (\epsilon_1, \epsilon_2, \cdots, \epsilon_k)_{h_i} = (0, \cdots, 0) \in \mathbb{Z}_2^k$이면 $c = \prod_i h_i^2 \pmod{n}$는 각 p_i의 짝수 거듭제곱의 곱이다. 따라서 c의 양의 제곱근 a는 각 p_i의 거듭제곱의 곱이다. 따라서 $b \equiv \prod_i h_i \pmod{n}$ $(h_i > 0)$라고 하면 $b^2 \equiv c^2 \pmod{n}$이다.

이때, $a \not\equiv \pm b \pmod{n}$이면 n의 자명하지 않은 인수를 찾을 수 있다. 그러나 $a \equiv \pm b \pmod{n}$이면 인수 기저부터 다시 만들어 같은 절차를 밟는다.

예를 들어, $n = 4633$의 인수를 찾아보자. $[\sqrt{4633}] = 68$에 가까운 67과 68에 대하여 다음과 같이 시도한다. 실제로, $67^2 \equiv -144 \pmod{4633}$, $68^2 \equiv -9 \pmod{4633}$에서 $B = \{-1, 2, 3\}$라고 하면 $-144 = -1 \times 2^4 \times 3^2$이고 $-9 = -1 \times 3^2$이다. 따라서 $a = 2^2 \times 3^2 = 36$이고 $b \equiv 67 \times 68 \equiv -77 \pmod{4633}$라고 하면, $a \not\equiv \pm b \pmod{n}$이므로 $(-77 + 36, 4633) = 41$과 같이 $n = 4633$의 한 인수를 찾을 수 있다. 사실, $4633 = 41 \times 113$이다.

위에서 살펴본 바와 같이 여러 개의 $h^2 \pmod{n}$가 작은 소수들의 곱이면 n을 인수분해하는 것이 가능할 수 있다. 특히 $h^2 \pmod{n}$의 절댓값이 작으면 효율적이다.

연분수의 성질을 이용하면 $h^2 \pmod{n}$의 절댓값이 $2\sqrt{n}$보다 작은 h를 효과적으로 얻을 수 있다.

먼저, 연분수의 다음 성질을 증명한다.

> **≪정리 8.23≫** 임의의 실수 $\xi(>1)$의 연분수 전개의 제i근사분수 $u_i = \dfrac{h_i}{k_i}$에 대하여 다음이 성립한다.
>
> $$|h_i^2 - \xi^2 k_i^2| < 2\xi$$

증명 먼저 $-\dfrac{1}{k_i k_{i+1}} < \xi - \dfrac{h_i}{k_i} < \dfrac{1}{k_i k_{i+1}}$ 즉 $\dfrac{h_i}{k_i} < \xi + \dfrac{1}{k_i k_{i+1}}$ 이므로 다음이 성립한다.

$$|h_i^2 - \xi^2 k_i^2| = k_i^2 \left|\xi - \frac{h_i}{k_i}\right| \left|\xi + \frac{h_i}{k_i}\right| < k_i^2 \frac{1}{k_i k_{i+1}} \left(\xi + \left(\xi + \frac{1}{k_i k_{i+1}}\right)\right).$$

이제 $2\xi k_{i+1} > k_{i+1}$이므로 다음이 성립한다.

$$|h_i^2 - \xi^2 k_i^2| - 2\xi < 2\xi\left(-1 + \frac{k_i}{k_{i+1}} + \frac{1}{2\xi k_{i+1}^2}\right)$$
$$< 2\xi\left(-1 + \frac{k_i}{k_{i+1}} + \frac{1}{k_{i+1}}\right) < 2\xi\left(-1 + \frac{k_{i+1}}{k_{i+1}}\right) = 0$$ ■

이 정리에서 $\xi = \sqrt{n}$ 이라고 하면 $h_i^2 \equiv h_i^2 - nk_i^2 \pmod n$의 절댓값은 $2\sqrt{n}$ 보다 작다. 따라서 다음을 얻는다.

> **≪정리 8.24≫** 자연수 n이 완전제곱수가 아니라고 할 때 $\sqrt{n}$ 의 연분수 전개의 제i 근사 분수 $u_i = \dfrac{h_i}{k_i}$에 대하여 다음이 성립한다. 즉, $h_i^2 \pmod n$의 절댓값은 $2\sqrt{n}$ 보다 작다.

과제 8.25 자연수 n이 10 자리의 수라면 $\sqrt{n}$과 $2\sqrt{n}$은 대충 몇 자리의 수인가? $\sqrt{n}$과 $2\sqrt{n}$ 사이에는 많은 수가 있지 않음을 설명하여라.

이제 연분수를 이용한 인수분해 알고리즘을 다음과 같이 생각할 수 있다.

가. 정리 8.12에서와 같이 무리수 $\sqrt{n}$을 무한단순 연분수 $\langle a_0\,;\,a_1,\ a_2,\ \cdots,\ a_i,\ \cdots\rangle$로 나타내고 다음을 계산한다.

$$h_{-1}=1$$
$$h_0=a_0$$
$$h_i\equiv a_ih_{i-1}+h_{i-2}\ (\mathrm{mod}\,n)\ (i\ge 1)$$

나. 여러 개의 i에 대하여 $h_i^2\ (\mathrm{mod}\,n)$를 사용하여 인수기저를 얻고 $b^2\equiv c^2\ (\mathrm{mod}\,n)$이며 $b\not\equiv\pm c\ (\mathrm{mod}\,n)$인 b와 c를 구한다. $b\equiv\pm c\ (\mathrm{mod}\,n)$이면 다른 $h_i^2\ (\mathrm{mod}\,n)$들을 사용하여 다른 인수기저에 대하여 위의 과정을 반복한다.

과제 8.26 가. 다음을 확인하여라.

(1) $n=9073$, $[\sqrt{9073}]=95$의 경우 다음을 얻을 수 있다.

i	0	1	2	3	4
a_i	95	3	1	26	2
h_i	95	286	381	1119	2619
$h_i^2\,(\mathrm{mod}\,n)$	-48	139	-7	87	-27

이제 $B=\{-1, 2, 3, 7\}$라고 하면 $i=0, 2, 4$에 대하여 $h_i^2 \pmod{n}$가 B-수이다. 이 중에서 첫 번째와 세 번째의 경우를 사용하여 b와 c를 구하면 $b=95 \cdot 2619 \equiv 3834 \pmod{9073}$이고 $c=2^2 \cdot 3^2=36$을 얻는다. 이제 $3834^2 \equiv 36^2 \pmod{9073}$이고 $3834 \not\equiv \pm 36 \pmod{9073}$이므로 $(3834+36, 9073)=43$을 얻는다. 사실, $9073=43 \cdot 211$이다.

(2) 페르마 수의 인수분해는 위 방법을 주로 사용한다.

나. 김응태·박승안 (2002)를 참고하여 연분수를 이용한 소수 판정에 대하여 조사하여라.

연분수와 학교 수학

황금비는 1과 $\sqrt{5}$의 평균치로서 $\sqrt{2}$보다 먼저 발견된 무리수라고 할 수 있다.

이 장의 처음에서 언급한 무한 단순 연분수 $1+\cfrac{1}{1+\cfrac{1}{1+\cfrac{1}{\cdots}}}$는 $\langle 1; 1, 1, 1, \cdots \rangle$이며 그 값은 황금비다.

과제 8.27 가. 황금비의 다른 정의는 무엇인가?

나. 정오각형에서 황금비를 찾아라.

다. '자료 : 피보나치' 또는 '자료 : 수학판타지9'를 참고하여 황금비와 피보나치 수열에 대하여 좀 더 알아보아라. 특히 자연 속에서 피보나치 수열의 예를 제시하여라.

라. 무한 단순 연분수 $\langle 1 ; 1, 1, 1, \cdots \rangle$에 대하여 다음 표를 확인하여라.

a_i			1	1	1	1	1	1	1	$\cdots$
h_i	0	1	1	2	3	5	8	13	21	$\cdots$
k_i	1	0	1	1	2	3	5	8	13	$\cdots$

마. 위 표 두 번째 열과 세 번째 열에서 피보나치 수열을 각각 찾아라.

바. 피보나치 수열 $b_1, b_2, \cdots, b_n, \cdots$에서 $\lim\limits_{n\to\infty}\frac{b_{n+1}}{b_n}$는 $\lim\limits_{n\to\infty}\frac{h_n}{k_n}$이므로 황금비임을 설명하여라.

사. 피보나치 수열 $b_1, b_2, \cdots, b_n, \cdots$에 관하여 다음을 증명하여라.

(1) $\begin{bmatrix} b_{n+1} & b_n \\ b_n & b_{n-1} \end{bmatrix} = \begin{bmatrix} 1 & 1 \\ 1 & 0 \end{bmatrix}^n, \ n \geq 2$

(2) $b_{n+1}b_{n-1} - b_n^2 = (-1)^n, \ n \geq 2$

(3) $b_{n+2}b_{n-1} - b_n b_{n+1} = (-1)^n, \ n \geq 2$

아. 다음에 관하여 조사하여라.

(1) 삼각수(triangular number)

(2) n번째 삼각수를 구하는 공식과 가우스

(3) n번째 피보나치 수 b_n를 구하는 공식

$$b_n = \frac{1}{\sqrt{5}}\left\{\left(\frac{1+\sqrt{5}}{2}\right)^n + \left(\frac{1-\sqrt{5}}{2}\right)^n\right\},\ n \geq 1$$

*자. Wells(2005)를 참고하여 다음에 관하여 조사하여라.

(1) 피보나치 수열의 일반화로서 '루카스(Lucas) 수열'

(2) 루카스 수열의 유용성

*차. http: //www.research.att.com/~njas/sequences/에서 여러 수열에 관하여 조사하여라.

무한 단순 연분수는 한 무리수에 수렴한다는 사실이 중요하다. 무한급수를 계산할 수 있기 위해서도 그 수렴성이 먼저 전제되어야 한다.

과제 8.28 다음 논증을 반박하여 보자.

가. $1+(-1)+1+(-1)+1+(-1)+1+(-1)+\cdots$

$=1-\{1+(-1)+1+(-1)+1+(-1)+1+(-1)+\cdots\}$

이제 $1+(-1)+1+(-1)+1+(-1)+1+(-1)+\cdots$ 를 s라고 하면 $s=1-s$가 성립하여 $s=\frac{1}{2}$을 얻는다.

나. $1-2+4-8+16-32+64-\cdots$

$=1-2(1-2+4-8+16-32+64-)$

이제, $1-2+4-8+16-32+64-\cdots$ 를 S라고 하면 $S=1-2S$가 성립하여 $S=\frac{1}{3}$을 얻는다.

뒷 이야기

1. 집합 $\mathbb{Q}(\sqrt{2})=\{a+b\sqrt{2} \mid a, b\in\mathbb{Q}\}$에 대하여 다음을 확인하여라.

   가. 곱셈이 잘 정의된다.

   나. 곱셈에 관한 결합법칙과 교환법칙이 성립한다.

   다. 0이 아닌 모든 원소는 곱셈에 관한 역원을 가진다.

   라. 위 '다'에 근거하여 '분모의 유리화'를 설명하여라.

2. 다음 정리는 무한단순연분수의 근사 분수(유리수)는 주어진 무리수의 매우 효율적인 근사값임을 말한다. 이 정리의 증명은 김응태·박승안(2002)에 있다.

> ≪**정리**≫ 무리수 ξ의 연분수 전개가 $\langle a_0\,;\,a_1,\ a_2,\ \cdots,\ a_n,\ \cdots\rangle$이고, ξ의 제n근사 분수를 $u_n=\dfrac{h_n}{k_n}$이라고 하자($n\geq 1$). 서로소인 두 정수 $(a, b)=1,\ b>0$에 대하여 $\left|\xi-\dfrac{a}{b}\right|<|\xi-u_n|$이면 $k_n<b$이다.

3. 순환단순연분수 중에서 $\langle\overline{b_0\,;\,b_1,\ b_2,\ \cdots,\ b_{r-1}}\rangle$와 같은 경우 순수순환단순연분수라고 한다. 다음이 성립한다.

> ≪**정리**≫ 이차무리수 ξ가 순수 순환단순연분수이기 위한 필요충분조건은 $\xi>1,\ -1<\bar{\xi}<0$인 것이다.

≪**정리**≫ 자연수 n가 완전제곱수가 아닐 때 $\sqrt{n}$의 연분수 전개는 다음과 같다.

$$\sqrt{n} = \langle b_0 ; \overline{b_1, b_2, \cdots, b_{r-1}, 2b_0} \rangle, \ b_0 = [\sqrt{n}]$$

4. 황금비 ϕ에 관한 다음 물음에 답하여라.

가. 다음을 확인하여라.

$$\phi = \phi$$
$$\phi^2 = \phi + 1$$
$$\phi^3 = 2\phi + 1$$
$$\phi^4 = 3\phi + 2$$
$$\phi^5 = 5\phi + 3$$
$$\phi^6 = 8\phi + 5$$
$$\cdots$$

나. 임의의 자연수 k에 대하여 다음을 확인하여라.

$\phi^k = \alpha\phi + \beta$라고 하면

$$\begin{aligned} \phi^{k+1} &= \phi(\alpha\phi + \beta) \\ &= \alpha\phi^2 + \beta\phi \\ &= \alpha(\phi + 1) + \beta\phi \\ &= (\alpha + \beta)\phi + \alpha \end{aligned}$$

다. 위에서 두 개의 피보나치수열을 찾아보아라.

IX

나오며

지난 줄거리

1. 소수(小數)로써 유리수와 무리수를 구별하는 방법을 설명하여라.

2. 연분수로써 유리수와 무리수를 구별하는 방법을 설명하여라.

3. 주어진 무리수의 유리 근삿값을 연분수를 이용하여 구하는 방법을 설명하여라.

4. 연분수를 이용하여 일차부정방정식을 푸는 방법을 설명하여라.

5. 다음 용어를 모두 사용하여 작문하여라.
   중학교, 유리수, 무리수, 순환하는 무한소수, 순환하지 않는 무한소수, 연분수, 유리수와 무리수를 구분, 무한급수, 급수의 수렴과 발산, 일차부정방정식, 특별한 형태의 합성수

이번 줄거리

- 이 책의 내용을 응용수학 등 수학의 다른 분야는 물론 학교 수학과의 관련성을 이해한다.
- 이 책의 내용은 교사에게 어떠한 의의가 있는지 살핀다.
- 여러 가지 형태의 문제를 풀 수 있다.

여는 이야기

이 책에서는 집합론에서 논의하는 여러 개념이나 기법이 활용되었다. 사실, 정수론적 내용은 수학의 여러 분야와 긴밀하게 연계된다.

과제 9.1 가. 무한성, 동치관계, 또는 함수 등의 예를 통하여 이 책과 집합론의 연관성을 설명하여라.

나. 연분수에 관한 논의에서 수렴 등 해석학적 개념을 활용함을 설명하여라.

이 책에는 '정수론'이라는 제목이 주어졌지만 이 책은 본격적인 정수론이라고는 하기 어렵다. 이 책은 중등학교 수학교사가 현재의 교육과정에 의하여 가르칠 때 필요한 수학적 배경지식이라고 생각되는 내용 중에서 정수론과 관련되는 것을 간략히 소개한 것이다.

본격적인 정수론 수준에서 더 광범위하고 더 깊이 있는 논의를 필요로 하는 경우나, 응용수학 수준에서 암호학 등에 관하여 더 깊이 있는 논의를 필요로 하는 경우에는 이 책에서 제시한 적절한 도서를 참고하여야 할 것이다.

그러나 이 책에 있는 내용을 충분히 이해한다면 학교 현장에서 정수론과 관련된 수학을 지도할 때에 큰 어려움이 없을 것이다.

과제 9.2 주어진 자연수가 3의 배수인지 아닌지를 판정할 때 정수론의 개념이나 사실을 사용하면 편리함을 설명하여라.

교사에게는 다양한 전문성이 요구된다. 그 중에서 교사의 학생평가 전문성은 특히 중요하다고 할 수 있을 것이다. 여기에서는 여러 가지 형태의 평가 문항을 생각하여 본다.

평가 문항 I

증명과 같은 전통적인 평가 문항 외에 작문, 논술, 또는 프로젝트 등 여러 가지 평가 문항을 생각할 수 있다.

1. 다음 용어를 모두 사용하여 작문하여라.
   - 정렬원리, 자연수 집합에서의 정렬성, 정수 전체 집합, 유리수 전체 집합, 실수 전체 집합, 정렬
   - 소수, 소수의 개수, 페르마 소수, 메르센느 소수, 소수 정리
   - 무한소수, 유리수, 무리수, 연분수, 이차무리수, 일차부정방정식
   - 정수론, 응용, 정보보호, 암호학
   - 가상(cyber, virtual)공간, 정보보호, 자물쇠, 일방향 함수, 소인수분해, 이산로그, 지수(index), 제곱잉여, 제곱근
   - 열쇠(키) 분배, 전화로 동전던지기, 전자서명, 영지식 증명, 암호학 약정(cryptographic protocol), 정수론적 사실, 컴퓨터의 계산 능력
   - 수학, 소수 판정(primaility test)과 소인수 분해(factoring), 확률론적 논증, 정보보호
   - 디오판투스 방정식, 정수해, 피타고라스 정리, 페르마의 마지막정리, 오일러, 와일즈

2. 다음에 대하여 논의하여라.
   - 이 책에서 다루는 내용은 대부분의 초, 중등학교 교과서에 포함되지 아니한다. 수학교사는 과연 이 책의 내용을 이해하여야 하는지에 관하여 논의하여라.
   - 정보 사회에서 정보의 보호는 중요한 문제이다. 이 책에서 정보 보호에 관한 몇 가지 약정을 소개하였다. 각각의 약정을 참고하여 정수론, 확률론적 기법, 그리고 컴퓨터의 계산 능력 등 각각의 역할에 관하여 논의하여라.

- 제6차 수학과 교육과정에서 '이진수' 등의 용어를 사용하지 못하도록 하였다. 그러나 그 결과는 '이진법의 수' 또는 '이진법으로 나타낸 수'라고 하는 새로운 용어가 6차 교과서는 물론 7차 교과서에서 사용되어 본래의 취지에 부응하지 못하였다. '이진수' 등의 용어는 어떠한 문제점이 있는지 부호이론(coding theory)에서의 이진수열(binary sequence)과 관련하여 논의하여라.
- 2006년 8월에 확정 공포된 수학과 교육과정에 이진법이 포함되어 있다. 그러나 진법이 교육과정에서 제외되어야 한다는 주장이 많았다. 진법이 제외되어야 한다면 왜 그러한지 논의하여라.

평가 문항 Ⅱ

평가 문항을 통하여 수학의 여러 분야와의 연계성에 주목하게 할 수 있다. 아래 문항은 그러한 예이다.

1. 다항식의 해에 관한 이론은 현대대수학에서는 물론 선형대수학이나 정수론에서도 유사한 형태로 등장하며 중요한 역할을 한다. 다음 물음에 답하여라.
   - 일차방정식의 일반적인 형태는 $ax=b$이다. 여기서 $a=0$이고 $b=0$이면 해는 무수히 많으나, $a=0$이지만 $b\neq 0$이면 해는 없다. 그러나 $a\neq 0$인 경우에는 b의 값에 무관하게 유일

한 해 $a^{-1}b=\dfrac{b}{a}$를 가진다. 이 경우 해의 존재성과 유일성에 관한 한 a의 값이 중요한 역할을 한다.

- 미지수가 두 개인 일차방정식 두 개로 이루어진 연립방정식은 다음과 같은 행렬로 표현이 가능하다 : $AX=B$. 이 연립방정식의 해에 관하여 위의 일차방정식의 경우와 비교하여 논의하여라.
- 자연수 n을 법(modulus)으로 하는 일차합동식 $ax\equiv b \pmod{n}$의 해의 존재성과 해의 개수에 관하여 알아보아라.
- 위 세 문제를 통하여 일차방정식, 일차연립방정식, 그리고 일차합동식의 해의 존재성, 해의 개수 등에 관하여 비교 설명하여라.

2. 수의 집합을 집합론적 또는 대수적 성질로 비교할 수 있다. 자연수 집합 $\mathbb{N}$, 정수 전체의 집합 $\mathbb{Z}$, 유리수 전체의 집합 $\mathbb{Q}$, 실수 전체의 집합 $\mathbb{R}$, 복소수 전체의 집합 $\mathbb{C}$, 그리고 사원수 전체의 집합 $\mathbb{H}$에 대하여 다음 관점에서 비교하여라.
   - 집합의 농도(cardinality)
   - 구체적인 정열(well order) 가능성
   - 다항식의 해 존재성
   - 조밀성, 완비성
   - 집합 $X=\mathbb{Q}$, $\mathbb{Z}$, $\mathbb{Z}_6$, 또는 $\mathbb{Z}_7$에서 곱셈에 관한 다음 물음에 답하여라.

     (1) 다음 주장이 성립하는가?

$$xy=0\text{이면 } x=0 \text{ 또는 } y=0\text{이다.}$$

(2) 임의의 $x \in X$에 대하여 $\frac{1}{x}$를 x의 곱셈에 관한 역원을 나타낸다면, 위의 어느 집합에서 $\frac{1}{2}+\frac{1}{3}$을 계산할 수 있는가?

(3) 위 각각의 집합에서 다음 이차방정식의 해에 관하여 알아보아라.

$$x^2 = a,\ a \in R$$

평가 문항 Ⅲ

증명 등 전통적인 문항을 통하여 이 책의 전체 내용을 종합하고 정리한다. 이 문제에 대한 해답은 별도로 제공하지 않는다.

1. 다음에 대하여 설명하여라.
   - 자연수 집합에서의 정렬성과 유리수의 조밀성
   - 소수 분포와 소수정리(prime number theorem)
   - 제곱잉여와 오일러 규준(Euler's criterion)
   - 골드바흐의 추측(Goldbach conjecture)
   - 제곱잉여와 르장드르 기호(Legendre symbol)
   - 피타고라스 정리와 페르마의 마지막 정리(Fermat's last theorem)

2. 다음을 증명하여라.
 - $a|b$이고 $a|c$이면 임의의 정수 x, y에 대하여 $a|(bx+cy)$이다.
 - 임의의 정수 a에 대하여 $(-a)\mathbb{Z}=a\mathbb{Z}$이다.
 - 집합 $m\mathbb{Z}$는 덧셈과 뺄셈에 관하여 닫혀있다.
 - 두 정수 a, b에 대하여 다음이 성립한다.

$$a\mathbb{Z} \supset b\mathbb{Z} \Leftrightarrow a \mid b$$

 - 두 정수 a, b에 대하여, $a\mathbb{Z} \cap b\mathbb{Z}=[a,\ b]\mathbb{Z}$이다.
 - 두 정수 a, b가 서로 소가 될 필요충분조건은 $ax+by=1$을 만족시키는 정수 x, y가 존재하는 것이다.
 - 자연수 2^n-1가 소수이면 n은 소수다.
 - 소수는 무수히 많다.
 - 자연수 m에 대하여 2^m+1이 소수이면 $m=2^n\ (n \geq 0)$이다.
 - $(a,\ n)=d$라고 하자. 그러면 일차합동식 $ax \equiv b \pmod{n}$가 해를 가질 필요충분조건은 $d \mid b$이다. 또, $d \mid b$이면 주어진 일차합동식은 법 n으로 d개의 합동이 아닌 해들을 갖는다. 만일 x_0가 이 일차합동식의 해라고 하면 d개의 합동이 아닌 해는 다음과 같다.

$$x \equiv x_0 + \frac{n}{d}r \pmod{m},\ r=0,\ 1,\ \cdots,\ d-1$$

 - p가 홀수인 소수일 때, 기약 잉여계 $\mathbb{Z}_p^*=\{1,\ 2,\ \cdots,\ p-1\}$에는 법 p에 관한 제곱잉여와 제곱비잉여가 각각 $\frac{p-1}{2}$개

씩 있다. 즉, $|QR_p|=|QNR_p|=\frac{p-1}{2}$이다.

- 법 m $(m \geq 3)$에 관한 원시근 g가 존재할 때, $(a, m)=1$, $(b, m)=1$인 정수 a, b에 대하여 $\mathrm{ind}_g a^n \equiv n\mathrm{ind}_g a \pmod{\varphi(m)}$이다.
- 법 m에 관한 a의 위수가 r라고 할 때 a^k의 위수는 $\frac{r}{(r, k)}$이다.
- 정수로 이루어진 무한수열 a_0, a_1, a_2, $\cdots$, a_n, $\cdots$ (단, $i \geq 1$일 때, $a_i > 1$)에 대하여,

$$h_{-2}=0,\ h_{-1}=1,\ h_i=a_ih_{i-1}+h_{i-2}\ (i \geq 0)$$
$$k_{-2}=1,\ k_{-1}=0,\ k_i=a_ik_{i-1}+k_{i-2}\ (i \geq 0)$$

라고 하면 다음이 성립한다.

$$h_ik_{i-1}-h_{i-1}k_i=(-1)^{i+1}\ (i \geq -1)$$
$$h_ik_{i-2}-h_{i-2}k_i=(-1)^ia_i\ (i \geq 0)$$

- 홀수인 소수 p와 자연수 k에 대하여 법 p^k에 관한 원시근이 g일 때 다음이 성립한다.
  (1) g가 홀수이면 g는 법 $2p^k$에 관한 원시근이다.
  (2) g가 짝수이면 $g+p^k$는 법 $2p^k$에 관한 원시근이다.
- 무리수 ξ의 연분수 전개가 $\langle a_0 ; a_1, a_2, \cdots, a_n, \cdots \rangle$일 때, ξ의 제n근사 분수 u_n은 n의 값이 커질수록 ξ에보다 가까운 유리 근사값이다. 즉, 다음이 성립한다.

$$0 < |\xi - u_n| < |\xi - u_{n-1}|,\ n \geq 1$$

- p가 홀수 소수일 때, $p-1$의 각 양의 약수 d에 대하여 위수가 d인 원소가 $\mathbb{Z}_p^*$ 안에 $\varphi(d)$개 있다.
- 모든 자연수 m에 대하여 다음이 성립한다.

$$m = \sum_{d \mid m} \varphi(d)$$

- 오일러 φ-함수에 대하여 다음이 성립한다.

$$(m,\ n) = 1 \Rightarrow \varphi(mn) = \varphi(m)\varphi(n)$$

- p가 홀수인 소수일 때, $(a,\ p) = (b,\ p) = 1$인 정수 $a,\ b$에 대하여 다음이 성립한다.

$$\left(\frac{ab}{p}\right) = \left(\frac{a}{p}\right)\left(\frac{b}{p}\right)$$

여기서 $\left(\frac{a}{p}\right)$는 법 p에 관한 a의 르장드르 기호이다.
- $4n+1$ 꼴의 소수는 무수히 많다.
- p가 홀수 소수일 때, $p-1$의 각 양의 약수 d에 대하여 위수가 d인 원소가 $\mathbb{Z}_p^*$ 안에 $\varphi(d)$개 있다.
- 순환단순연분수는 이차 무리수이다.
- 임의의 양의 실수 x에 대하여 다음이 성립한다.

$$\langle a_0\,;\, a_1,\ \cdots,\ a_{i-1},\ x \rangle = \frac{xh_{i-1} + h_{i-2}}{xk_{i-1} + k_{i-2}} \quad (i \geq 1)$$

- 법 m에 관하여 $a \in \mathbb{Z}_m^*$의 위수가 r이기 위한 필요충분조건은 r가 다음 두 조건을 만족시키는 것이다.
  (1) $a^r \equiv 1 \pmod{m}$이다.
  (2) $a^k \equiv 1 \pmod{m}$이면 $r \mid k$이다.

3. 다음 나눗셈을 하여 몫과 나머지를 구하여라.
   - $0 \div 5$
   - $(-2) \div 5$
   - $(-2) \div (-5)$

4. 다음을 각각 계산하여라. 여기서 (a, b)는 a와 b의 최대공약수를 나타낸다.

$$(0,\ 5),\ (0,\ -5),\ (0,\ 0)$$

5. 다음 분수를 5진법으로 표현하여라.

$$\frac{1}{2}$$

6. 다음 분수를 2진법으로 표현하여라.

$$\frac{1}{3}$$

7. 세 수 12, 30, 70의 최소공배수를 다음과 같이 구하면 왜 틀리는지 설명하여라.

$$\begin{array}{r|rrr} 10 & 12 & 30 & 70 \\ \hline & 12 & 3 & 7 \end{array}$$

$$\downarrow$$

$$\begin{array}{r|rrr} 3 & 12 & 3 & 7 \\ \hline & 4 & 1 & 7 \end{array}$$

8. 두 정수의 최대공약수를 구하는 유클리드 알고리즘을 예를 통하여 기술하고 그 타당성을 설명하여라.

9. 다음 정리를 기술하고 증명하여라.
   - 페르마-오일러 정리
   - 중국인의 나머지 정리(Chinese Remainder Theorem)
   - 윌슨(Wilson)의 정리
   - 오일러 규준(Euler's criterion)
   - 소인수분해와 제곱근 계산에 관한 라빈(Rabin)의 정리

10. 다음 암호학적 기법을 설명하여라.
   - 키 분배(key distribution)
   - 전화로 동전 던지기(coin flipping by telephone)
   - 영지식증명(zero-knowledge proof)
   - 공개열쇠 암호 체계 : RSA
   - 전자 서명(digital signature)

11. 다음 정리를 증명하고 연분수를 활용하는 인수분해에 대하여 설명하여라.

임의의 실수 $\xi(>1)$의 연분수 전개의 제i 근사 분수 $u_i = \dfrac{h_i}{k_i}$에 대하여 다음이 성립한다.

$$|h_i^2 - \xi^2 k_i^2| < 2\xi$$

12. 연분수 특히, 근사분수와 연계하여 무리수의 유리 근사값에 관하여 설명하여라.

13. 다음 각각을 연분수로 나타내어라.

$$\frac{77}{30},\ \sqrt{3},\ \sqrt{2}$$

14. 연분수를 이용하여 일차부정방정식 $94x+9y=1$을 풀어라.

15. 최소 절대값 잉여(the least absolute residue), 인수기저(factor base) B, B-수(B-number) 등의 용어를 사용하여 소인수분해 방법 하나를 설명하여라. 또 이와 관련하여 다음 사실이 가지는 의의를 설명하여라 : 임의의 실수 $\xi(>1)$의 연분수 전개의 제i근사 분수 $u_i = \dfrac{h_i}{k_i}$에 대하여 다음이 성립한다.

$$|h_i^2 - \xi^2 k_i^2| < 2\xi$$

과제와 평가 문항의 일부에 관한 해답 또는 힌트

Ⅰ. 들어가며

과제 1.5 가. (1) 0, 0

(2) 0, 2

(3) -1, 3

*라. 먼저 $A=\left\{a-|b|x\,\middle|\,x\in\mathbb{Z}\right\}$라고 하고 S를 A에 속하는 음이 아닌 정수 전체의 집합이라고 하자. 이때, $a-|b|(-|a|)=a+|b||a|\geq a+|a|\geq 0$이므로 $S\ni a-|b|(-|a|)$이고 따라서 $S\neq\varnothing$이다.

만약 $0\in S$이면 0은 S의 최소원이고, 또 $0\notin S$이면 $S\subset\mathbb{N}$이므로 자연수 집합에서의 정렬성에 의하여 S는 최소원을 가진다. 따라서 어느 경우에나 집합 S는 최소원 r를 가지고 $a-|b|h=r,\ r\geq 0$인 정수 h가 존재한다. 여기서, $0\leq r<|b|$이다. 왜냐하면, $r\geq|b|$라고 가정하고 $c=r-|b|$라고 놓으면, $r>c\geq 0,\ c=a-|b|h-|b|=a-|b|(h+1)\in S$으로 되어 r의 최소성에 모순이기 때문이다. 이제

$$q=\begin{cases}h, & b>0\text{일 때}\\ -h, & b<0\text{일 때}\end{cases}$$

으로 놓으면, $a=bq+r$, $0\le r<|b|$이다. 이제 q와 r의 유일성을 증명하기 위하여 $a=bq+r=bq'+r'$, $0\le r<|b|$, $0\le r'<|b|$라고 하면, $b(q-q')=r'-r$, $-|b|<r'-r<|b|$이므로 $-|b|<b(q-q')<|b|$. 즉 $-1<q-q'<1$이고 $q-q'=0$이므로 $q=q'$, $r=r'$이다.

뒷 이야기

*2. 피타고라스(또는 피타고라스학파 사람들)는 주어진 현의 길이를 $\frac{1}{2}$로 줄이면 한 옥타브가 높은 같은 음이 된다는 것과, 현의 길이를 $\frac{2}{3}$로 줄이면 완전5도[17] 높은 음을 얻게 된다는 사실을 알았다. 이 두 가지 사실에 근거하여 음을 구성한 것이 피타고라스 음계이다. 사실, 5도씩 계속 올려 나가되 한 옥타브 밖으로 벗어나면 2(또는 4)를 곱하여 한(또는 두) 옥타브 내림으로써 7개의 음을 얻을 수 있다. 이러한 과정을 거쳐 얻은 각 음의 현의 길이는 다음과 같다. 여기서, ≡는 한 옥타브 또는 두 옥타브 올리거나 내리는 것을 뜻한다.

파 : $\frac{3}{4}$

도 : 1

솔 : $1\times\frac{2}{3}$

---

17) 완전 5도는 도-솔(C-코드), 파-도(F-코드), 솔-레(G-코드) 등에서처럼 완벽한 화음을 이룬다.

$$레 : 1\times\left(\frac{2}{3}\right)^2 \equiv \frac{4}{9} \times 2 = \frac{8}{9}$$

$$라 : 1\times\left(\frac{2}{3}\right)^3 \equiv \frac{8}{27} \times 2 = \frac{16}{27}$$

$$미 : 1\times\left(\frac{2}{3}\right)^4 \equiv \frac{16}{81} \times 4 = \frac{64}{81}$$

$$시 : 1\times\left(\frac{2}{3}\right)^5 \equiv \frac{32}{243} \times 4 = \frac{128}{243}$$

위에서 '시'와 '파' 사이는 완전5도가 아니므로 '도'에서 완전5도를 역산하여 '파'를 계산한 것이다. 이를 다시 정리하면 각 음의 현의 길이의 비율은 다음과 같음을 알 수 있다.

도	레	미	파	솔	라	시	도
1	8/9	64/81	3/4	2/3	16/27	128/243	1/2

'미'와 '파' 사이 그리고 '시'와 '도' 사이가 반음인데 위에서 반음 높은 음의 현의 길이는 원래의 현의 길이의 243/256임을 알 수 있다.

이렇게 완전5도를 12회 전개하면 다음과 같다.

도 → 솔 → 레 → 라 → 미 → 시 → 파# → 도# → 솔# → 레# → 라# → 미# → 시#

따라서 마지막에 만들어진 음은 원래의 음보다 7옥타브 높은 같은 음이어야 한다. 그러나 실제는 그렇지 않고, 나중 음은 처음의 음보다 조금 높다. 다음 관계에서 이 사실을 알 수 있다.

$$\left(\frac{2}{3}\right)^{12} \times 2^7 = \frac{2^{19}}{3^{12}} = \frac{524288}{531441} \neq 1$$

이러한 결점을 보완하기 위하여 순정률(pure intonation)이나 평균율(equal temperament) 등의 대안을 생각한다. 특히, 요즈음 화성학에서 보통 사용하는 평균율에서는 한 옥타브 사이에 있는 12개의 음을 기하평균을 이용하여 나눈다. 즉, 진동수 1 (현의 길이 2)과 진동수 2 (현의 길이 1) 사이를 12개의 음으로 나누되 2의 12제곱근 $\sqrt[12]{2}$ 라는 무리수를 사용한다. '도'와 한 옥타브 높은 '도' 사이에는 다음과 같은 음을 생각한다.

도 도# 레 레# 미 파 파# 솔 솔# 라 라# 시 도

기본음의 주파수를 1로 나타내고 $\sqrt[12]{2} \fallingdotseq 1.05946$를 r로 표시하면 평균율에 의한 음의 주파수는 다음과 같이 구성된다.

기본음 : $r^0 = 1$

반음 : $r^1 = r$

온음 : r^2

단3도 : r^3

$\vdots$

옥타브 : $r^{12} = 2$

피아노 한 가운데에 있는 '도'는 대략 261.6 Hz[18]이므로 한 옥타브의 12음들의 주파수는 각각 다음과 같음을 알 수 있다.

---

18) '라' 음을 440Hz로 하여 계산한 것이다.

도# : $261.6 \times r \fallingdotseq 277.2$ Hz

레 : $261.6 \times r^2 \fallingdotseq 293.7$ Hz

⋮

도 : $261.6 \times r^{12} \fallingdotseq 523.2$ Hz

한편, C-코드는 '도-미-솔'로 구성되는데 완전5도 관계인 '도-솔' 사이에는 다음과 같이 7개의 음이 있다.

도 도# 레 레# **미** 파 파# **솔**

따라서 평균율에 의해서는 '솔'의 현의 길이는 '도'의 현의 길이의 $\frac{1}{r^7}$[19)]인데, 이 무리수는 유리수 $\frac{2}{3}$와 매우 근사하다. 결국, 피타고라스 음계에 의한 음과 평균율에 의한 음의 차이를 보통의 귀로는 구별하기 어렵다고 할 수 있다.

'파-라-도'로 구성되는 F-코드에서 '파-도'와 '솔-시-레'로 구성되는 G-코드에서 '솔-레' 사이도 마찬가지이다.

이상의 사실에 유념하면 기타(guitar)의 구조를 이해할 수 있다. 다음 그림에서 현의 중간 지점은 점이 두 개 새겨진 부분이다.

---

19) 주파수는 r^7배이다.

예를 들어, 제1번 현의 개방음은 '미'이고 중간 지점의 음은 한 옥타브 높은 '미'이다. 한편, 위에서 세 번째 점이 있는 지점은 현의 길이의 $\frac{2}{3}$인 곳으로서 해당 현 개방음보다 완전5도 높은 음을 가진다. 예를 들어, 제3번 현의 개방음은 '솔'이고, 그 현의 $\frac{2}{3}$ 지점인 그곳의 음은 완전5도 높은 '레'이다.

참고로, 위의 기타 사진에서 개방음에서 점이 두 개 새겨진 부분의 음 사이가 열두 개의 칸으로 나뉘어 있으나 각 마디의 간격이 일정하지 않다는 것을 알 수 있다. 이것은 한 옥타브 사이에 있는 12개의 음을 기하평균을 이용하여 나타낸 것으로서 무리수 $\sqrt[12]{2}$에 의한 것이다.

*3. 가. 황금비는 여러 가지 방법으로 소개할 수 있다. 먼저, 오른쪽 그림에서와 같이 가로와 세로의 비가 $1:x$ $(x>1)$이고, 이 직사각형에서 한 변이 1인 정사각형을 제거한 후, 90°도 회전시켰을 때에도 가로와 세로의 비가 $1:x$라고 하자.

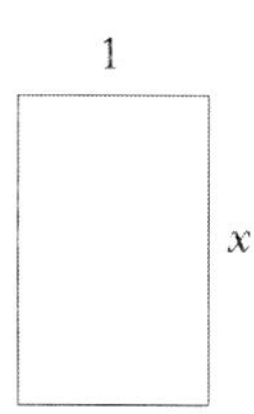

이러한 조건을 만족시키는 x가 과연 존재할까? 이를 위해 다음과 같이 직관적으로 생각할 수 있다. 먼저, 한 변의 길이가 1인 정사각형을 생각하고, 아래 그림에서와 같이 정사각형의 오른쪽을 서서히 늘려 가로의 길이가 세로의 두 배 될 때까지 한다.

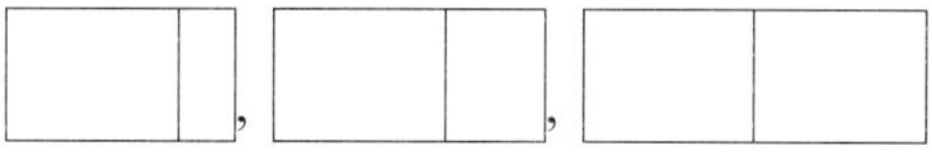

위의 과정에서 처음의 경우는 충분히 늘리지 못한 상태이고 마지막(세 번째) 경우는 너무 많이 늘린 상태이다. 결국, 이 중간에 주어진 조건을 만족시키는 x가 있음을 알 수 있다. 이제, 다음과 같은 관계식이 성립한다.

$$1 : x = (x-1) : 1$$

여기에서 x를 구하면 $\frac{1+\sqrt{5}}{2}$임을 알 수 있다.
한편, 다음과 같이 황금비를 생각할 수 있다. 즉, 무한단순연분수 $1+\cfrac{1}{1+\cfrac{1}{1+\cfrac{1}{\cdots}}}$는 한 실수에 수렴함을 증명할 수 있는데 이 극한값이 황금비이다. 이제, 이 극한값을 x라고 하면 $1+\frac{1}{x}=x$가 성립하여 $x=\frac{1+\sqrt{5}}{2}$임을 알 수 있다.

나. 다음 사진은 잣 열매이다. 여기서 3개의 오른쪽 나선과 5개의 왼쪽 나선을 발견할 수 있다.

아래는 솔방울이다. 여기서 8개의 왼쪽 나선과 13개의 오른쪽 나선을 발견할 수 있다.

아래는 한 꽃이다. 여기서 13개의 오른쪽 나선과 21개의 왼쪽 나선을 발견할 수 있다.

아래는 해바라기 꽃이다. 여기서 34개의 왼쪽 나선과 55개의 오른쪽 나선을 발견할 수 있다.

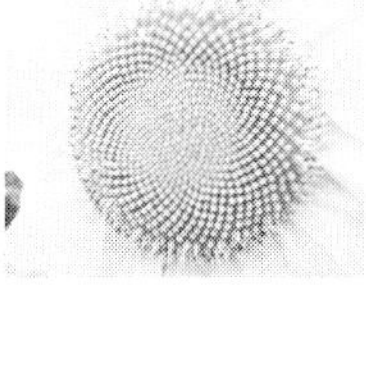

한편, 다음과 같은 연분수를 생각하자.

$$1+\cfrac{1}{1+\cfrac{1}{1+\cfrac{1}{\cdots}}}$$

이는 다음과 같은 수열의 극한으로 생각할 수 있다.

$$1,\ 1+\frac{1}{1},\ 1+\cfrac{1}{1+\cfrac{1}{1}},\ 1+\cfrac{1}{1+\cfrac{1}{1+\cfrac{1}{1}}},\ \cdots$$

여기에서 2, 3, 5, 8, 13, ... 등의 수가 다음과 같이 나타난다는 사실을 주목할 필요가 있다.

$$1$$

$$1+1=2$$

$$1+\cfrac{1}{1+\cfrac{1}{1}}=\frac{3}{2}$$

$$1+\cfrac{1}{1+\cfrac{1}{1+\cfrac{1}{1}}}=\frac{5}{3}$$

$$1+\cfrac{1}{1+\cfrac{1}{1+\cfrac{1}{1+\cfrac{1}{1}}}}=\frac{8}{5}$$

$$\cdots$$

사실, 수열 1, 1, 2, 3, 5, 8, 13, 21, 34, 55, …을 피보나치 수열이라고 부른다. 피보나치(Fibonacci 또는 Leonardo of Pisa, 1180–1250)는 다음과 같은 상황으로 이 수열을 소개한다.

> 토끼 한 쌍은 2개월 후부터 매달 한 쌍의 새끼를 낳는다. 새로 태어난 쌍도 마찬가지이다. 일년 후 토끼는 모두 몇 쌍인가?

토끼 쌍의 수를 차례로 구하면 아래 표와 같다.

개월	지금	1	2	3	4	5	6	7	8
태어난 쌍	0	0	1	1	2	3	5	8	…
전체	1	1	2	3	5	8	13	21	…

피보나치 수열을 $\{a_n\}$으로 나타낼 때, $\frac{a_{n+1}}{a_n}$은 모두 유리수이지만 이 값은 무리수 $\phi = \frac{1+\sqrt{5}}{2}$로 수렴함을 알 수 있다. 보통 이 무리수 ϕ를 황금비(golden ratio)라고 부른다. '비너스상' 등 많은 아름다운 조각품에서 $\frac{8}{5}$ 등 피보나치수열에 의한 비율을 발견할 수 있다.

파르테논 신전에서도 황금비를 발견할 수 있다. 즉, 앞면에서 높이와 폭의 비가 황금비인 것이다.

참고로, 황금비 ϕ가 무리수임을 다음과 같이 기하적으로 증명할 수 있다.

황금비 g를 유리수 $\frac{p}{q}$ $(p>q)$라고 하고, $p\times q$개의 정사각형으로 나눠진 직사각형을 생각한다. 한 변이 q인 정사각형을 잘라내도 원래의 직사각형과 닮게 되는 과정은 황금비의 경우에는 무한히 가능하다. 그러나 $p\times q$개의 정사각형으로 나눠진 직사각형에서는 가능하지 않다. 황금비는 유리수일 수 없다.

Ⅱ. 약수와 배수

지난 줄거리

3. 수학에서 '수'는 중요하고 수 중에서도 자연수가 특히 중요하다고 할 수 있다. 자연수는 여러 가지 필요에 의하여 정수 등으로 확장된다. 이러한 수의 확장을 통하여 유리수, 실수

등을 얻게 된다. 초등학교 등의 학교수학에서는 약수와 배수 등을 자연수 범위에서만 생각하지만 정수론에서는 정수 전체의 집합에서 생각한다.

과제 2.4 가. (1) $(aa_1)b_1 = a(a_1b_1)$에서 곱셈의 결합법칙을 사용한다.

(2) $bx + cy = aa_1x + aa_2y = a(a_1x + a_2y)$에서 덧셈에 관한 곱셈의 분배법칙을 사용한다.

(3) $a_1b_1 \in \mathbb{Z}$에서 정수 전체의 집합은 곱셈에 관하여 닫혀 있다는 사실을 사용한다.

나. 약수 또는 배수의 관계를 두 정수 사이의 관계로 생각하면, 다음과 같이 생각할 수 있다. 즉, 가와 라는 각각 반사율과 추이율이다. 그러나 다는 반대칭률이라고는 할 수 없다. $a \mid b$이고 $b \mid a$일 때 $a = b$라고 할 수 없기 때문이다.

과제 2.7 나. $(0, 5) = 5$이다. 사실, 다음을 알 수 있다.

(1) $5 \geq 0$

(2) $5|0,\ 5|5$

(3) $e|0,\ e|5 \Rightarrow e|5$

마찬가지로 $(0, -5) = 5$이다. 사실, 다음을 알 수 있다.

(1) $5 \geq 0$

(2) $5|0,\ 5|(-5)$

(3) $e|0,\ e|(-5) \Rightarrow e|5$

한편, $(0, 0) = 0$이다. 사실, 다음을 알 수 있다.

(1) $0 \geq 0$

(2) $0|0$, $0|0$

(3) $e|0$, $e|0 \Rightarrow e|0$

다. 정수 a_1, a_2, $\cdots$, a_n에 대하여 다음 세 조건을 만족시키는 정수 d를 a_1, a_2, $\cdots$, a_n의 최대공약수라고 한다.

(1) $d \geq 0$

(2) $d|a_i (i=1, 2, \cdots, n)$

(3) $e|a_i \Rightarrow e|d \ (i=1, 2, \cdots, n)$

한편, 정수 a_1, a_2, $\cdots$, a_n에 대하여 다음 세 조건을 만족시키는 정수 l을 a_1, a_2, $\cdots$, a_n의 최소공배수라고 한다.

(1) $l \geq 0$

(2) $a_i|l \ (i=1, 2, \cdots, n)$

(3) $a_i|c \Rightarrow l|c \ (i=1, 2, \cdots, n)$

과제 2.11 가. 임의의 $x \in (-a)\mathbb{Z}$에 대하여 $x = -ak = a(-k)$, $k \in \mathbb{Z}$이므로 $x \in a\mathbb{Z}$이다. 따라서 $(-a)\mathbb{Z} \subset a\mathbb{Z}$이다. 한편, 임의의 $x \in a\mathbb{Z}$에 대하여 $x = ak = (-a)(-k)$, $k \in \mathbb{Z}$이므로 $x \in (-a)\mathbb{Z}$이다. 따라서 $a\mathbb{Z} \subset (-a)\mathbb{Z}$이다. 결국, $(-a)\mathbb{Z} = a\mathbb{Z}$이다.

나. 임의의 $a = mk$, $b = ml$ (k, l은 정수)에 대하여 $a+b = mk+ml = m(k+l) \in m\mathbb{Z}$이고 $a-b = mk-ml = m(k-l) \in m\mathbb{Z}$이다.

과제 2.13 가. $a\mathbb{Z} = b\mathbb{Z} \Leftrightarrow (a\mathbb{Z} \subset b\mathbb{Z}) \wedge (b\mathbb{Z} \subset a\mathbb{Z})$

$\Leftrightarrow (b|a) \wedge (a|b)$ (정리 2.12)

$\Leftrightarrow a = \pm b$ (정리 2.3 다)

$\Leftrightarrow b = \pm a$

나. $0 = a \times 0 \in a\mathbb{Z}$

과제 2.15 가. 어떤 정수 k에 대하여 $mk \in m\mathbb{Z}$를 생각하자.

(1) $k=0$이면, $mk = 0 \in S$이다.

(2) $k>0$이면, $mk = m+m+ \cdots +m$ (m이 k개)이고 S가 덧셈에 관하여 닫혀있으므로 $mk \in S$이다.

(3) $k<0$이면, $mk = (-m)+(-m)+ \cdots +(-m)$ ($-m$이 $-k$개)인데 S가 뺄셈에 관하여 닫혀있으므로 $-m \in S$이며, S가 덧셈에 관하여 닫혀있으므로 $mk \in S$이다.

나. (1) 자연수 전체의 집합 $\mathbb{N}$의 공집합이 아닌 부분집합에는 가장 작은 자연수가 존재한다.

(2) 임의의 $a,\ b \in \mathbb{R}$가 $a<b$이면, $a<r<b$를 만족시키는 $r \in \mathbb{Q}$가 존재한다.

*(3) 실수 집합 $\mathbb{R}$의 완비성은 다양하게 기술할 수 있다.

- 유리수에서 실수를 정의한 데데킨트의 방법을 $\mathbb{R}$에 적용하면 더 큰 수 체계가 얻어지지 않는다.
- $\mathbb{R}$의 공집합이 아닌 부분집합이 상계(upper bound)를 가지면 최소상계(least upper bound)를 가진다.
- $\mathbb{R}$에서의 모든 코오시 수열(Cauchy sequence)은 $\mathbb{R}$의 한 원소로 수렴한다.

과제 2.21 나. 임의의 자연수 n에 대하여 $3(14n+3)-2(21n+4)$

$=1$이므로 $\dfrac{21n+4}{14n+3}$는 기약분수이다.

과제 2.22 가. 정리 2.18에서 증명되었다.

나. 정리 2.18과 과제 2.13의 증명 과정에서 이를 알 수 있다.

다. $x=1$, $y=-1$는 $13x+9y=4$를 만족시키지만 $(13,\ 9)=1\neq 4$ 이다.

과제 2.24 정리 2.23과 정리 2.14의 증명 과정에서 이를 알 수 있다.

과제 2.28 나. (2) $\sqrt{p}$가 유리수 $\dfrac{a}{b}$라고 하자. 여기서, $\dfrac{a}{b}$는 기약분수이다. $pb^2=a^2$이므로 a는 p의 배수이다. 따라서 b는 p의 배수이다. 이는 모순이다.

다. 다음은 Tom M. Apostol에 의한 증명이다.

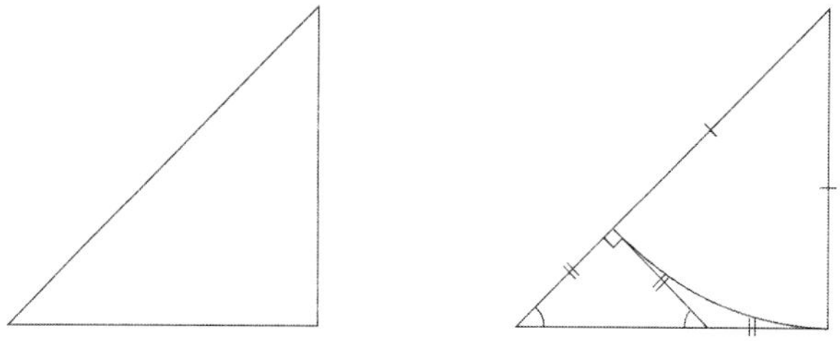

위 왼쪽의 모든 변의 길이가 자연수인 최소 직각이등변삼각형이라고 하면 오른쪽 과정에 의해 동일한 성질을 가지는 더 작은

직각이등변삼각형을 얻을 수 있으므로 모순이다. 참고로, 동일한 방법으로 임의의 자연수 n에 대하여 $\sqrt{n^2+1}$과 $\sqrt{n^2-1}$도 무리수임을 보일 수 있다. 사실, $\sqrt{n^2+1}$의 경우는 직각을 낀 두 변이 1과 n인 직각삼각형을 생각하면 되고, $\sqrt{n^2-1}$의 경우에는 빗변이 n이고 나머지 중 한 변이 1인 직각삼각형을 생각하면 된다.

$\sqrt{2}$가 무리수라는 사실을 다음과 같이 증명할 수도 있다.

두 유리수의 공통 측정 단위를 구하는 문제는 두 정수의 공약수를 구하는 문제로 귀착된다. 정수론에서 최대공약수를 구하는 데 사용되는 유클리드 알고리즘은 통약가능성을 조사하는 데 중요한 도구가 된다.[20] 이제, 한 변의 길이가 1인 정사각형의 대각선의 길이인 $\sqrt{2}$가 1과 통약가능하다고 하자. $\sqrt{2}$와 1이 공통 측정 단위를 가진다는 뜻이다. 유클리드 알고리즘에 의하여 $\sqrt{2}$와 1의 공통 측정 단위는 1과 $\sqrt{2}-1$의 공통 측정 단위와 같다. 다음 그림에서 $\overline{BE_1}=\overline{E_1D_1}=\overline{AD_1}=\sqrt{2}-1$이므로 $\sqrt{2}$와 1의 공통 측정 단위는 $\overline{AD_1}$과 $\overline{AE_1}$의 공통 측정 단위와 같다.

20) 유클리드 알고리즘은 '원론' 제7권 정리 1의 내용이다. 유클리드 알고리즘을 이용한 유리수의 비례와 통약가능성에 관한 명제가 제10권까지 계속 이어진다.

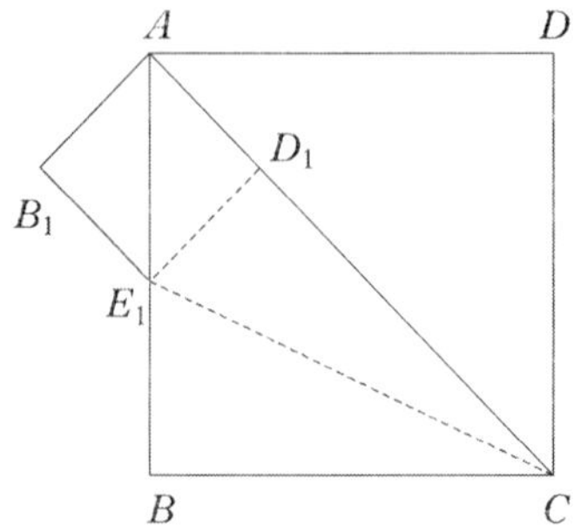

이러한 과정은 다음 그림에서와 같이 무한히 계속될 수 있다.

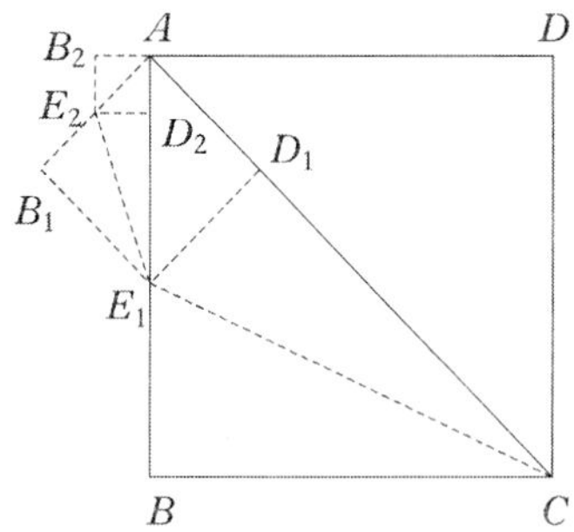

따라서 $\sqrt{2}$와 1의 공통 측정 단위를 가진다는 가정은 옳지 않다.

과제 2.30 가. $a=b+(a-b)$이므로 $(a,\ b)=(a,\ a-b)$이다. 따라서 다음이 성립한다.

$$(a,\ a-b)=(a,\ b)=(b,\ a)=(b,\ b-a)=(b,\ a-b).$$

나. (1) a의 약수와 $-a$의 약수는 동일하므로 $(a,\ b)=(|a|,\ |b|)$이다.

(3) $(a,\ a-b)=(a,\ 0)=|a|$

(4) $(a,\ b)=d$라고 하고 $\left(\frac{a}{2},\ \frac{b}{2}\right)=\frac{d}{2}$임을 증명한다.

(가) $\frac{d}{2}\geq 0$

(나) $\frac{d}{2}\left|\frac{a}{2},\ \frac{d}{2}\right|\frac{b}{2}$

(다) $e\left|\frac{a}{2},\ e\right|\frac{b}{2}\Rightarrow(2e)|a,\ (2e)\mid b\ \Rightarrow(2e)\Big|d\Rightarrow e\ \Big|\ \frac{d}{2}$

따라서 $\left(\frac{a}{2},\ \frac{b}{2}\right)=\frac{d}{2}$이다.

(5) $(a,\ b)=d$라고 하고 $\left(\frac{a}{2},\ b\right)=d$임을 증명한다.

(가) $d\geq 0$

(나) $d\Big|\frac{a}{2},\ d|b$

사실, $(a,\ b)=d$이므로 $a=ds$이고 $b=dt$인 정수 $s,\ t$가 있다. b가 홀수이므로 d와 t는 홀수이다. a가 짝수이고 d는 홀수이므로 s는 짝수이다. 따라서 $\frac{a}{2}\ =d\frac{s}{2}$이다.

(다) $e\Big|\frac{a}{2},\ e|b\Rightarrow e|d$

사실, $e\Big|\frac{a}{2}$이면 $e|a$이다. 따라서 다음이 성립한다.
$e\Big|\frac{a}{2},\ e|b\ \Rightarrow\ e|a,\ e|b\ \Rightarrow\ e|d$이다.

과제 2.32 나. (1) $22=12\times1+10$

$12=10\times1+2$

$10=2\times5$

따라서 $(12,\ 22)=2$이다.

(2) $222=126\times1+96$

$126=96\times1+30$

$96=30\times3+6$

$30=6\times5$

따라서 $(126,\ 222)=6$이다.

다. (1) $2=12-10=12+12-22=2\times12-22$

따라서 구하는 한 해는 $(2,\ -1)$이다.

(2) $6=96-30\times3$

$=96-(126-96)\times3$

$=222-126-(126+126-222)\times3$

$=4\times222-7\times126$

따라서 구하는 한 해는 $(-7,\ 4)$이다.

라. $s_0=1,\ s_1=0,\ s_i=s_{i-2}-a_{i-2}s_{i-1}\ (2\le i\le n+1)$

$$t_0=0,\ t_1=1,\ t_i=t_{i-2}-a_{i-2}t_{i-1}\ (2\le i\le n+1)$$

라고 하면 $r_i=as_i+bt_i\ (0\le i\le n+1)$임을 수학적 귀납법으로 증명한다.

먼저, 나눗셈 알고리즘에 의해 정수 $a_0,\ a_1,\ \cdots,\ a_n$과 $r_2,\ r_3,\ \cdots,\ r_{n+1}$이 존재하고 $(a,\ b)=(b,\ r_2)=(r_2,\ r_3)=\cdots=(r_n,\ r_{n+1})=r_{n+1}$이다.

$i=0$, $i=1$인 경우에 다음을 알 수 있다.

$$r_0 = a = 1 \cdot a + 0 \cdot b = as_0 + bt_0$$
$$r_1 = b = 0 \cdot a + 1 \cdot b = as_1 + bt_1$$

이제, $r_i = as_i + bt_i$라고 가정하면 다음이 성립한다.

$$\begin{aligned} r_{i+1} &= r_{i-1} - a_{i-1}r_i = as_{i-1} + bt_{i-1} - a_{i-1}(as_i + bt_i) \\ &= a(s_{i-1} - a_{i-1}s_i) + b(t_{i-1} - a_{i-1}t_i) \\ &= as_{i+1} + bt_{i+1} \end{aligned}$$

과제 2.33 가. 분수를 약분한다는 것은 분자와 분모의 공약수로 나눈다는 말이고, 분자와 분모의 최대공약수로 나누면 기약분수를 얻는다.

나. 분모가 다른 두 개 또는 그 이상의 분수를 통분할 때에는 분모들의 공배수를 구해야 한다. 이때, 최소공배수를 구하면 효과적으로 통분할 수 있다.

과제 2.34 디오판투스는 일차부정방정식에 많은 관심을 가졌다. 사실, 디오판투스 방정식이라는 것은 일차부정방정식을 뜻한다. 부정방정식은 이차 또는 그 이상의 고차의 경우도 생각할 수 있다. 사실, 피타고라스정리와 페르마의 마지막 정리는 각각 이차부정방정식과 고차(삼차 이상)부정방정식의 풀이에 관한 것이라고 할 수 있다. 페르마의 많은 수학적 업적은 오일러에 의하여 다듬어지고 일반화되었지만 페르마의 마지막 정리는 오일러도 해결하지 못했다. 페르마의 마지막 정리는 1994년 와

일즈(A. Wiles)에 의하여 해결되었다.

과제 2.36 가. x와 y는 $7x_1+10y_1=1$을 만족시키는 x_1과 y_1에 280을 곱한 값과 같기 때문에 $7x_1+10y_1=1$을 풀면 된다.

$$10=7\times1+3$$
$$7=3\times2+1$$
$$3=3\times1$$

이다.

$$1=7-3\times2=7-(10-7)\times2=3\times7-2\times10$$
$$x_1=3,\ y_1=-2$$
$$x=840,\ y=-560$$

따라서 주어진 일차부정방정식의 일반해는 $x=840+10k$, $y=-560-7k$, $k\in\mathbb{Z}$이다. x와 y는 자연수이므로 $840+10k>0$이고 $-560-7k>0$이다. 결국, 다음을 알 수 있다.

$$-84<k<-80,\ k\in\mathbb{Z}$$

따라서 구하는 해는 다음과 같다.

$k=-83$일 때, $x=10$, $y=21$
$k=-82$일 때, $x=20$, $y=14$
$k=-81$일 때, $x=30$, $y=7$

다. 수탉, 암탉, 그리고 병아리 마리 수를 각각 x, y, 그리고 z라고 하자.

$$x+y+3z=100$$

$$5x+3y+z=100$$

$z=100-5x-3y$를 처음 식에 대입하면 다음을 얻는다.

$$x+y+3(100-5x-3y)=100$$
$$14x+8y=200$$
$$7x+4y=100$$

x와 y는 $7x_1+4y_1=1$을 만족시키는 x_1과 y_1에 100을 곱한 값과 같다. 유클리드 알고리즘을 이용하여 x_1과 y_1를 구하면 다음과 같다.

$$7=4\times1+3$$
$$4=3\times1+1$$
$$3=3\times1$$
$$1=4-3=4+4-7=4\times2-7$$
$$x_1=-1,\ y_1=2$$

따라서 $x=-100,\ y=200$이 $7x+4y=100$의 한 해이므로 일반해는 $x=-100+4k,\ y=200-7k$이다. 자연수 해가 나와야 하므로 $-100+4k>0 \Rightarrow 4k\ 100 \Rightarrow k>25$,

$$200-7k>0 \Rightarrow 200>7k \Rightarrow k<28.5714\cdots,\ k\in\mathbb{Z}$$

따라서 구하는 해는 다음과 같다.

$k=26$일 때, $x=4,\ y=18,\ z=26$

$k=27$일 때, $x=8,\ y=11,\ z=27$

$k=28$일 때, $x=12,\ y=4,\ z=28$

뒷 이야기

1. 나. (1) 나누어 가지는 화투의 장수와 바닥에 펼치는 화투의 장수를 각각 x, y라고 하면 쌓아 놓을 화투의 장수는 $48-3x-y$이다. 그런데 화투 놀이의 규칙에 의하여 $48-3x-y=3x$가 성립한다. 결국 일차부정방정식 $6x+y=48$을 얻을 수 있고 $x=1$, $y=42$는 한 해임을 알 수 있다. 이제 일반해는 다음과 같이 주어진다.

$$\begin{cases} x=1+k \\ y=42-6k \end{cases},\ k\in\mathbb{Z}$$

결국 다음과 같은 여러 가지 해를 구할 수 있다.

$$\begin{cases} x=1 \\ y=42 \end{cases},\ \begin{cases} x=2 \\ y=36 \end{cases},\ \begin{cases} x=3 \\ y=30 \end{cases},\ \begin{cases} x=4 \\ y=24 \end{cases},$$
$$\begin{cases} x=5 \\ y=18 \end{cases},\ \begin{cases} x=6 \\ y=12 \end{cases},\ \begin{cases} x=7 \\ y=6 \end{cases}$$

보통은 $\begin{cases} x=7 \\ y=6 \end{cases}$의 경우로 놀이를 한다.

(2) 나누어 가지는 화투의 장수와 바닥에 펼치는 화투의 장수를 각각 x, y라고 하면 쌓아 놓을 화투의 장수는 $48-4x-y$이다. 그런데 화투 놀이의 규칙에 의하여 $48-4x-y=4x$가 성립한다. 결국 일차부정방정식 $8x+y=48$을 얻을 수 있고 $(1,\ 40)$은 한 해임을 알 수 있다. 이제 일반해는 다음과 같이 주어진다.

$$\begin{cases} x = 1 + k \\ y = 40 - 8k \end{cases}, \quad k \in \mathbb{Z}$$

결국 다음과 같은 여러 가지 해를 구할 수 있다.

$$\begin{cases} x = 1 \\ y = 40 \end{cases}, \quad \begin{cases} x = 2 \\ y = 32 \end{cases}, \quad \begin{cases} x = 3 \\ y = 24 \end{cases}, \quad \begin{cases} x = 4 \\ y = 16 \end{cases}, \quad \begin{cases} x = 5 \\ y = 8 \end{cases}$$

다. 놀이를 하는 사람이 a명이라고 할 때 부정방정식 $2ax + y = 48$을 얻을 수 있다. 한 해를 $x = 1$, $y = 48 - 2a$로 놓을 수 있는데 $48 - 2a > 0$이어야 한다. 즉, $24 > a$이기 때문에 최대 23명까지 게임을 할 수 있다.

2. 그의 나이를 $x \in \mathbb{N}$라고 하고 주어진 조건에 맞게 식을 세우면

$$\frac{x}{6} + \frac{x}{12} + \frac{x}{7} + 5 + \frac{x}{2} + 4 = x$$

이를 풀면 $x = 84$를 얻는다. 따라서 디오판투스의 나이는 84세이다.

3. 집합 $\mathbb{Z}[i] = \{a + bi \mid a, b \in \mathbb{Z}\}$에 관하여 살펴보자. 이 집합의 원소를 가우스 정수(Gaussian integer)라고 부른다. 가우스 정수는 정수의 확장 개념으로 볼 수 있다. 즉, $\mathbb{Z} \subset \mathbb{Z}[i] \subset \mathbb{C}$이다. 또, 집합 $\mathbb{Z}[i]$은 복소수의 덧셈과 곱셈에 관하여 닫혀있다. 여기에서는 $a^2 + b^2 = c^2$인 피타고라스 세 수 a, b, c 중에서 a, b를 간략히 '앞 두 수'라고 부르자. 이제, 임의의 가우스 정수를 제곱하여 가우스 정수 $a + bi$

를 얻었다면, a와 b는 앞 두 수임을 쉽게 알 수 있다. 실제로, $(m+ni)^2=a+bi$라고 하면

$$a=m^2-n^2,\ b=2mn,\ a^2+b^2=(m^2+n^2)^2$$

이다.

한편, 위에서 살펴보았듯이, 앞 두 수 m, n에 대하여 m^2-n^2, $2mn$도 앞 두 수이다. 이제, $\mathbb{Z}[i]$에서 $(a+bi)(c+di)=(ac-bd)+(ad+bc)i$이고, $(a^2+b^2)(c^2+d^2)=(ac-bd)^2+(ad+bc)^2$이므로, 집합 $\{a+bi\in\mathbb{Z}[i] \mid a,\ b$는 앞 두 수$\}$은 곱셈에 관하여 닫혀있다.[21] 이 사실을 다음과 같이 표현할 수 있다. 즉, 집합 $\{(a,\ b)\in\mathbb{N}\times\mathbb{N} \mid a,\ b$는 앞 두 수$\}$에 다음과 같이 정의되는 연산이 잘 정의된다.

$$(a,\ b)(c,\ d)=(ac-bd,\ ad+bc)$$

피타고라스의 세 수 a, b, c $(a^2+b^2=c^2)$에 대하여 $(a,\ b)=1$, 즉 a와 b가 서로소일 때, 세 수 a, b, c $(a^2+b^2=c^2)$를 '원시적(primitive) 피타고라스의 세 수'라고 부른다.

피타고라스 세 수 a, b, c에 대하여 다음과 같은 자연수 α, β를 구한다.[22]

$$c=a+\alpha$$

---

21) 이러한 경우, 이 집합을 '반군(semigroup)'이라고도 한다.
22) 이 접근방식은 이미 알려져 있을 수 있지만, 저자는 이를 이재율의 글(미발표)을 통해 알았다.

$$c = b + \beta$$

다음 관계가 성립한다.

$$a - \beta = b - \alpha = c - (\alpha + \beta)$$

이제,

$$a - \beta = b - \alpha = c - (\alpha + \beta) = G$$

라고 하면 $a^2 + b^2 = c^2$, 즉

$$(G + \beta)^2 + (G + \alpha)^2 = (G + \alpha + \beta)^2$$

이므로 $G^2 = 2\alpha\beta$인데 $G > 0$이므로 $G = \sqrt{2\alpha\beta}$이다. 따라서 세 수 a, b, c는 다음과 같이 주어진다.

$$\begin{aligned} a &= \sqrt{2\alpha\beta} + \beta \\ b &= \sqrt{2\alpha\beta} + \alpha \\ c &= \sqrt{2\alpha\beta} + \alpha + \beta \end{aligned}$$

이제, $\sqrt{2\alpha\beta}$가 자연수이면 a, b, c는 피타고라스 세 수이다. 위의 표현을 이용하면, 3 이상의 모든 자연수는 앞 두 수 중의 하나가 될 수 있음을 알 수 있다. 실제로, $\beta = 1$이라고 할 때, 임의의 자연수 γ에 대하여 $\alpha = 2\gamma^2$라고 놓으면 $a = 2\gamma + 1$은 앞 두 수 중의 하나이다. 따라서 3 이상의 모든 홀수는 앞 두 수 중의 하나이다. 이때, 다음에 주목하자.

(1) $(a, b) = 1$이다.

(2) $m = 1 + \gamma$, $n = \gamma$라고 놓으면,

$$a = m^2 - n^2$$
$$b = 2mn$$
$$c = m^2 + n^2$$

이다.

마찬가지로, 4 이상의 모든 짝수도 앞 두 수 중의 하나가 됨을 알 수 있다. 사실, $\beta = 2$라고 하면, 모든 자연수 γ에 대하여 $\alpha = \gamma^2$라고 놓으면 $a = 2\gamma + 2$는 앞 두 수 중의 하나이다. 따라서 4 이상의 모든 짝수는 앞 두 수 중의 하나이다. 이때에는, 다음에 주목하자.

(1) γ가 짝수이면 $(a, b) \neq 1$이지만, γ가 홀수이면 $(a, b) = 1$ 이다.

(2) $m = 1 + \gamma$, $n = 1$이라고 놓으면,

$$a = 2mn$$
$$b = m^2 - n^2$$
$$c = m^2 + n^2$$

이다.

위의 표현에 대하여 더 생각하여 보자. 이를 위해 피타고라스 세 수

$$a = \sqrt{2\alpha\beta} + \beta$$
$$b = \sqrt{2\alpha\beta} + \alpha$$
$$c = \sqrt{2\alpha\beta} + \alpha + \beta$$

에 대하여 $(a, b)=1$이라고 하고, β가 홀수인 경우를 먼저 생각한다. 다음과 같이 나타낼 수 있다.

$$\beta = p_1 p_2 \cdots p_n B$$

여기서, $p_1, p_2, \cdots, p_n$은 서로 다른 (홀수) 소수이고, B는 홀수 완전제곱수이다. 이때, $\sqrt{2\alpha\beta}$가 자연수인 α는

$$\alpha = 2p_1 p_2 \cdots p_n A$$

이다. 여기서 A는 제곱수이다. 이제,

$$a = p_1 p_2 \cdots p_n (2\sqrt{AB} + B)$$
$$b = 2p_1 p_2 \cdots p_n (\sqrt{AB} + A)$$

이다. 여기서, $(a, b)=1$이므로 $p_1 p_2 \cdots p_n = 1$이고 $(A, B) = (\sqrt{A}, \sqrt{B}) = 1$이다. 따라서

$$a = 2\sqrt{AB} + B = \sqrt{B}(2\sqrt{A} + \sqrt{B})$$
$$b = 2\sqrt{AB} + 2A = 2\sqrt{A}(\sqrt{B} + \sqrt{A})$$
$$c = 2\sqrt{AB} + 2A + B$$

이다. 이제, $m = \sqrt{A} + \sqrt{B}$, $n = \sqrt{A}$라고 하면 다음이 성립한다.

$$a = m^2 - n^2$$
$$b = 2mn$$
$$c = m^2 + n^2$$

β가 짝수인 경우에도 위와 동일한 과정을 따를 수 있다. 이하에서도 A와 B는 제곱수이다. 먼저,

$$\beta = p_1 p_2 \cdots p_n B$$

라고 하자. $p_1, p_2, \cdots, p_n$ 모두가 서로 다른 홀수 소수이면 $\alpha = 2p_1p_2 \cdots p_n$가 되어 $(a, b) \neq 1$이다. 따라서 $\beta = 2p_2 \cdots p_n B$이고 $\alpha = p_2 \cdots p_n A$이다. 여기서, $(a, b) = 1$이므로 $p_2 \cdots p_n = 1$이고 $(A, B) = (\sqrt{A}, \sqrt{B}) = 1$이다. 따라서

$$a = 2\sqrt{AB} + 2B = 2\sqrt{B}(\sqrt{A} + \sqrt{B})$$
$$b = 2\sqrt{AB} + A = \sqrt{A}(\sqrt{A} + 2\sqrt{B})$$
$$c = 2\sqrt{AB} + A + 2B$$

이다. 이제, $m = \sqrt{A} + \sqrt{B}$, $n = \sqrt{B}$라고 하면 다음이 성립한다.

$$a = 2mn$$
$$b = m^2 - n^2$$
$$c = m^2 + n^2$$

참고로, 임의의 두 자연수 m, n에 대하여 위와 같이 표현되는 세 수는 피타고라스 세 수이지만 $(a, b) = 1$이 아닐 수 있다. 또, '$(a, b) = 1$'라는 조건 없이 임의의 피타고라스의 세 수에 대해 위와 같은 표현이 가능한 것은 아니다. 예를 들어, 피타고라스 세 수 9, 12, 15에 대해서는 위와 같은 표현이 가

능하지 않다.

한편, 3 이상의 모든 홀수는 두 자연수의 제곱의 차로 나타낼 수 있다. 실제로, $2k+1=(k+1)^2-k^2$이다.23) 그러나 앞에서 살펴보았듯이, 원시적 피타고라스 세 수 중 맨 뒤 수는 두 자연수의 합으로도 나타낼 수 있다. 물론, 어떤 자연수 c가 서로 두 자연수의 제곱의 합으로 나타내어지면 그 수 c는 적절한 피타고라스 세 수 중 맨 뒤 수이다. 다음은 페르마에 의한 정리이다.

> 소수 p가 $4k+1$의 꼴이면 p는 서로 다른 두 자연수의 제곱의 합이다.

사실, 위 사실은 페르마가 1640년에 증명 없이 제시하였다. 오일러는 1749년 골드바흐에게 보낸 편지에 증명을 제시하였다. 보통 Fermat's Two Squares Theorem이라고 부른다.

이제, $4k+1$ 꼴의 소수에 대하여 더 알아보자. 이하의 논의에서는 보통의($\mathbb{N}$에서의) 소수를 유리소수(rational prime)라고 부른다. 이제, $\mathbb{Z}[i]$에서 유리소수 2, 5, 13, 17, … 등은 가우스소수(Gaussian prime)가 아니다. 예를 들어, $2=(1+i)\times(1-i)$이다. 사실, $4k+1$의 꼴의 유리소수 p는 두 정수 제곱의 합 a^2+b^2이므로, $\mathbb{Z}[i]$에서 p는 $(a+bi)(a-bi)$와 같이 인수분해 된다. 결국, 유리소수 5, 13, 17, … 등은 가우스소수가 아니다. 한편, 3, 7, 11, 19, … 등과 같은 $4k+3$ 꼴의 유리소수는 모두 가우스

23) Ⅶ절에서는 다른 방법으로 설명하였다.

소수이다. 이유는 다음과 같다. 먼저, $4k+3$ 꼴의 유리소수 p가 $\mathbb{Z}[i]$에서 인수분해된다면, p는 두 자연수의 제곱의 차이므로 다음과 같이 놓을 수 있다.

$$p=(a+bi)(a'-b'i)=\alpha^2-\beta^2$$

이제, $a'b+b'a=0$이므로 $\dfrac{a'}{a} = -\dfrac{b'}{b} = l$이다. 따라서

$$p=l(a+bi)(a-bi)=l(a^2+b^2)$$

p는 소수이므로 $l=1$이다. 이제, a와 b 중에서 하나는 짝수이고 하나는 홀수이다. 그러나 이 경우 a^2+b^2은 $4k+3$ 꼴의 수가 되지 않는다.

참고로, 3 이상의 모든 자연수는 피타고라스의 세 수 중 하나가 될 수 있다는 사실은 기원 전 2250년 경 바빌로니아 수학에 이미 알려진 것으로 보인다(한인기, 2003, p. 31; Jones & Jones, 1998, p. 220). 사실, 이 사실을 다음과 같이 간략히 보일 수 있다. 3 이상의 홀수 a에 대하여 a, $b=\dfrac{a^2-1}{2}$, $c=\dfrac{a^2+1}{2}$는 피타고라스의 세 수이다. 또, 4 이상의 짝수 a에 대하여 $a=2m,\ b=m^2-1,\ c=m^2+1$는 피타고라스의 세 수이다. 다음 논문에는 중학생이 제시한 증명이 실려 있다.

박웅배 · 박혜숙(2002). 피타고라스의 세 수, 수학교육, 제41권, 제2호, 한국수학교육학회, p. 227-231.

4. 가. 공약수를 자연수의 범위에서만 생각한다면 '최소'인 공약수는 항상 1이다. 따라서 이 경우에는 '최소공약수'라는 개념은 의미가 없다. 한편, 이 책에서처럼 공약수를 정수의 범위에서 생각한다면 '최소'인 공약수는 $-$(최대공약수)이다. 결국, 이 경우에도 '최소공약수'라는 개념은 의미가 없다.

   나. 공배수를 자연수 집합에서 정의하든지 정수 집합에서 정의하든지 '최대공배수'는 정의되지 않는다.

   다. 지수법칙 $a^m \div a^n = a^{m-n}$, $a \neq 0$가 항상 성립하게 하는 등 여러 가지 편리함이 따른다.

   라. 공식 ${}_nC_r = \dfrac{n!}{(n-r)! \cdot r!}$가 $r=0$, $r=n$인 경우에도 성립하게 하는 등 여러 가지 편리함이 따른다.

   마. 공식 $\deg(f(x)g(x)) = \deg(f(x)) + \deg(g(x))$가 모든 경우에 성립하게 하는 등 여러 가지 편리함이 따른다.

   바. 이는 약속이 아니고 정리(theorem)라고 할 수 있다. 사실, $\varnothing$이 임의의 집합 A에 대해서 항상 $\varnothing \subset A$임을 증명하기 위해서는 모든 $x \in \varnothing$에 대해서 $x \in A$임을 보이면 된다. 그런데 $x \in \varnothing$는 거짓이므로 '모든 $x \in \varnothing$에 대해서 $x \in A$'는 참(true)이다. 가정이 거짓이면 결론의 참·거짓에 불문하고 주어진 명제는 항상 참이기 때문이다. 따라서 $\varnothing$은 모든 집합의 부분집합이다.

   사. 1을 소수라고 하면 소인수분해의 유일성 등을 기술함에 불편함이 따른다.

   아. $a^0 = 1$, $a \neq 0$이고 $0^x = 0$, $x \neq 0$이므로 0^0을 0 또는 1로 정

의하고자 할 때 불편함이 따른다. 참고로, $\lim_{x\to 0} x^x = 1$이다.

자. $\sqrt{-1} = i$라고 하듯이 $\sqrt{-5} = \sqrt{5}\,i$라고 한다. 이에 근거하여 다음을 알 수 있다.

$$\sqrt{ab} = \begin{cases} -\sqrt{a}\,\sqrt{b}, & a<0,\ b<0\text{인 경우} \\ \sqrt{a}\,\sqrt{b}, & \text{그 외의 경우} \end{cases}$$

Ⅲ. 소수

지난 줄거리

4. 두 정수 사이의 관계로서 약수와 배수는 중요하다. 특히, 최대공약수와 최소공배수는 정수론에서 핵심적인 역할을 한다. 주어진 두 수의 최대공약수를 구할 때 유클리드 알고리즘은 유용하다.

과제 3.4 나. $p|ab$이고 $p\nmid a$라고 하면 $(a, p)=1$이다. 따라서 적당한 정수 s, t에 관하여 $as+pt=1$이므로 $abs+pbt=b$이다. $p|ab$이고, $p|p$이므로, $p|b$이다.

라. 집합 $S=\{d\in\mathbb{N} | d>1,\ d|a\}$을 생각한다. 먼저, $a\,|\,a$이고 $a\geq 2$이므로 $a\in S$이고 $S\neq\varnothing$이다. 자연수 집합에서의 정렬성에 의하여 최소원 N이 존재한다. 이제, d를 N의 1보다 큰 약수라고 하면, $d\,|\,N$, $N\,|\,a$, $d\,|\,a$이고 N은 최

소원이므로 $d=N$이다. 따라서 N은 소수이다.

과제 3.6 가. $q>2$이므로 q의 소인수 p가 존재한다. 그런데 소수가 유한개라고 가정하였으므로 $p=p_i$ $(1 \le i \le m)$ 또는 $p=p_j$ $(m+1 \le j \le n)$이다. $p=p_i$이면 $p|p_{m+1}\cdots p_n$이므로 모순이고, $p=p_j$이면 $p|p_1\cdots p_{m+1}$이므로 모순이다.

다. 소수의 개수가 유한하다는 가정 하에서 논리를 전개하였기 때문에 성립하지 않는다. 실제로, $2\cdot 3\cdot 5\cdot 7\cdot 11\cdot 13+1=30031=59\cdot 509$이다.

라. 제IX권 정리.20에서 소수가 무수히 많음을 증명한다.

과제 3.13 $x^k+y^k=f(x)$라고 하자.

$f(-y)=(-y)^k+y^k=(-1)^k y^k+y^k=-y^k+y^k=0$이므로 인수정리에 의해 $f(x)$는 $x+y$를 인수로 갖는다.

***과제 3.15** 가. $641=640+1=5\times 2^{5+2}+1$이 된다.

나. 수학적 귀납법으로 증명한다. 먼저, $n=1$일 때, $F_0+2=3+2=5=F_1$이므로 성립한다. 이제, $n=k$일 때 성립한다고 가정한다. 즉,

$$F_0F_1\cdots F_{k-1}+2=F_k,\ F_0F_1\cdots F_{k-1}=F_k-2,$$

이제,

$$\begin{aligned}F_0F_1\cdots F_{k-1}F_k&=(F_k-2)F_k=(2^{2^k}-1)(2^{2^k}+1)=2^{2^{k+1}}-1\\&=F_{k+1}-2\end{aligned}$$

따라서 주어진 관계식이 $n=k+1$일 때도 성립한다.

마. $n=3$일 때에는 $n=2^0F_0$, $F_0=2^{2^0}+1=3$이고, $n=5$일 때에는 $n=2^0F_1$, $F_1=2^{2^1}+1=5$이며, 그리고 $n=17$일 때에는 $n=2^0F_2$, $F_2=2^{2^2}+1=17$이므로 정삼각형, 정오각형, 그리고 정십칠각형은 작도가능하다. 한편, $p>2$인 소수는 2^m의 꼴로 나타낼 수 없다. $n=7$일 때, 7은 소수이므로 약수는 1과 7 뿐이다. $F_1<7<F_2$이므로 7은 페르마 소수도 아니다. 따라서 $n=2^kp_1p_2\cdots p_r$꼴로 나타낼 수 없다. 한편, $n=11$일 때, 11은 소수이고 $F_1<11<F_2$이므로 페르마 소수가 아니고, $n=13$일 때에도, 13은 소수이고 $F_1<13<F_2$이므로 페르마 소수가 아니다.

과제 3.18 가. $111\cdots111_{(2)}$. 여기서 1의 개수는 n이다.

나. n이 합성수이면 약수 $d(\geq 2)$를 가진다. 이제 $111\cdots111_{(2)}$ (1의 개수는 n)는 $111\cdots111_{(2)}$ (1의 개수는 d)로 나누어떨어진다.

과제 3.20 나. $\sqrt{2}=\dfrac{q}{p}(p\neq 0,\ p,\ q$은 서로소인 정수)라고 하면, $2p^2=q^2$이다. 제곱수를 소인수분해 하면 소인수는 짝수 개가 존재한다. 우변이 제곱수이므로 소인수가 짝수 개가 있어야 한다. 하지만 좌변은 p^2의 짝수 개에 소인수 2 하나를 더하면 홀수 개가 되므로 모순이다.

다. 한 가지 예를 들면, 정리 3.19(정수론의 기본정리)에서의 '유일성' 부분을 주장할 수 없다.

과제 3.23 다. (1) $l=[a_1,\ \cdots,\ a_{n-1},\ a_n]$, $l'=[a_1,\ \cdots,\ a_{n-1}]$이라고 하면 최소공배수의 정의에 의하여 다음이 성립한다.

(가) $l \geq 0$

(나) $l'|l,\ a_n|l$

(다) $l'|c,\ a_n|c \Rightarrow l|c$

여기서, $l'|c$이면 $a_1|c,\ \cdots,\ a_{n-1}|c$이다.

따라서 $[l',\ a_n]=l$이다.

(2)
$$\begin{aligned}(a,\ b,\ c)[ab,\ bc,\ ca] &= (a,\ b,\ c)[[ab,\ bc],\ ca] \\ &= (a,\ b,\ c)[b[a,\ c],\ (a,\ c)[a,\ c]] \\ &= (a,\ b,\ c)[a,\ c][b,\ (a,\ c)] \\ &= (b,\ (a,\ c))[a,\ c][b,\ (a,\ c)] \\ &= b(a,\ c)[a,\ c] \\ &= abc\end{aligned}$$

과제 3.24 가. 소수의 정의에 의해서 p는 1과 p 만을 양의 약수로 가진다. 따라서 $\tau(p)=2,\ \sigma(p)=p+1$이다.

라. (N_p의 양의 약수 전체의 합)

$=(2^0+\cdots+2^{p-1})(1+M_p)=(2^p-1)(1+M_p)=2N_p$

따라서 N_p는 완전수이다. 참고로, 유클리드 원론 제IX권 정리 36에서 $1+2+\ \cdots\ +2^k=p$가 소수이면 $p2^k$가 완전수임을 증명한다.

과제 3.28 가. (정리 3.25 증명)

가. 자명하다.

나. 가에 의하여 n의 양의 약수는 모두 d와 같은 형태로 나타난다. 표준분해의 유일성에 의해 d는 f_i 값에 따라 모두 다른 n의 약수이다. 한편, 각 f_i가 취할 수 있는 값은 e_i+1개이고 각각은 모두 독립사건이므로 서로 다른 d의 개수는 $(e_1+1)(e_2+1)\cdots(e_r+1)$개이다.

다. 식 $(1+p_1+p_1^2+\cdots+p_1^{e_1})(1+p_2+\cdots+p_2^{e_2})\cdots(1+p_r+\cdots+p_r^{e_r})$을 전개하였을 때, 각 항은 모두 $p_1^{f_1}p_2^{f_2}\cdots p_r^{f_r}(0\le f_i\le e_i)$ 꼴이고 항의 개수는 $\tau(n)$개이므로 $\sigma(n)=(1+p_1+p_1^2+\cdots+p_1^{e_1})(1+p_2+\cdots+p_2^{e_2})\cdots(1+p_r+\cdots+p_r^{e_r})$이다.

(정리 3.26 증명)

먼저 $m=1$, $n=1$일 때에는 자명하므로 $m\ge 2$, $n\ge 2$인 경우만 생각한다. 두 수의 표준소인수분해를 각각 $m=p_1^{f_1}p_2^{f_2}p_3^{f_3}\cdots p_k^{f_k}$, $n=q_1^{g_1}q_2^{g_2}q_3^{g_3}\cdots q_l^{g_l}$이라고 하면 mn의 표준소인수분해는 $p_1^{f_1}p_2^{f_2}p_3^{f_3}\cdots p_k^{f_k}q_1^{g_1}q_2^{g_2}q_3^{g_3}\cdots q_l^{g_l}$이다.

가. $$\begin{aligned}\tau(mn)&=\tau(p_1^{f_1}p_2^{f_2}p_3^{f_3}\cdots p_k^{f_k}q_1^{g_1}q_2^{g_2}q_3^{g_3}\cdots q_l^{g_l})\\&=(1+f_1)(1+f_2)\cdots(1+f_k)(1+g_1)(1+g_2)\cdots(1+g_l)\\&=\tau(m)\tau(n)\end{aligned}$$

나. $\sigma(mn) = \sigma(p_1^{f_1} p_2^{f_2} p_3^{f_3} \cdots p_k^{f_k} q_1^{g_1} q_2^{g_2} q_3^{g_3} \cdots q_l^{g_l})$

$$= (1 + p_1 + p_1^2 + \cdots p_1^{f_1})(1 + p_2 + p_2^2 + \cdots + p_2^{f_2}) \cdots$$
$$(1 + p_k + p_k^2 + \cdots + p_k^{f_k})$$
$$(1 + q_1 + q_1^2 + \cdots q_1^{g_1})(1 + q_2 + q_2^2 + \cdots + q_2^{g_2}) \cdots$$
$$(1 + q_l + q_l^2 + \cdots + q_l^{g_l})$$
$$= \sigma(m)\sigma(n)$$

(정리 3.27 증명)

p_1, p_2, $\cdots$, p_r은 쌍마다 서로소이므로 정리 3.26에 의하여 증명할 수 있다.

과제 3.32 가. 자연수를 십진법으로 나타낼 수 있듯이 소수도 십진법으로 나타낼 수 있다. 예를 들어, 소수 0.123은 다음과 같이 십진법의 전개식으로 나타낼 수 있다.

$$0.123 = 1 \times \frac{1}{10} + 2 \times \frac{1}{10^2} + 3 \times \frac{1}{10^3}$$

마찬가지로, 소수 0.0207을 십진법의 전개식으로 나타내면 다음과 같다.

$$0.0207 = 0 \times \frac{1}{10} + 2 \times \frac{1}{10^2} + 0 \times \frac{1}{10^3} + 7 \times \frac{1}{10^4}$$

한편, 자연수를 이진법으로 나타낼 수 있듯이 소수도 이진법으로 나타낼 수 있다. 예를 들어, $0.5 = \frac{1}{2} = 1 \times \frac{1}{2}$이므로

$0.5=0.1_{(2)}$이고, $0.25=1\div 4=0\times\frac{1}{2}+1\times\frac{1}{2^2}$이므로 $0.25=\frac{1}{4}=0.01_{(2)}$이다. 마찬가지로, 0.75를 이진법으로 나타내면 다음과 같다. 즉, $0.75=\frac{3}{4}=1\times\frac{1}{2}+1\times\frac{1}{2^2}$이므로 $0.11_{(2)}$이다. 이제, 1보다 작은 소수를 이진법의 전개식으로 전개하지 않고, 직접 이진법으로도 나타내는 방법에 대하여 알아보자. 이를 위하여 십진법의 경우를 먼저 생각한다. 십진법의 전개식

$$0.352=3\times\frac{1}{10}+5\times\frac{1}{10^2}+2\times\frac{1}{10^3}$$

에서 다음을 알 수 있다. 위 식의 양변을 10배 하여 다음을 얻는다.

$$3.52=3+5\times\frac{1}{10}+2\times\frac{1}{10^2}$$

여기서 소수점 이하 첫째 자릿수 3을 구할 수 있다. 이제, 양변에서 3을 빼면

$$0.52=5\times\frac{1}{10}+2\times\frac{1}{10^2}$$

를 얻고, 양변을 10배하여 소수점 이하 둘째 자릿수 5를 구할 수 있다. 이러한 과정을 반복하여 소수점 이하 모든 자리의 수를 구할 수 있다.

주어진 소수를 이진법으로 나타낼 때에도 똑같은 방법을 사용할 수 있다. 예를 들어, 0.75를 이진법으로 나타내보자. 이를 위하여 다음과 같은 수 ①, ②, ③, …을 찾아야 한다.

$$0.75 = (①) \times \frac{1}{2} + (②) \times \frac{1}{2^2} + (③) \times \frac{1}{2^3} + \cdots$$

양변에 2배를 하면 다음을 얻는다.

$$1.5 = (①) + (②) \times \frac{1}{2} + (③) \times \frac{1}{2^2} + \cdots$$

따라서 ①은 1임을 알 수 있다. 이제,

$$0.5 = (②) \times \frac{1}{2} + (③) \times \frac{1}{2^2} + \cdots$$

의 양변에 2배를 하여

$$1.0 = (②) + (③) \times \frac{1}{2} + \cdots$$

를 얻는다. 따라서 ②는 1이고 ③, …는 모두 0임을 알 수 있다. 결국, 0.75를 이진법으로 나타내면 $0.11_{(2)}$이다.

어떤 소수는 위와 같이 쉽게 이진법으로 나타낼 수 있지만, 어떤 소수는 그렇지 않을 수 있다. 예를 들어, 소수 0.2를 이진법으로 나타내기 위하여 위의 방법을 사용하면 그 과정이 끝나지 않고 무한히 계속된다. 사실, $\frac{1}{3}$과 같은 분수를 십진법의 소수로 나타내면 무한소수가 되듯이 0.2 즉 $\frac{1}{5}$을 이진법으로 나타내면 무한소수가 된다.

나. $\frac{1}{2} = 0.1_{(2)}$

$\frac{1}{3} = 0.0101\cdots_{(2)}$

과제 3.33 가. 수학과 제6차 교육과정에서 '이진수'와 '오진수'라는 용어를 사용하지 않도록 하였었다. 그러나 대부분의 제6차 교과서에서는 '이진법의 수'와 '오진법의 수'라는 용어가 '이진수'와 '오진수'라는 용어 대신에 사용되었다. 이는 '이진수'와 '오진수'라는 용어를 사용하지 않도록 한 기본 취지가 망각된 체 용어만 더 길어지는 결과만 가져왔다. 사실, 진법이란 수를 표현하는 다양한 방법일 뿐이다. 이를테면, 똑같은 자연수를 십진법으로 나타낼 수 있고, 이진법으로도 나타낼 수 있는 것이다. 그러나 '이진수' 또는 '오진수'라고 용어화하면, 유리수나 실수 같이 자연수와는 다른 새로운 종류의 수로 오해하는 결과를 낳을 수 있다. 심지어, 무게를 나타내는 '1g'과 길이를 나타내는 '1cm'처럼 함께 더하거나 곱할 수 없는 뭔가 완전히 다른 수라고 오해하게 할 수 있다. 이러한 현상은 학생들뿐만 아니라 교사들에게도 나타난다. 몇 해 전에 한 교사로부터 다음과 같이 질문하는 편지를 받은 적이 있다.

다음 계산은 가능한가?

$$10101_{(2)} + 12341_{(5)}$$

그 교사는 '여러 교수와 교사에게 이 질문을 하였으나, 일관된 답을 얻지 못했다'며 다시 질문한다는 것이었다.

이는 '$10101g + 12341Kg$'이라는 질문과 같은 성격일텐데, 이에 대하여 여러 수학 전문가들이 일관된 답을 못했다는 것은 진법에 대한 오해가 상당히 폭넓게 퍼져 있다는 증거이다. 이러한 오해에 대한 다른 이유도 있겠지만, '이진수'나 '오진수'라는 용어가 가장 큰 이유라고 생각한다.

진법에 관련된 이와 같은 오해를 불식시키기 위해서 제 6차 교육과정에서는 '이진수'와 '오진수'라는 용어를 사용하지 않도록 하였던 것이다. 이는 새로운 용어의 도입 없이 주어진 수를 '이진법으로 나타내어라' 또는 '오진법으로 나타내어라'고 하라는 것이었다. 그러나 교과서의 집필 과정에서 '이진법의 수' 또는 '오진법의 수'라는 새로운 용어가 도입된 것이다. 진법에 관한 이 문제는 지나친 '용어화' 경향과 그에 따른 부작용의 대표적인 사례라고 할 수 있다.

나. 다음 표현은 적절하지 않다.

복소수 집합은 나눗셈에 관하여 닫혀 있다. 단, 0으로 나누는 것은 제외한다.

'임의의 복소수는 0이 아닌 복소수로 나눌 수 있다'라고 하면 될 것을, 불필요한 '용어화'를 추구하여 '닫혀있다'라는 용어를 오용한 사례이다. 이 글의 서두에서 언급한 '항등원은 교환법칙이 성립해야 한다'는 주장도 교환법칙에 대한 오해이며 '교환법칙'이라는 용어의 오용이다.

어떤 집합 G에 정의된 연산 $\cdot$에 대하여 '교환법칙이 성립한다'라는 말은 'G의 임의의 두 원소 a, b에 대하여 $a \cdot b = b \cdot a$이다.'라는 뜻이다. 따라서 교환법칙은 특정한 원소에 해당하는 국소적(local) 성질이 아니라, 모든 원소에 해당하는 대역적(global) 성질이다. 한편, $(G, \cdot)$에서 'e가 항등원이다'라는 말은 'G의 임의의 원소 a에 대하여 $a \cdot e = e \cdot a = a$이다.'라는 뜻이다. 즉, G의 원소 e가 연산 $\cdot$에 대한 항등원이 되기 위해서는, e가 G의 모든 원소와 가환적이어야 한다는 것이다. 이 성질은 특정한 원소 e에만 해당하는 국소적 성질이므로 '교환법칙' 운운하는 것은 잘못이다. 여기서 '가환적'이라는 말은 영어로 'commutative'이지만 '교환적'으로 번역하지 않는 것이 좋다. 그 이유는 '교환법칙'이라는 용어와 혼란의 우려가 있기 때문이다.

역원의 경우에도 이와 비슷한 사례가 발생할 수 있다. 실제로, $(G, \cdot)$에서 항등원 e가 존재할 때, 'a'이 a의 역원이다'라는 말은 '$a \cdot a' = a' \cdot a = e$'라는 뜻이다. 이 경우 '$a$와 a' 사이에는 교환법칙이 성립한다'라고 하면 옳지 않다. 구태여 설명을 하자면 'a와 그의 역원 a'은 서로 가환적이어야 한다'라고 하면 무난할 것이다.

내적공간(inner product space)은 내적이 정의되는 벡터공간이다. 내적은 임의의 벡터 v, w, $u \in V$와 임의의 스칼라 a

에 대하여 다음 네 가지 조건을 만족시키는 함수 $(\cdot, \cdot): V\times V \to \mathbb{R}$ 이다.

- $(v+u, w)=(v, w)+(u, w)$, $(av, w)=a(v, w)$
- $(v, u+w)=(v, u)+(v, w)$, $(v, aw)=a(v, w)$
- $(v, w)=(w, v)$
- $(v, v)\geq 0$이다. 특히, 다음이 성립한다. $(v, v)=0 \Leftrightarrow v=0$

여기서 주목할 것은 내적은 두 벡터 사이에 정의되는 연산이 아니라는 것이다. 따라서 위의 성질들을 설명할 때, '분배법칙' 또는 '교환법칙' 등과 같은 용어를 사용하면 안 된다.

용어의 적절한 사용은 수학의 매력이지만, 용어의 남용과 오용은 수학을 혼란하게 하거나 추하게 할 뿐만이 아니라, 더 나아가 그것을 이미 수학이 아니게 할 수 있다.

다. 다음 사실에 주목하여 보자.

(짝수) + (짝수) = (짝수)
(짝수) + (홀수) = (홀수)
(홀수) + (홀수) = (짝수)

(짝수) × (짝수) = (짝수)
(짝수) × (홀수) = (짝수)
(홀수) × (홀수) = (홀수)

이제, 짝수를 '0'으로 나타내고 홀수를 '1'로 나타내면 위 관계는 다음과 같이 나타낼 수 있다.

$$0+0=0$$
$$0+1=1$$
$$1+1=0$$

$$0\times 0=0$$
$$0\times 1=0$$
$$1\times 1=1$$

위 관계로부터, 위에서의 두 수 0과 1로 이루어진 집합 $F_2=\{0, 1\}$에서 다음과 같은 두 연산을 생각할 수 있다.

+	0	1
0	0	1
1	1	0

×	0	1
0	0	0
1	0	1

이제, 다음과 같은 질문을 해 보자.

- 위의 수 0과 1은 각각 자연수 0과 1을 이진법으로 표현한 것으로 볼 수 있을까?
- 위의 덧셈과 곱셈은 각각 이진법에서의 덧셈과 곱셈과 같을까?

위 두 질문에 대한 옳은 답은 분명히 '아니다'이다. 먼저, F_2에서의 0과 1은 자연수 0과 1과는 완전히 다른 것이다. 동일한 수에 대해 표현만을 달리한 것이 아니다. 또, 제7차 교육과정 중학교 과정에 소개된 이진법에서의 덧셈과 곱셈은 자연수의 덧셈과 곱셈일 뿐이지만, 위에서의 덧셈과 곱셈은 전혀 그게 아니다. 이를테면, F_2에서는 $1+1=0$이지 아니한가? 지나친 말이지만, 곱셈의 경우에는 이진법에서의 곱셈과 F_2에서의 곱셈 결과가 일치함은 일종의 '불행'이다. 사실, 집합 $F_2 = \{0, 1\}$의 두 원소를 '이진수'라고 하는 것은 자연스럽다. 실제로, F_2-성분 n개로 이루어지는 순서쌍 전체의 집합, 즉

$$F_2^n = \{(x_1, x_2 \cdots, x_n) | x_1, \cdots, x_n \in F_2\}$$

의 각 원소를 '길이가 n인 이진수열(binary sequence)'이라고 한다.

과제 3.34 가. $\frac{1}{5} = 0.2 = 0.1999\cdots$

나. $\frac{1}{3} = 0.333\cdots$

다. $\frac{1}{5} = 0.001100110011\cdots_{(2)}$

라. $\frac{1}{3} = 0.1_{(3)} = 0.0222\cdots_{(3)}$

뒷 이야기

2. 아래 실험자료는 MATHEMATICA를 사용한 결과이다. 다른 프로그램을 사용하면 소인수분해에 소요되는 시간이 다를 수 있다.

문 : 15자리인 두 소수를 생성하라.

답 : $x=434629305430289$, $y=665467547741617$

문 : 두 수를 곱하라.

답 : $x\times y=289231698061336681936377637313$

문 : $x\times y$는 소수인가?

답 : 아니오.

문 : 소수 판정에 걸린 시간은?

답 : 0.00초

문 : $x\times y$를 소인수분해하여라.

답 : $x\times y=434629305430289\times 665467547741617$

문 : 소인수분해에 걸린 시간은?

답 : 12.16초

위의 자료로부터 소수판정은 소인수분해와 무관하게 실행됨을 알 수 있다. 다음도 동일한 실험에 의한 자료이다. 소수의 자릿수가 커질수록 소수판정은 유의미한 영향을 받지 않지만, 소인수분해는 큰 영향을 받음을 알 수 있다.

문 : 19자리인 두 소수를 생성하라.

답 : $x=6018091022426304037$, $y=8614712799432196969$

문 : 두 수를 곱하라.

답 : $x\times y=51844125759043878120868029193663863853$

문 : $x\times y$는 소수인가?

답 : 아니오.

문 : 소수 판정에 걸린 시간은?

답 : 0.00초

문 : $x \times y$를 소인수분해하여라.

답 : $x \times y = 601809102242630403 7 \times 8614712799432196969$

문 : 소인수분해에 걸린 시간은?

답 : 223.48초

3. $a \times b$에 관하여,

1단계 : 두 수의 옆에 10과의 차를 적는다. $(10-a)$, $(10-b)$

2단계 : 2×3을 계산한다. $100-10a-10b+ab$

3단계 : $8-3=5$를 적는다. $a-(10-b)=a+b-10$

4단계 : 정답은 56이다.

$$10 \times (a+b-10)+(100-10a-10b+ab)=ab$$

*4. 가. 2와 3을 제외한 소수가 모두 첫째 열, 다섯째 열에 나타난다.

나~라. 둘째 열, 넷째 열, 여섯째 열은 모두 짝수이므로, 2를 제외하고는 소수가 될 수 없다. 또한 셋째 열, 여섯째 열도 모두 3의 배수이므로, 3을 제외하고는 소수가 될 수 없다. 결국, 나머지 소수들은 첫째 열과 다섯째 열에서만 나올 수 있는데, 이는 모두 $6n \pm 1$의 형태이다.

*5. 다. 다항식이 소수만을 나타내기 위해서는 n에 관계없이 모두 소수를 만들 수 있어야 한다.

$$f(n) = a_0 + a_1 \cdot n + a_2 \cdot n^2 + a_3 \cdot n^3 + \cdots$$

그러나 만약 n에 상수항이 들어가게 되면, 다항식은 상수항의 배수가 된다.
(상수항의 배수가 들어가도 비슷한 결과가 나온다.)

$$\begin{aligned} f(a_0) &= a_0 + a_1 \cdot a_0 + a_2 \cdot a_0^2 + a_3 \cdot a_0^3 + \cdots \\ &= a_0(1 + a_1 + a_2 \cdot a_0 + a_3 \cdot a_0^2) \end{aligned}$$

그러므로 소수만을 만들 수 있는 다항식은 존재하지 않는다.

*7. 가. 가우스 함수(Gauss function) $[x]$
x 값의 소수부를 제외한 정수부만을 취하는 함수

9. 가. ① 먼저, 순열조합의 공식에 의하여 두 자연수 r, k, $0 \le r \le k-1$에 대하여 ${}_kC_{r+1} + {}_kC_r = {}_{k+1}C_{r+1}$이 성립함을 쉽게 알 수 있다. 이제, ${}_1C_1 = 1$이므로 수학적 귀납법 가정과 위의 관계식에 의하여 ${}_nC_r$, $1 \le r \le n-1$가 자연수임을 알 수 있다.

나. 한편, ${}_pC_r$은 $\dfrac{{}_pP_r}{r!}$이고 $r < p$이므로 $r!$은 소수인 p의 배수가 될 수 없고 ${}_pP_r$은 p의 배수이다. 그러므로 ${}_pC_r$는 p의

배수이다.

12. 주어진 이력서에 나온 수는 모두 5진법으로 나타낸 것이다.

14. 첫 번째 주머니엔 100원, 두 번째 주머니엔 200원, 세 번째 주머니엔 400원…과 같이, n번째 주머니엔 $2^{n-1}\times 100$원을 넣는다. 그리고 마지막 9번째 주머니엔 45개의 동전을 넣는다. 주어진 가격을 2진법에 맞추어 주머니를 지불하고, 25,600원 째부터는 4,500원을 뺀 값을 2진법으로 맞춘 뒤, 아홉 번째 주머니를 추가한다.

15. 주어진 무게를 3진법으로 쓴다. 그리고 3진법의 수 중 $2_{(3)}$는 $10_{(3)}-1_{(3)}$로, $20_{(3)}=100_{(3)}-10_{(3)}$과 같은 방법으로 표현한다. 예를 들어, 다음을 알 수 있다. 여기서 모든 수는 삼진법으로 나타낸 것이다.

$$12=10+(10-1)=20-1=(100-10)-1=100-10-1$$
$$102=100+(10-1)=100+10-1$$

위의 표현식에서, $+$의 값의 추는 반대편에 놓고, $-$값의 추는 물체와 같이 놓는다. 예를 들어, 5g을 재기 위해서는 $12=100-10-1$이므로, 물체와 1g, 3g의 추를 같이 놓고, 반대편엔 9g의 추를 놓는다.

Ⅳ. 합동

지난 줄거리

3. 물리학이나 화학에서는 물질의 기본 단위에 관심이 많다. 물질의 기본 단위로서 원자, 쿼크, 또는 초끈 등을 생각한다. 물질의 기본 단위에 대한 이해는 필수적이다. 수 특히, 자연수의 기본 단위로서 소수를 생각할 수 있다. 이때, 소수의 개수나 소수의 분포는 중요한 문제인데 이에 관하여 소수정리는 유명하다. 한편, 주어진 자연수의 소인수를 모두 알면 소인수분해를 할 수 있고, 그 수의 약수의 개수 등 그 수에 관한 여러 성질을 알 수 있다.

과제 4.1 가. (반사율) : 모든 사람은 자기 자신과 성이 같다.

(대칭률) : 두 사람이 같은 성일 때, 두 사람은 서로 관계가 있다.

(추이율) : 갑과 을이 성이 같고, 을과 병이 성이 같으면, 갑과 병도 성이 같다.

(분할) : 성이 같은 사람들끼리의 분할

나. (반사율) : 모든 사람은 자기 자신과 성별이 같다.

(대칭률) : 갑과 을이 둘 다 남자이면, 갑은 을과 관계있고, 을도 갑과 관계가 있다.

(추이율) : 갑, 을, 병이 셋 다 남자일 때, 갑과 을이 관계있고 을과 병이 관계 있을 때 갑과 병은 같은 남자이다.

(분할) : 남자와 여자

다. 시(hour) : 1시동치류, 2시동치류, …, 12시동치류

주(week) : 월요일동치류, 화요일동치류, …, 일요일동치류

과제 4.3 가. $13=1\times12+1,\ 3+7\times1=10,\ 7\neq4\times1+2$

나. $a\equiv b\pmod m \Leftrightarrow a-b=mk$($k$는 정수)

$$\Leftrightarrow m\mid(a-b)$$

$$\Leftrightarrow a=b+mk$$

$$\Leftrightarrow a-b\in m\mathbb{Z}$$

과제 4.6 가. $(\Rightarrow)$ $a\equiv b\pmod m$

$$a-b=mk\Rightarrow a=b+mk\Rightarrow a\in\bar{b}$$

$$b=a-mk\Rightarrow b=\bar{a}\Rightarrow b\in\bar{a}$$

따라서 $\bar{a}=\bar{b}$

$(\Leftarrow)$ $\bar{a}=\bar{b}$

$$a=b+mk\Rightarrow a-b=mk\Rightarrow a\equiv b\pmod m$$

나. $a\in\bar{b}\Leftrightarrow a=b+mk(k\in\mathbb{Z})\Leftrightarrow b=a-mk\Leftrightarrow b\in\bar{a}$

또한 '가'에서, $a-b=mk\Leftrightarrow a\equiv b\pmod m\Leftrightarrow \bar{a}=\bar{b}$이다.

다. $a=b+mk(k\in\mathbb{Z})$라고 하면, $a\equiv b\pmod m\Leftrightarrow\bar{a}=\bar{b}$이다.

이제, $\bar{a}\neq\bar{b}$이고, $\bar{a}\cap\bar{b}\neq\varnothing$라고 하자. 특별한 원소 n이 위 조건을 만족시킨다고 할 때, $n\in\bar{a}$, $n\in\bar{b}$이다.

$$n=a+mk,\ n=b+mk\ (k\in\mathbb{Z})$$

$$n-a=n-b=mk$$

이때, $\overline{a}=\overline{b}$이므로 모순이다.

결국 두 정수 a, b에 대하여 $\overline{a}=\overline{b}$, $\overline{a}\cap\overline{b}=\varnothing$ 둘 중 하나만 성립하게 된다.

과제 4.10 나. $\overline{a}$, $\overline{b}$, $\overline{c}\in\overline{\mathbb{Z}_4}$이라고 하자. 정수 집합에서 덧셈과 곱셈에 관한 항등원이 존재하고 결합법칙, 교환법칙, 덧셈에 관한 곱셈의 분배법칙이 성립함을 알고 있으면 쉽게 다음을 보일 수 있다.

(1) $\forall\overline{a}\in\overline{\mathbb{Z}_4}$, $\exists\overline{0}\in\overline{\mathbb{Z}_4}$; $\overline{a}+\overline{0}=\overline{0}+\overline{a}=\overline{0+a}=\overline{a}$ (정수 집합의 덧셈에 관한 항등원은 0이다.) 따라서 집합 $\overline{\mathbb{Z}_4}$의 덧셈에 관한 항등원은 $\overline{0}$이다.

$\forall\overline{a}\in\overline{\mathbb{Z}_4}$, $\exists\overline{1}\in\overline{\mathbb{Z}_4}$; $\overline{a}\overline{1}=\overline{1}\overline{a}=\overline{1\times a}=\overline{a}$ (정수 집합의 곱셈에 관한 항등원은 1이다.) 따라서 집합 $\overline{\mathbb{Z}_4}$의 곱셈에 관한 항등원은 $\overline{1}$이다.

(2) $(\overline{a}+\overline{b})+\overline{c}=\overline{a+b}+\overline{c}=\overline{(a+b)+c}=\overline{a+(b+c)}=\overline{a}+\overline{b+c}$

$$=\overline{a}+(\overline{b}+\overline{c})$$

따라서 집합 $\overline{\mathbb{Z}_4}$의 덧셈에 관한 결합법칙이 성립한다.

$(\overline{a}\,\overline{b})\overline{c}=\overline{ab}\,\overline{c}=\overline{(ab)c}=\overline{a(bc)}=\overline{a}\,\overline{bc}=\overline{a}(\overline{b}\,\overline{c})$

따라서 집합 $\overline{\mathbb{Z}_4}$의 곱셈에 관한 결합법칙이 성립한다.

$\overline{a}+\overline{b}=\overline{a+b}=\overline{b+a}=\overline{b}+\overline{a}$

따라서 집합 $\overline{\mathbb{Z}_4}$의 덧셈에 관한 교환법칙이 성립한다.

$\bar{a}\,\bar{b} = \overline{ab} = \overline{ba} = \bar{b}\,\bar{a}$

따라서 집합 $\overline{\mathbb{Z}_4}$의 곱셈에 관한 교환법칙이 성립한다.

(3) $\bar{a}(\bar{b}+\bar{c}) = \bar{a}\,\overline{b+c} = \overline{a(b+c)} = \overline{ab+ac} = \overline{ab}+\overline{ac} = \bar{a}\bar{b}+\bar{a}\bar{c}$

따라서 집합 $\overline{\mathbb{Z}_4}$의 덧셈에 관한 곱셈의 분배법칙이 성립한다.

과제 4.14 가. $a = da'$, $b = db'$, $m = dm'$이라고 하자. 여기서 a', b', m'은 정수이다. $ax \equiv b \pmod{m}$

$$\begin{aligned}
&ax - mk = b(k \in \mathbb{Z}) \\
&da'x - dm'k = db' \\
&a'x - m'k = b' \\
&a'x \equiv b' \pmod{m'} \\
&\frac{a}{d}x \equiv \frac{b}{d}\left(\operatorname{mod} \frac{m}{d}\right)
\end{aligned}$$

나. $2^{32} \cdot 14^{41} \equiv 2^{32} \cdot 3^{41} \equiv 6^{32} \cdot 3^{9} \equiv 3^{16} \cdot 3^{9} \equiv 3^{25} \equiv 5^{8} \cdot 3$

$\equiv 3^{4} \cdot 3 \equiv 1 \pmod{11}$

뒤(정리 5.19)에 나오는 정리를 사용하여 다음과 같이 할 수도 있다.

$2^{32} \cdot 14^{41} = 2^{73} \cdot 7^{41}$에서 $2^{10} \equiv 1 \pmod{11}$, $7^{10} \equiv 1 \pmod{11}$이므로 $2^{73} \cdot 7^{41} \equiv 2^{3} \cdot 7 \equiv 56 \equiv 1 \pmod{11}$이다.

과제 4.18 가. 6 : 주어진 자연수가 2와 3으로 나누어떨어질 때

8 : 주어진 자연수의 끝 세 자리 자연수가 8로 나누어떨어질 때

12 : 주어진 자연수가 3과 4로 나누어떨어질 때

*나. (1) 주어진 수의 일의 자리 부분을 없애고 남은 부분에서 일의 자릿수의 두 배를 뺀 수가 7의 배수이면 원래의 수는 7의 배수이다. 이를 다음과 같이 설명할 수 있다. 주어진 수를 $k=a_n10^n+a_{n-1}10^{n-1}+\cdots+a_1 10+a_0$라고 하고 하면 이 수의 일의 자리 부분을 없애고 남은 부분은 $k'=a_n10^{n-1}+a_{n-1}10^{n-2}+\cdots+a_2 10+a_1$이다. 이제, $k'-2a_0=7l,\ l\in\mathbb{Z}$라고 하면 $10k'-20a_0=70l$이다. $10k'-20a_0=k-21a_0$이므로 k는 7의 배수이다. 한편, 어떤 수가 7의 배수이면 그 수의 일의 자리 부분을 없애고 남은 부분에서 일의 자릿수의 두 배를 뺀 수는 7의 배수이다.

(1)′ 위 사실을 다음과 같이 설명할 수도 있다.

주어진 자연수의 일의 자릿수가 b라고 하면 주어진 자연수는 $10a+b$이다. 이제, $a-2b$가 7의 배수($7k,\ k\in\mathbb{Z}$)라고 하면 다음을 알 수 있다.

$$a-2b=7k$$
$$10a-20b=70k$$
$$10a+b-21b=70k$$
$$(10a+b)-21b=70k$$
$$10a+b=70k+21b=7(10k+3b)$$

(1)″ 다음과 같은 방안도 생각할 수 있다.

$1000 \equiv -1 \pmod 7$임에 착안한다.

$k = a_n 10^n + a_{n-1} 10^{n-1} + \cdots + a_1 10 + a_0$를 다음과 같은 꼴로 바꾼다.

$$(a_m 10^2 + a_{m-1} 10 + a_{m-2}) 10^{3k} + \cdots +$$
$$(a_5 10^2 + a_4 10 + a_3) 10^3 + (a_2 10^2 + a_1 10 + a_0)$$

이제, 다음을 알 수 있다.

$$k \equiv (a_m 10^2 + a_{m-1} 10 + a_{m-2})(-1)^k + \cdots$$
$$- (a_5 10^2 + a_4 10 + a_3) + (a_2 10^2 + a_1 10 + a_0) \pmod 7$$

주어진 수를 뒤에서부터 세 자리씩 끊어 만든 세 자릿수들을 더하기, 빼기, 더하기를 반복하여 마지막으로 얻은 수가 7의 배수이면 원래의 수가 7의 배수임을 알 수 있다.

(2) $10 \equiv -1 \pmod{11}$임에 착안한다.

$$k = a_n 10^n + a_{n-1} 10^{n-1} + \cdots + a_1 10 + a_0$$
$$= a_n (11-1)^n + a_{n-1} (11-1)^{n-1} + \cdots + a_1 (11-1) + a_0$$

에서 각 자릿수를 11로 나누면 $a_n(-1)^n + a_{n-1}(-1)^{n-1} + \cdots + a_1(-1) + a_0$이 남는다. 따라서 일의 자리, 백의 자리, 만의 자리 등 10의 짝수 제곱한 자리의 숫자에서 10의 홀수 제곱한 자리의 숫자를 빼준 수가 11로 나누어떨어지면 수 k가 11로 나누어떨어진다.

(3) $1000 \equiv -1 \pmod{13}$임에 착안한다.

먼저, $k = a_n 10^n + a_{n-1} 10^{n-1} + \cdots + a_1 10 + a_0$를 다음과 같은 꼴로 바꾼다.

$$(a_m 10^2 + a_{m-1} 10 + a_{m-2}) 10^{3k} + \cdots +$$
$$(a_5 10^2 + a_4 10 + a_3) 10^3 + (a_2 10^2 + a_1 10 + a_0)$$

이제, 다음을 알 수 있다.

$$k \equiv (a_m 10^2 + a_{m-1} 10 + a_{m-2})(-1)^k + \cdots$$
$$-(a_5 10^2 + a_4 10 + a_3) + (a_2 10^2 + a_1 10 + a_0) \pmod{13}$$

주어진 수를 뒤에서부터 세 자리씩 끊어 만든 세 자릿수들을 더하기, 빼기, 더하기를 반복하여 마지막으로 얻은 수가 13의 배수이면 원래의 수가 13의 배수임을 알 수 있다. 참고로, $1000 \equiv -1 \pmod{7}$이고 $1000 \equiv -1 \pmod{11}$이므로 이 방법으로 7 또는 11의 배수임을 판별할 수 있다. 그러나 11의 배수의 경우에는 $10 \equiv -1 \pmod{11}$을 이용하는 것이 더 효과적이다. 사실, $10^k \pm 1$, $k \in \mathbb{N}$이 어떠한 소수 p의 배수이면 p의 배수 판정법을 구할 수 있다. $p = 3, 7, 11, 13$이 그러한 경우이다. 그러나 자연수 k가 크면 그러한 판정법은 큰 의미가 없을 것이다.

과제 4.20 나. (1) $2 \cdot 0 \equiv 0 \pmod{5}$ $2 \cdot 1 \equiv 2 \pmod{5}$
$2 \cdot 2 \equiv 4 \pmod{5}$

$2 \cdot 3 \equiv 1 \pmod 5$

$2 \cdot 4 \equiv 3 \pmod 5$ (○)

(2) $2 \cdot 0 \equiv 0 \pmod 6$

$2 \cdot 1 \equiv 2 \pmod 6$

$2 \cdot 2 \equiv 4 \pmod 6$ (○)

$2 \cdot 3 \equiv 0 \pmod 6$

$2 \cdot 4 \equiv 2 \pmod 6$

$2 \cdot 5 \equiv 4 \pmod 6$ (○)

(3) $2 \cdot 0 \equiv 0 \pmod 4$

$2 \cdot 1 \equiv 2 \pmod 4$

$2 \cdot 2 \equiv 0 \pmod 4$

$2 \cdot 3 \equiv 2 \pmod 4$

이때에는 해가 없다.

다. (1) a가 0이 아닐 때 근을 갖는다.

(2) 유일한 해 $\dfrac{b}{a}$를 가진다.

과제 4.28 가. $2! \equiv 2 \equiv -1 \pmod 3$

나. $4! \equiv 24 \equiv -1 \pmod 5$

다. $6! \equiv 720 \equiv -1 \pmod 7$

과제 4.31 가. 〈여권번호〉

여권번호가 $x_1x_2x_3x_4x_5x_6x_7$일 때 정수 x_7은 다음과 같이 정해진다.

$$x_7 \equiv 7x_1 + 3x_2 + x_3 + 7x_4 + 3x_5 + x_6 \pmod{10},\ 0 \le x_7 \le 9$$

나. 〈주민등록번호〉

주민등록번호 13자리 $a_1a_2a_3a_4a_5a_6 - a_7a_8a_9a_{10}a_{11}a_{12}a_{13}$에서, 앞 여섯 자리는 생년월일을 뜻한다. 다음 a_7 자리에는 출생한 세기에 따라 번호가 부여되며 다음과 같다.

1800년도에 출생한 사람 : 9
1900년도에 출생한 남자 : 1
1900년도에 출생한 여자 : 2
2000년도에 출생한 남자 : 3
2000년도에 출생한 여자 : 4

다음 네 자리 $a_8 \sim a_{11}$까지는 행정자치부가 지정한 출생신고지의 읍, 면, 동 코드이다. a_{12}에는 성(姓)에 따라 출생신고를 한 순서번호가 부여된다. 마지막 a_{13}는 오류검증 자리로서 다음의 절차에 따라 결정된다. 먼저,

$$\begin{aligned} b = &\, a_1 \times 2 + a_2 \times 3 + a_3 \times 4 + a_4 \times 5 + a_5 \times 6 + a_6 \times 7 \\ &+ a_7 \times 8 + a_8 \times 9 + a_9 \times 2 + a_{10} \times 3 + a_{11} \times 4 + a_{12} \times 5 \end{aligned}$$

라고 하고, $c \equiv b \pmod{11}$을 계산한 후 $a_{13} = 11 - c$로 정한다. 이때, a_{13}이 10 또는 11이면 $a_{13} - 10$을 취하여 그 값을 a_{13}로 한다.

뒷 이야기

1. 먼저, 연산의 정의는 다음과 같다.

   집합 $A(\neq \varnothing)$에서의 이항연산(binary operation) $\cdot$ 이란 데카르트 곱(Cartesian product) $A \times A$에서 A로의 함수

   $$\begin{array}{rcl} \cdot \ : A \times A & \to & A \\ \Psi & & \Psi \\ (a,\ b) & \mapsto & a \cdot b \end{array}$$

   이다.

일반적으로 이항 연산 외의 연산도 생각할 수 있지만 특별한 언급이 없는 한 모든 연산은 이항 연산이다.

함수 $\cdot$가 집합 A에서의 연산일 때 'A에 연산 $\cdot$가 (잘) 정의되어 있다(well-defined)' 또는 'A는 연산 $\cdot$에 관하여 닫혀 있다(closed)'라고 한다.

$23 \times 35 \times \dfrac{1}{35}$을 계산할 때 앞에서부터 차례대로 하는 것보다 뒷 부분 즉, $35 \times \dfrac{1}{35}$을 먼저 계산하는 것이 훨씬 효과적이다. 덧셈도 이러한 성질을 가지는데 주어진 연산이 이러한 성질을 가지면 계산하기가 편리하다.

연산에 관한 기본적인 법칙으로 다음을 들 수 있다.

결합 법칙

집합 A에 정의된 연산 $\cdot$가 다음 조건을 만족시킨다고 하자 :

모든 $a, b, c \in A$에 대하여 $(a \cdot b) \cdot c = a \cdot (b \cdot c)$이다.

이 경우 '연산 $\cdot$에 관하여 결합(associative)법칙이 성립한다'라고 한다.

덧셈에서 0과 곱셈에서 1은 좌측에서 연산을 하거나 우측에서 연산을 하여도 아무런 변화가 없다. 즉, 덧셈에서의 0과 곱셈에서의 1은 특별한 수이다.

항등원

집합 A에 정의된 연산 $\cdot$에 관하여 다음 조건을 만족시키는 원소 e가 있다고 하자 :

모든 $a \in A$에 대하여 $e \cdot a = a \cdot e = a$.

이 원소 $e \in A$를 '연산 $\cdot$에 관한 항등원(identity)'이라고 한다. 항등원을 '단위원'이라고도 한다.

집합 A에서의 연산 $\cdot$에 관한 항등원 $e \in A$가 있으면 그 항등원 e는 유일하다.

한편, 항등원이 존재하는 경우 다음과 같은 개념을 생각할 수 있다.

역원

집합 A에 연산 $\cdot$가 정의되어 있다고 하고 $e \in A$를 연산 $\cdot$에 관한 항등원이라고 하자. 이제 한 원소 $a \in A$에 대하여 다음 조건을 만족시키는 원소 $a^{-1} \in A$가 있다고 하자 :

$$a \cdot a^{-1} = a^{-1} \cdot a = e.$$

이 경우 a^{-1}를 원소 a의 연산 $\cdot$에 관한 역원(inverse, inverse element)이라고 한다.

역원은 항등원이 존재하는 경우에만 생각할 수 있다.

집합 A에 연산 $\cdot$가 정의되고 그 연산에 관하여 항등원이 있고 결합 법칙이 성립한다고 하자. 원소 $a \in A$의 역원이 있으면 그 역원은 유일하다.

연산의 결합법칙과 함께 다음 법칙은 유용하다.

교환 법칙

집합 A에 정의된 연산 $\cdot$가 다음 조건을 만족시킨다고 하자 :

모든 $a, b \in A$에 대하여 $a \cdot b = b \cdot a$이다.

이 경우 '연산 $\cdot$에 관하여 교환(commutative)법칙이 성립한다'라고 한다.

집합에 두 개의 연산이 정의되는 경우에는 다음과 같은 성질을 살펴볼 필요가 있다.

분배(배분) 법칙

집합 A에 정의된 두 연산 $\cdot$, $*$가 다음 조건을 만족시킨다고 하자 :

모든 a, b, $c \in A$에 대하여 $a \cdot (b * c) = (a \cdot b) * (a \cdot c)$이다.

이 경우 '연산 $*$에 대하여 $\cdot$의 좌(left) 분배(distributive)법칙이 성립한다'라고 한다. 마찬가지로 우(right) 분배법칙도 생각할 수 있다. 일반적으로 좌/우 분배법칙이 모두 성립할 때 '연산 $*$에 대하여 $\cdot$의 분배법칙이 성립한다'라고 한다.

수의 덧셈 연산에 대하여 곱셈의 분배법칙이 성립하지만 곱셈 연산에 대하여 덧셈의 분배법칙은 성립하지 않는다. 한편, 합집합 연산에 대하여 교집합의 분배법칙이 성립하고, 교집합 연산에 대하여 합집합의 분배법칙도 성립한다.

2. 학생들의 번호를 5를 법으로 하여 동치류로 나누는 방법을 생각할 수 있다. 예를 들어, 번호가 1인 학생과 번호가 6, 11, 16, …인 학생은 같은 모둠이고, 번호가 2인 학생은 번호가 7, 12, 17, …인 학생은 같은 모둠이다.

Ⅴ. 연립합동식

지난 줄거리

2. 정수 전체의 집합 $\mathbb{Z}$를 법 5로 합동관계를 정의하면 이 관계는 동치관계이다. 이 동치관계로부터 얻어지는 동치류로 분할하면 다섯 개의 원소를 가지는 $\mathbb{Z}_5$를 얻는다.

과제 5.1 가. 다음 연립방정식을 생각하여 보자.

$$\begin{cases} a_{11}x_1 + a_{12}x_2 + \cdots + a_{1n}x_n = b_1 \\ a_{21}x_1 + a_{22}x_2 + \cdots + a_{2n}x_n = b_2 \\ \cdots\cdots\cdots\cdots\cdots\cdots\cdots\cdots\cdots\cdots \\ a_{n1}x_1 + a_{n2}x_2 + \cdots + a_{nn}x_n = b_n \end{cases}$$

여기서, 행렬 $\begin{bmatrix} a_{11} \cdots a_{1n} \\ \vdots \quad\quad \vdots \\ a_{n1} \cdots a_{nn} \end{bmatrix}$를 A라고 하고, $X = \begin{bmatrix} x_1 \\ \vdots \\ \vdots \\ x_n \end{bmatrix}$, 그리고 $B = \begin{bmatrix} b_1 \\ \vdots \\ \vdots \\ b_n \end{bmatrix}$이라고 하면, 위 연립방정식을 다음과 같이 나타낼 수 있다.

$$AX = B$$

나. (1) A가 정칙인 경우에는 그 해 $X = A^{-1}B$는 유일하다. 그러나 A가 정칙이 아닌 경우에는 B에 따라 해가 무수히 많거나 아니면 없을 수도 있다. A가 정칙이 아닌

경우에는 A의 계급수 r는 $r<n$이다.

(2) 이 경우에도 A의 계급수 r에 따라 해가 없든가, 유일하든가, 아니면 무수히 많다. 이에 관한 자세한 논의는 조영수·강주호·신현용(2005)에 있다.

과제 5.2 가. 연립합동식의 해는 2, 3, 5의 최소공배수이므로 30이다. 사실, $x\equiv 0 \pmod{30}$을 만족시키는 가장 작은 자연수가 30이다. 따라서 최소의 정육면체의 탑을 만들기 위해서는 $\frac{30}{2}\times\frac{30}{3}\times\frac{30}{5}=900$개의 블록이 필요하다. 다음과 같이 연립합동식으로 변환하여 생각할 수도 있다.

$$\begin{cases} x\equiv 0 \pmod 2 \\ x\equiv 0 \pmod 3 \\ x\equiv 0 \pmod 5 \end{cases}$$

나. 다음과 같이 변환할 수 있다.

$$\begin{cases} x-1\equiv 0 \pmod 2 \\ x-1\equiv 0 \pmod 3 \\ x-1\equiv 0 \pmod 5 \end{cases}$$

이를 풀면, $x-1\equiv 0 \pmod{30}$ 즉, $x\equiv 1 \pmod{30}$을 얻는다. 따라서 1보다 큰 수 중에서 가장 작은 자연수는 31이다.

다. 다음과 같이 생각할 수 있다.

$$\begin{cases} x+1\equiv 0 \pmod 2 \\ x+1\equiv 0 \pmod 3 \\ x+1\equiv 0 \pmod 5 \end{cases}$$

이를 풀면, $x+1\equiv 0 \pmod{30}$을 얻는다. 따라서 구하는

자연수는 29이다.

과제 5.3 가. $(2,\ 3,\ 4)=1$이고 $(2,\ 3)=1$이고 $(3,\ 4)=1$이지만 $(2,\ 4)=2$이다.

나. $m_1,\ m_2,\ \cdots,\ m_n$은 쌍마다 서로소이므로 $(m_i,\ m_j)=1$, $[m_i,\ m_j]=m_i m_j,\quad i\neq j$이다. 이제 $[m_1,\ m_2,\ \cdots,\ m_n]=[[m_1,\ m_2,\ \cdots,\ m_{n-1}],\ m_n]$라는 사실과 수학적 귀납법을 이용하면 $[m_1,\ m_2,\ \cdots,\ m_n]=m_1 m_2\cdots m_n$임을 증명할 수 있다.

과제 5.5 가. $\begin{cases} x\equiv 1 \pmod 2 \\ x\equiv 2 \pmod 3 \\ x\equiv 3 \pmod 5 \end{cases}$

$M=2\times3\times5=30$이고, $M_1=15,\quad M_2=10,\quad M_3=6$이다. $15N_1\equiv 1 \pmod 2$이면 $15\times1-2\times7=1$이므로 $N_1=1$이고, $N_2=1,\ N_3=1$이다. 따라서 $u=15\times1\times1+10\times1\times2+6\times1\times3=53$이고 구하는 해는 $x\equiv 23 \pmod{30}$이다.

나. $\begin{cases} 8x\equiv 4 \pmod{14} \\ 5x\equiv 3 \pmod{11} \end{cases}$

(1) $2=8\times2-14\times1$이므로 $x_o\equiv 4 \pmod{14}$이다. 따라서 $x=x_o-7k$이므로 또 다른 해는 $x\equiv 11 \pmod{14}$이다.

(2) $1=11-5\times2$이므로 $x=-6$이다. 따라서 $x\equiv 5 \pmod{11}$는 유일한 해이다.

(3) $\begin{cases} x\equiv 4 \pmod{14} \\ x\equiv 5 \pmod{11} \end{cases}$, $\begin{cases} x\equiv 11 \pmod{14} \\ x\equiv 5 \pmod{11} \end{cases}$

(4) (가) $M=14\times11,\ M_1=11,\ M_2=14$이다.

$11N_1 \equiv 1 \pmod{14}$에서 $N_1 = 9$이고, $14N_2 \equiv 1 \pmod{11}$에서 $N_2 = 4$이다. 따라서 구하는 해는 $x \equiv 11\times9\times4+14\times4\times5 = 676 \equiv 60 \pmod{154}$ 이다.

(나) 같은 방법으로 다음을 알 수 있다.

$M = 14\times11,\ M_1 = 11,\ M_2 = 14,\ N_1 = 9,\ N_2 = 4$

$u = 11\times9\times11+14\times4\times5 = 1369$

따라서 구하는 해는 $x \equiv 137 \pmod{154}$이다.

***과제 5.7** 나. $\bar{a},\ \bar{b},\ \bar{c} \in \overline{\mathbb{Z}_m^*}$라고 하자.

(1) $\forall \bar{a},\ \bar{b} \in \overline{\mathbb{Z}_m^*},\ (ab,\ m) = 1$

(2) $\forall \bar{a},\ \bar{b},\ \bar{c} \in \overline{\mathbb{Z}_m^*}$,

$(\bar{a}\,\bar{b})\bar{c} = \overline{ab}\,\bar{c} = \overline{(ab)c} = \overline{a(bc)} = \bar{a}\,\overline{bc} = \bar{a}\,(\bar{b}\,\bar{c})$

(3) $\forall \bar{a} \in \overline{\mathbb{Z}_m^*},\ \exists \bar{1} \in \overline{\mathbb{Z}_m^*}\ ;\ \bar{a}\,\bar{1} = \bar{1}\,\bar{a} = \overline{1\times a} = \bar{a}$

집합 $\overline{\mathbb{Z}_m}$에서 곱셈에 관한 항등원은 $\bar{1}$이다.

(4) 정리 4.26 가

(5) $\forall \bar{a},\ \bar{b} \in \overline{\mathbb{Z}_m^*},\ \bar{a}\,\bar{b} = \overline{ab} = \overline{ba} = \bar{b}\,\bar{a}$

다. $a \equiv r_1 \pmod{m}$이고 $a \equiv r_2 \pmod{m}$라고 하면 $a = r_1 + mk_1$, $k_1 \in \mathbb{Z}$이고 $a = r_2 + mk_2,\ k_2 \in \mathbb{Z}$이다. $r_1 + mk_1 = r_2 + mk_2$이므로 $r_1 - r_2 = m(k_2 - k_1)$ 즉 $r_1 - r_2 \equiv 0 \pmod{m}$이다. 따라서 $r_1 = r_2$이다. 한편, $(a,\ m) = 1$이고 $a \equiv r \pmod{m}$라고 하

면 $a=r+mk$, $k\in\mathbb{Z}$ 이고 $(r+mk,\ m)=1$이다. $(r+mk)x+my=1$이므로 $rx+m(kx+y)=1$이고 $(r,\ m)=1$이다. 이 증명 후반부에서는 정리 2.30을 직접 이용하여도 된다.

과제 5.9 $\mathbb{Z}_p^*=\{1,\ 2,\ \cdots,\ p-1\}$에서 p가 소수이면, 1에서 $p-1$까지의 모든 수는 p와 서로소이다. 따라서 $\mathbb{Z}_p^*=\mathbb{Z}_p-\{0\}$이고 $\varphi(p)=p-1$이다.

과제 5.13 나. 조영수 · 강주호 · 신현용(2005)을 참고하여라.

과제 5.20 가. $\mathbb{Z}_6^*=\{1,\ 5\}$이므로 $\varphi(6)=2$이다.

$$5^2=25\equiv 1 \pmod{6}$$

나. p가 소수라고 하면, $\varphi(p)=p-1$이다. 그러므로 페르마-오일러 정리에 의하여, $(a,\ p)=1$이면, $a^{\varphi(p)}=a^{p-1}\equiv 1 \pmod{p}$이다.

과제 5.22 나. 페르마의 마지막 정리의 내용은 다음과 같다.

$X^n+Y^n=Z^n$ (n은 3 이상의 자연수)을 만족시키는 세 자연수의 쌍 $(X,\ Y,\ Z)$는 존재하지 않는다.

과제 5.24 가. 11은 소수이므로 $\varphi(11)=10$이다. $(5,\ 11)=1$이므로 페르마-오일러 정리에 의하여 $5^{10}\equiv 1 \pmod{11}$이므로 5^{10}을 11로 나누면 나머지가 1이다.

나. $\mathbb{Z}_{10}^{*}=\{1,\ 3,\ 7,\ 9\}$, $\varphi(10)=4$이고 $(7,\ 10)=1$이므로 $7^4\equiv 1 \pmod{10}$이다. 이제, $7^{1001}=(7^4)^{250}\cdot 7$이므로 $7^{1001}\equiv 7 \pmod{10}$이다.

다. $9^x\equiv y \pmod{19}$, $9\times 9^{x-1}\equiv y \pmod{19}$이다. $(9,\ 19)=1$이므로 정리 5.23에 의해 $9^{x-1}\equiv 9^{17}\times y \pmod{19}$가 된다. 따라서 $\begin{cases} y=1 \\ x=18 \end{cases}$, $\begin{cases} y=9 \\ x=19 \end{cases}$, $\begin{cases} y=81 \\ x=20 \end{cases}$, $\cdots$ 등의 해를 들 수 있다.

과제 5.27 가. $E(M)\equiv M^{e_i} \pmod{n_i}$, $D(M^*)\equiv (M^*)^{d_i} \pmod{n_i}$

$$D(E(M))\equiv D(M^{e_i})\equiv (M^{e_i})^{d_i}\equiv M^{e_id_i}\equiv M^{\varphi(n_i)k+1}$$
$$\equiv (M^{\varphi(n_i)})^kM \pmod{n_i}$$

그런데 페르마-오일러 정리에 의해 $M^{\varphi(n_i)}\equiv 1 \pmod{n_i}$, $M\neq p_i$, $M\neq q_i$, $M\neq p_iq_i$이다.

따라서 $(M^{\varphi(n_i)})^kM\equiv M \pmod{n_i}$이다.

나. $e_id_i\equiv 1 \pmod{\varphi(n_i)}$이므로 $e_id_i-\varphi(n_i)k=1$ 즉 $ax+by=1$ 꼴의 일차부정방정식 꼴이므로 유클리드 알고리즘을 이용하여 풀 수 있다.

다. $\varphi(n_i)$가 노출되면, $\varphi(n_i)=(p_i-1)(q_i-1)=n_i+1-(p_i+q_i)$이고 $n_i=p_iq_i$이므로 p_i, q_i는 $x^2-(n_i+1-\varphi(n_i))x+n_i=0$의 근으로서 쉽게 노출된다.

라. 먼저, $n_i=p_iq_i=41\times 53=2173$을 계산한다. 이제, $e_i=29$를 선택한 후 합동식 $e_id_i\equiv 1 \pmod{\varphi(n_i)}$을 풀어 $d_i=789$

를 구한다. 물론, $d_i \equiv e_i^{\varphi(\varphi(n_i))-1} \pmod{\varphi(n_i)}$를 사용하여 d_i를 구해도 된다. 이제, $n_i = 2173$과 $e_i = 29$는 공개열쇠로 등록하고, p_i, q_i, d_i는 비밀열쇠로 보관한다. 이제, 원문 'LOVE'를 다음과 같이 암호화할 수 있다. 먼저, 'LOVE'를 ASCII 부호로 변환하여 다음을 얻는다.

$$01001100\ 01001111\ 01010110\ 01000101$$

이 경우 법이 2173이므로 12비트의 수로 처리하여야 한다. 예를 들어,

$$000001001100\ 000001001111\ 000001010110\ 000001000101$$

와 같이 인식하면 될 것이다. 이 수들을 10진법으로 나타내면 76, 79, 86, 69이다. 이제, 다음과 같이 암호화 할 수 있다.

$$76^{29} \pmod{2173}, \quad 79^{29} \pmod{2173},$$
$$86^{29} \pmod{2173}, \quad 69^{29} \pmod{2173}$$

이 수들을 12비트의 이진법으로 나타내어 보내면, 수신자는 비밀열쇠를 사용하여 원문 'LOVE'를 복구할 수 있다. 참고로, 원문을 ASCII 부호로 변환한 후, 편의에 따라, 한 블록의 비트 수를 12가 아닌 다른 수를 사용할 수 있다.

Ⅵ. 원시근

지난 줄거리

4. 중학교에서 여러 개의 일차방정식을 동시에 만족시키는 해를 구한다. 이때 일차연립방정식을 푸는 것이다. 이와 마찬가지로 여러 개의 일차합동식을 연립하여 일차연립합동식을 생각할 수 있다. 이때, 중국인의 나머지 정리는 편리한 풀이법을 제공한다.

과제 6.1 가. $\mathbb{Z}_7^* = \{1,\ 2,\ 3,\ 4,\ 5,\ 6\}$

나. 그렇다. 사실, $\mathbb{Z}_5^* = \{1,\ 2,\ 3,\ 4\}$에서 $2^1 = 2$, $2^2 = 4$, $2^3 = 3$, $2^4 = 1$이다.

다. 그렇다. 사실, $3^1 = 3$, $3^2 = 4$, $3^3 = 2$, $3^4 = 1$이다.

라. 그렇지 않다. $\mathbb{Z}_8^* = \{1,\ 3,\ 5,\ 7\}$인데 1은 당연히 전체를 생성할 수 없고, $3^1 = 3$, $3^2 = 1$이므로 3은 3과 1만 생성하며, $5^1 = 5$, $5^2 = 1$이므로 5는 5와 1만 생성하고, $7^1 = 7$, $7^2 = 1$이므로 7은 7과 1만 생성할 수 있다.

과제 6.13 가, 나. 원시근의 정의에 의하여 $\mathrm{ord}_m g = \varphi(m)$이므로 정리 6.7로부터 분명하다.

다. (1) $|R| = \varphi(m)$

(2) $(g^0,\ m) = 1$인 것은 당연하다. 한편, g가 법 m에 관한 원

시근이므로 $(g, m)=1$이고, 따라서 $(g^2, m)=(g^3, m)=\cdots=(g^{\varphi(m)-1}, m)=1$이다.

(3) $g^i \equiv g^j \pmod{m} \Rightarrow i \equiv j \pmod{\varphi(m)}$

라, 마. 정리 6.8로부터 분명하다.

과제 6.14 가. $\mathbb{Z}_7^* = \{1, 2, 3, 4, 5, 6\}$

$$1=3^6,\ 2=3^2,\ 3=3^1,\ 4=3^4,\ 5=3^5,\ 6=3^3$$

나. 법 7에 관한 원시근은 3과 5 둘 뿐이다. 따라서 원시근의 총 개수는 $\varphi(\varphi(7))=2$이다.

다. 과제 6.13 마로부터 분명하다.

과제 6.23 나. 먼저, 원시근 3에 대한 지수는 다음과 같다.

$$\begin{aligned}&\mathrm{ind}_3 3=1, \quad \mathrm{ind}_3 2=2, \quad \mathrm{ind}_3 6=3,\\ &\mathrm{ind}_3 4=4, \quad \mathrm{ind}_3 5=5, \quad \mathrm{ind}_3 1=6\end{aligned}$$

원시근 5에 대한 지수는 다음과 같다.

$$\begin{aligned}&\mathrm{ind}_5 5=1, \quad \mathrm{ind}_5 4=2, \quad \mathrm{ind}_5 6=3,\\ &\mathrm{ind}_5 2=4, \quad \mathrm{ind}_5 3=5, \quad \mathrm{ind}_5 1=6\end{aligned}$$

과제 6.26 합동식 $13x^{18} \equiv 7 \pmod{25}$의 양변에 지수를 취하면 다음을 얻는다.

$$\mathrm{ind}\,13 + 18\,\mathrm{ind}\,x \equiv \mathrm{ind}\,7 \pmod{20}$$

이제, 지수표에 의하여 다음을 알 수 있다.

$$19+18\,\mathrm{ind}\,x \equiv 5 \pmod{20} \text{ 즉, } 18\,\mathrm{ind}\,x \equiv 6 \pmod{20}$$

이를 풀면, $\mathrm{ind}\,x \equiv 7 \pmod{20}$ 또는 $\mathrm{ind}\,x \equiv 17 \pmod{20}$이다. 다시 지수표에 의하여 $x=3 \in \mathbb{Z}_{25}^*$ 또는 $x=22 \in \mathbb{Z}_{25}^*$이다.

과제 6.29 $\mathbb{Z}_7^* = \{1, 2, 3, 4, 5, 6\}$에서 다음을 알 수 있다.

$$1^3 \equiv 1 \pmod 7$$
$$2^3 \equiv 1 \pmod 7$$
$$3^3 \equiv -1 \pmod 7$$
$$4^3 \equiv 1 \pmod 7$$
$$5^3 \equiv -1 \pmod 7$$
$$6^3 \equiv -1 \pmod 7$$

이차합동식 $x^2 \equiv a \pmod 7$가 해를 갖는 a의 값은 1, 2 또는 4이다.

과제 6.30 가. q^{k_1}이 인자에게 온다. 이 값을 k_2 제곱한 값이 열쇠가 되므로 인자는 k_1을 모르더라도 열쇠를 계산할 수 있다.

나. q^{k_2}이 명자에게 온다. 이 값을 k_1 제곱한 값이 열쇠가 된다.

다. 제 삼자가 두 사람의 통신 내용을 알 경우 제 삼자는 q^{k_1}과 q^{k_2}를 알게 되는데, 이 두 값을 곱한 $q^{k_1}q^{k_2}$ 값은 $q^{k_1+k_2}$이고 이는 열쇠인 $g^{k_1k_2}$ 와는 다르다. 여기서 주목할 것은 제삼자가 획득한 정보로부터 열쇠를 얻을 수 있는 어떤 방법이 있을 수 있다. 이 문제에 관한 자세한 논의는 여기에서 생각하지 않는다.

Ⅶ. 제곱잉여

지난 줄거리

4. 법이 주어지면 그 법에 관한 원시근을 생각할 수 있다. 그러나 모든 법에 관하여 원시근이 존재하는 것이 아니다. 따라서 주어진 법에 관한 원시근의 존재 여부는 중요한 문제이다. 어떤 법에 관하여 원시근이 존재하는 경우에는 고등학교에서의 로그함수와 같이 이산로그를 생각할 수 있다. 이때 지수를 계산할 수 있는데 지수는 표로 제공된다. 이 지수표를 이용하면 고차합동식을 풀 수 있다. 한편, 이산로그는 일방향성이 있기 때문에 암호학에 응용된다.

과제 7.1 가. $X=\mathbb{C}$ 에서는 참이다.

$X=\mathbb{R}$ 에서는 거짓이다. 음수의 제곱근은 실수가 아니다.

$X=\mathbb{Q}$ 에서는 거짓이다. 어떤 유리수의 제곱근은 무리수일 수도 있다.

$X=\mathbb{Z}$ 에서는 거짓이다. 어떤 정수의 제곱근은 무리수일수도 있다.

나. 두 개 존재한다.

과제 7.2 나. 해가 존재하지 않는다.

다. $\mathbb{Z}_{15}^{*}=\{1, 2, 4, 7, 8, 11, 13, 14\}$

(1) 1, 4

(2) 4개

과제 7.4 $\mathbb{Z}_m$에서는 덧셈에 관하여 아무 문제가 없다. 그러나 곱셈의 경우에는 문제가 발생한다. 예를 들어, 곱셈에 관한 역원을 가지지 않는 원소가 있을 수 있기 때문이다. 제곱잉여와 제곱비잉여는 모두 곱셈에 관한 것이므로 $\mathbb{Z}_m^{*}$에서만 생각한다.

과제 7.6 한 원시근을 g라고 하자. 이 원시근이 제곱잉여라면 $(g, p)=1$이므로 오일러규준에 의해 $g^{\frac{p-1}{2}} \equiv 1 \pmod{p}$이다. 이것은 g가 원시근이라는데 모순이다. 따라서 원시근은 제곱비잉여이다.

과제 7.13 가. $\left(\dfrac{ab}{p}\right)=\left(\dfrac{a}{p}\right)\left(\dfrac{b}{p}\right)$이고 원시근은 제곱비잉여이므로, $\left(\dfrac{g^i}{p}\right)=\left(\dfrac{g}{p}\right)\left(\dfrac{g}{p}\right)\cdots\left(\dfrac{g}{p}\right)=(-1)^i$이다.

다. p가 $4k+1$ 꼴의 소수이면 $p=m^2+n^2$을 만족시키는 서로 다른 두 자연수 m, n이 존재한다. m, n 모두는 0이 아닌 $\mathbb{Z}_p$의 원소로 볼 수 있다. $\mathbb{Z}_p$는 체이므로 양변에 n^2의 곱셈에 관한 역원 n^{-2}를 곱해줌으로써 $\left(\frac{m}{n}\right)^2+1\equiv 0 \pmod p$을 얻는다. 여기서 $\frac{m}{n}\in\mathbb{Z}_p$가 -1의 제곱근이므로 -1은 법 p에 관하여 제곱잉여이다. 한편, p가 $p=4k+1$ 꼴의 소수이면 $a^2\equiv -1 \pmod p$인 $a\in\mathbb{Z}_p$가 존재한다. 이제, $0\le x,\ y<\sqrt{p}$ 인 정수 x, y에 대하여 $ax-y$ 꼴의 수 전체의 집합 X를 생각하자. X의 원소의 개수는 $([\sqrt{p}]+1)^2>(\sqrt{p})^2=p$이므로 $ax_1-y_1\equiv ax_2-y_2 \pmod p$인 정수 x_1, x_2, y_1, y_2가 존재한다. 이제, $x=x_1-x_2$, $y=y_1-y_2$라고 하면 x와 y 중 적어도 하나는 0이 아니고 다음이 성립한다.

$$\begin{aligned} ax\equiv y \pmod p &\Rightarrow a^2x^2\equiv -x^2\equiv y^2 \pmod p \\ &\Rightarrow x^2+y^2\equiv 0 \pmod p \end{aligned}$$

따라서 x^2+y^2은 p의 배수이고, $0<x^2+y^2<(\sqrt{p})^2+(\sqrt{p})^2=2p$이므로 $x^2+y^2=p$이다.

***과제 7.17** 가. (1) 두 소수 p, q 각각에 대하여 $p\equiv 1 \pmod 4$ 또는 $p\equiv -1 \pmod 4$이고 $q\equiv 1 \pmod 4$ 또는 $q\equiv -1 \pmod 4$이다. 이제, $p\equiv 1 \pmod 4$ 또는 $q\equiv 1 \pmod 4$이면 $\frac{p-1}{2}\frac{q-1}{2}$는 짝수이므로 정리 7.16에 의하여

$\left(\frac{q}{p}\right)=\left(\frac{p}{q}\right)$이다. 역으로 $\left(\frac{q}{p}\right)=\left(\frac{p}{q}\right)$이면 $\frac{p-1}{2}\frac{q-1}{2}$는 짝수이므로 $p\equiv 1 \pmod 4$ 또는 $q\equiv 1 \pmod 4$이다.

(2) $p\equiv q\equiv -1 \pmod 4$이면 $\frac{p-1}{2}\frac{q-1}{2}$는 홀수이므로 정리 7.16에 의하여 $\left(\frac{q}{p}\right)=-\left(\frac{p}{q}\right)$이다. 역으로 $\left(\frac{q}{p}\right)=-\left(\frac{p}{q}\right)$이면 $\frac{p-1}{2}\frac{q-1}{2}$는 홀수이어야 하므로 $p\equiv q\equiv -1$ $\pmod 4$이다.

과제 7.19 법 n이 세 개의 홀수 소수의 곱일 때를 생각하자. 이를 위하여 $n=pqr$, (p, q, r은 서로 다른 홀수)라고 하자. 이때, $x^2\equiv a \pmod n$이 해를 가지기 위해서는 $x^2\equiv a \pmod p$, $x^2\equiv a \pmod q$, 그리고 $x^2\equiv a \pmod r$이 모두 해를 가져야 한다. 그러기 위해서는 $\left(\frac{a}{p}\right)=\left(\frac{a}{q}\right)=\left(\frac{a}{r}\right)=1$이어야 하고, 각각의 제곱잉여의 개수는 $\frac{p-1}{2}$, $\frac{q-1}{2}$, $\frac{r-1}{2}$개 있으므로 제곱잉여의 개수는 $\frac{(p-1)(q-1)(r-1)}{8}$개이다.

***과제 7.22** 이 약정은 명자는 인자에게 사용할 동전을 주고, 인자는 그 동전을 던진 후 그 결과를 숨기며, 명자는 인자가 숨기고 있는 면을 맞추는 과정을 구현한 것으로 볼 수 있다. 따라서 명자와 인자의 역할을 바꾸어도 아무런 차이가 없다고 할 수 있다.

과제 7.24 가. (1) 1이다. 즉, 항상 통과한다.

(2) $\frac{1}{2}$이다. 인자가 0을 보내면 통과하고 1을 보내면 통과하지 못한다.

(3) $\frac{1}{2^{20}}$이다. 한 번 성공할 확률이 $\frac{1}{2}$이고 각 시도는 독립적이기 때문이다.

(4) 인자가 0을 보내면 명자는 s에 대한 정보를 전혀 노출하지 않고, 인자가 1을 보내더라도 명자는 s를 어떤 한 수와 곱해서 보내기 때문에 s에 대한 의미있는 정보를 전혀 노출하지 않는다.

나. (1) 명자가 두 차례에 걸쳐 같은 r를 사용한다는 것을 인자가 안다면 한 번은 0을 보내서 r를 받고, 한번은 1을 보내서 rs를 받음으로써 s를 알 수 있다.

(2) 인자가 1을 보낼 것을 명자가 아는 경우 명자는 m 대신 $\frac{4}{a}$를 보낸다. 여기서, $|\mathbb{Z}_n^*| = (p-1)(q-1)$이므로 $\mathbb{Z}_n$에서 택하는 모든 수는 법 n과 서로소라고 여겨도 무난하다. 따라서 a는 법 n에 관하여 곱셈에 관한 역원을 가지므로 $\frac{4}{a}$는 잘 정의된다.

뒷 이야기

1. 가. 이차합동식 $x^2 \equiv 97 \pmod{101}$에서 먼저, $97 \equiv -4 \pmod{101}$ 이므로 $\left(\frac{97}{101}\right)=\left(\frac{-4}{101}\right)$이고, $\left(\frac{-4}{101}\right) \equiv (-4)^{\left(\frac{101-1}{2}\right)} \equiv (-4)^{50}$ $\pmod{101}$이다. 이제, $(-4)^{50} \equiv 4^{50} \equiv \left(\frac{4}{101}\right) \pmod{101}$이고 $\left(\frac{4}{101}\right)=\left(\frac{2^2}{101}\right)=1$이므로 주어진 이차합동식은 해를 가진다.

   나. 이차합동식 $x^2+2x \equiv 28 \pmod{89}$는 $(x+1)^2 \equiv 29$ $\pmod{89}$와 같다. 이제, $t=x+1$이라고 하고 $t^2 \equiv 29$ $\pmod{89}$의 해가 존재하는지를 판별하면 된다. (29,89)=1이므로 오일러 규준을 사용하면, $29^{\frac{89-1}{2}} \equiv 29^{44} \pmod{89}$가 무엇과 합동인지 판별하면 된다. 이때, $29^{44} \equiv (29^4)^{11}$ $\equiv (-2)^{11} \equiv -1 \pmod{89}$이므로 주어진 이차합동식은 해를 가지지 않는다.

*2. 가. $8n-1$ 꼴의 소수가 유한개 존재한다고 가정하고, 이들 모두를 $q_1, q_2, \cdots, q_s$라고 하자. $N=(4q_1q_2\cdots q_s)^2-2$ 즉, $N=2\{8(q_1q_2\cdots q_s)^2-1\}$이라고 하고 p를 N의 홀수인 소인수라고 하면, $p|N$이므로 $(4q_1q_2\cdots q_s)^2-2 \equiv 0 \pmod{p}$ 즉 $(4q_1q_2\cdots q_s)^2 \equiv 2 \pmod{p}$이다. 따라서 이차합동식 $x^2 \equiv 2 \pmod{p}$는 해를 가지므로 $\left(\frac{2}{p}\right)=1$이다. 정리 7.14

에 의하여 $p\equiv \pm 1 \pmod 8$이다. 그러므로 N의 홀수인 소인수는 모두 $8n-1$ 또는 $8n+1$의 꼴이다. 그런데 $N\equiv -2 \pmod 8$이고 $\frac{N}{2}$는 홀수이다. 따라서 N의 홀수인 소인수가 모두 $8n+1$의 꼴이면, $N\equiv 2\cdot 1\equiv 2 \pmod 8$가 되어 모순이다. 따라서 N의 소인수 중에는 $8n-1$의 꼴인 소인수가 적어도 하나 존재한다. 이러한 소인수를 q라고 하면, q는 q_1, q_2, $\cdots$, q_s 중의 어느 하나와 일치한다. 결국, $q\mid N$이고 $q\mid (4q_1q_2\cdots q_s)^2$이므로 $q\mid 2$가 되어 모순이다.

Ⅷ. 연분수

지난 줄거리

6. 중학교에서 이차방정식의 해를 구하듯이 이차합동식의 해에 관하여 생각할 수 있다. 그러나 일반적으로 제곱근을 가지지 않는 경우가 많다. 제곱잉여와 제곱비잉여는 제곱근의 존재 여부에 의하여 정의된다. 제곱잉여를 판정할 때 오일러 규준은 유용하며 르장드르 기호를 사용하면 제곱잉여의 여러 가지 성질을 효과적으로 살필 수 있다. 이산로그와 마찬가지로 제곱잉여에도 일방향성이 있기 때문에 암호학에 응용할 수 있다.

과제 8.1 가. $x=0.999\cdots$라고 놓으면 $10x=9.999\cdots$이다. 따라서 $10x-x=9.999\cdots -0.999\cdots$ 즉, $9x=9$를 얻을 수

있다. 결국, $x=1$이다.

다. 위 '가'의 과정은 수렴과 발산에 관한 이해가 전제하므로 중학교 2학년 수준에서는 적절하지 않다고 할 수 있다.

과제 8.11 나. $\xi=\langle a_0\,;\,a_1,\ a_2,\ \cdots,\ a_n,\ \cdots\rangle=\langle b_0\,;\,b_1,\ b_2,\ \cdots,\ b_n,\ \cdots\rangle$이라고 하면 정리 8.10에 의하여 다음을 알 수 있다.

$$a_0=[\xi]=b_0$$

$$a_0+\frac{1}{\langle a_1\,;\,a_2,\ a_3,\ \cdots,\ a_n,\ \cdots\rangle}=b_0+\frac{1}{\langle b_1\,;\,b_2,\ b_3,\ \cdots,\ b_n,\ \cdots\rangle}$$

따라서 $\langle a_1\,;\,a_2,a_3,\ \cdots,a_n,\ \cdots\rangle=\langle b_1\,;\,b_2,b_3,\ \cdots,b_n,\ \cdots\rangle$이다. 이와 같은 과정을 되풀이하면 $a_i=b_i\ (i\geq 0)$임을 알 수 있다.

과제 8.13 가. 소수를 유한소수와 무한소수로 구분하는 것은 바람직하지 않다. 0.5와 같은 소수는 $0.4999\cdots$와 같이 무한소수로 표현되기 때문이다. 이제 모든 실수는 모두 무한소수로 표현된다. 순환하는 무한소수가 유리수이고, 순환하지 않는 무한소수가 무리수이다.

나. (1) $\left[\frac{1+\sqrt{5}}{2}\right]=1$

$$\left[\frac{2}{\sqrt{5}-1}\right]=\left[\frac{1+\sqrt{5}}{2}\right]=1$$

$$\vdots$$

$$\frac{1+\sqrt{5}}{2} = \langle 1\,;\, 1,\ 1,\ 1,\ \cdots \rangle = \langle \bar{1} \rangle$$

(2) $[\sqrt{2}] = 1$

$$\left[\frac{1}{\sqrt{2}-1}\right] = [\sqrt{2}+1] = 2$$

$$\left[\frac{1}{\sqrt{2}-1}\right] = 2$$

$$\vdots$$

$$\sqrt{2} = \langle 1\,;\, 2,\ 2,\ 2,\ \cdots \rangle = \langle 1\,;\, \bar{2} \rangle$$

(3) $[\sqrt{3}] = 1$

$$\left[\frac{1}{\sqrt{3}-1}\right] = \left[\frac{\sqrt{3}+1}{2}\right] = 1$$

$$\left[\frac{2}{\sqrt{3}-1}\right] = [\sqrt{3}+1] = 2$$

$$\left[\frac{1}{\sqrt{3}-1}\right] = 1$$

$$\vdots$$

$$\sqrt{3} = \langle 1\,;\, 1,\ 2,\ 1,\ 2,\ 1,\ 2,\ \cdots \rangle = \langle 1\,;\, \overline{1,\ 2} \rangle$$

(4) $\pi = \langle 3\,;\, 7,\ 15,\ 1,\ 292,\ \cdots \rangle$

과제 8.15 가. 지구가 x번, 화성은 y번 공전한다면

$$\frac{x}{y} = \frac{1.8808}{1} = \frac{18808}{10000} = \frac{2351}{1250}$$

이므로 2351년 후에 세 천체는 일직선 위에 있게 된다. 이제, 연분수를 이용하여 유리수 $\frac{2351}{1250}$을 나타내면 다음과 같다.

a_i			1	1	7	2	1	1	3	8
h_i	0	1	1	2	15	32	47	79	284	2351
k_i	1	0	1	1	8	17	25	42	151	1250

따라서 2003년 이후 100년 이내에는 2003+79=2082년에 세 천체는 일직선에 유사한 위치에 있게 된다.

과제 8.18 가. $\langle 2\,;\,\overline{3,\ 4}\rangle = \langle 2\,;\,3,\ 4,\ \overline{3,\ 4}\rangle$이므로 $\langle \overline{3\,;\,4}\rangle$를 t라고 하면 $t=\langle 3\,;\,4,\ t\rangle$이다. 이로부터 $t=3+\cfrac{1}{4+\cfrac{1}{t}}$ 즉, $t=\frac{3}{2}\pm\sqrt{3}$을 얻을 수 있다. 이제, t는 양수이므로 $t=\frac{3}{2}+\sqrt{3}$이다. 결국, $\langle 2\,;\,\overline{3,\ 4}\rangle=\langle 2\,;\,t\rangle=\left\langle 2\,;\,\frac{3}{2}+\sqrt{3}\right\rangle$ $=2+\cfrac{1}{\cfrac{3}{2}+\sqrt{3}}=\frac{4\sqrt{3}}{3}$이다.

나. $\langle \overline{1}\rangle=\langle 1\,;\,\overline{1}\rangle$이므로 $\overline{1}$를 t라고 할 때, $t=\langle 1\,;\,t\rangle$가 된다. 여기에서 $t=\frac{1+\sqrt{5}}{2}$을 얻을 수 있다. 따라서 $\left\langle \frac{1+\sqrt{5}}{2}\right\rangle$ $=\frac{1+\sqrt{5}}{2}$이다.

과제 8.20 먼저 $\frac{94}{9}=\langle 10\,;\,2,\ 4\rangle$이고, 다음 표를 얻을 수 있다.

i	-2	-1	0	1	2
a_i			10	2	4
h_i	0	1	10	21	94
k_i	1	0	1	2	9

여기서 $\frac{94}{9}=\langle 10\,;\, 2, 4\rangle = u_2$이고, $h_2k_1 - h_1k_2 = -1$이므로 $94 \cdot 2 - 9 \cdot 21 = -1$이고, $94 \cdot (-2) + 9 \cdot 21 = 1$이다. 따라서 구하는 해는 다음과 같다.

$$\begin{cases} x = -2 + 9k \\ y = 21 - 94k \end{cases},\quad k \in \mathbb{Z}$$

과제 8.22 가. 페르마는 다음 사실에 주목하였다.

> 주어진 n에 대하여 $n + a^2 = b^2$을 만족시키는 두 자연수 a, b가 존재하면 $n = (b-a)(b+a)$가 되어 n을 인수분해할 수 있다.

과제 8.25 $\sqrt{n}$은 대충 다섯 자리의 수이고 $2\sqrt{n}$은 대충 다섯 또는 여섯 자리의 수이다. 결국 $\sqrt{n}$과 $2\sqrt{n}$ 사이에는 많은 수가 있는 게 아님을 알 수 있다.

과제 8.27 사. (1) $\begin{bmatrix} b_{n+1} & b_n \\ b_n & b_{n-1} \end{bmatrix} = \begin{bmatrix} 1 & 1 \\ 1 & 0 \end{bmatrix}^n$, $n \geq 2$을 수학적 귀납법으로 증명한다.

먼저, $n=2$일 때에는 $\begin{bmatrix} 2 & 1 \\ 1 & 1 \end{bmatrix} = \begin{bmatrix} 1 & 1 \\ 1 & 1 \end{bmatrix}^2$이므로 성립한

다. 이제, $n=k$일 때에 성립한다고 가정하자. 즉, $\begin{bmatrix} b_{k+1} & b_k \\ b_k & b_{k-1} \end{bmatrix} = \begin{bmatrix} 1 & 1 \\ 1 & 0 \end{bmatrix}^k$라고 가정한다. $n=k+1$일 때 다음을 알 수 있다.

$$\begin{aligned} \begin{bmatrix} 1 & 1 \\ 1 & 0 \end{bmatrix}^k \begin{bmatrix} 1 & 1 \\ 1 & 0 \end{bmatrix} &= \begin{bmatrix} b_{k+1} & b_k \\ b_k & b_{k-1} \end{bmatrix} \begin{bmatrix} 1 & 1 \\ 1 & 0 \end{bmatrix} \\ &= \begin{bmatrix} b_{k+1}+b_k & b_{k+1} \\ b_k+b_{k-1} & b_k \end{bmatrix} \\ &= \begin{bmatrix} b_{k+2} & b_{k+1} \\ b_{k+1} & b_k \end{bmatrix} \end{aligned}$$

따라서 $\begin{bmatrix} 1 & 1 \\ 1 & 0 \end{bmatrix}^{k+1} = \begin{bmatrix} b_{k+2} & b_{k+1} \\ b_{k+1} & b_k \end{bmatrix}$이다.

(2) $b_{n+1}b_{n-1} - b_n^2 = (-1)^n,\ n \geq 2$

정리 8.6의 나에 의해서 $h_i k_{i-1} - h_{i-1} k_i = (-1)^{i+1}$이고, $h_i = b_{i+2},\ h_{i-1} = b_{i+1},\ k_i = b_{i+1},\ k_{i-1} = b_i,\ n = i+1$ 라고 한다.

(3) $$\begin{aligned} b_{n+2}b_{n-1} - b_n b_{n+1} &= (b_{n+1}+b_n)b_{n-1} - b_n(b_n + b_{n-1}) \\ &= b_{n+1}b_{n-1} - b_n^2 = (-1)^n \end{aligned}$$

과제 8.28 수렴하지 않는 무한급수의 경우에는 그 급수를 어떤 한 수로 놓는 것 자체가 불가능하다. 주어진 무한급수가 수렴하여 어떤 한 수로 놓을 수 있다고 하더라도 결합법칙이나 교환법칙 등의 대수적 법칙을 사용하는 데에는 조심하여야 한다.

여기에 주어진 모든 급수는 발산하기 때문에 제시된 모든 논증은 옳지 않다. 여기에 제시된 논증과 비슷한 방법으로 다음과 같은 모순 명제를 도출할 수도 있다.

가. $1+(-1)+1+(-1)+1+(-1)+1+(-1)+\cdots=s$라고 하면

$$\begin{aligned}&1+(-1)+1+(-1)+1+(-1)+1+(-1)+\cdots\\&=1-\{1+(-1)+1+(-1)+1+(-1)+1+(-1)+\cdots\}\end{aligned}$$

이다. 즉, $s=1-s$이므로 $s=\frac{1}{2}$이다. 한편,

$$\begin{aligned}&1+(-1)+1+(-1)+1+(-1)+1+(-1)+\cdots\\&=\{1+(-1)\}+\{1+(-1)\}+\{1+(-1)\}+\{1+(-1)\}+\cdots\\&=0\end{aligned}$$

이므로 $s=0$이다. 결국 $0=\frac{1}{2}$이다.

나. $1-2+4-8+16-32+64-\cdots=s$라고 하면

$$\begin{aligned}&1-2+4-8+16-32+64-\cdots\\&=1-2(1-2+4-8+16-32+64-\cdots)\end{aligned}$$

이다. 즉, $s=1-2s$이므로 $s=\frac{1}{3}$이다. 한편,

$$\begin{aligned}&1-2+4-8+16-32+64-\cdots\\&=(1+4+16+64+\cdots)-2(1+4+16+64+\cdots)\\&=-(1+4+16+64+\cdots)\end{aligned}$$

이므로 $s<0$이다. 결국 $\frac{1}{3}<0$이다.

뒷 이야기

1. 가. $(a+b\sqrt{2})+(c+d\sqrt{2})=(a+c)+(b+d)\sqrt{2}\in\mathbb{Q}(\sqrt{2})$

   나. $(a+b\sqrt{2})+(c+d\sqrt{2})=(c+d\sqrt{2})+(a+b\sqrt{2})$

   $\{(a+b\sqrt{2})+(c+d\sqrt{2})\}+(e+f\sqrt{2})$

   $=(a+b\sqrt{2})+\{(c+d\sqrt{2})+(e+f\sqrt{2})\}$

   다, 라. $a+b\sqrt{2}\neq 0$에 대하여 $(a+b\sqrt{2})\times x=1$라고 하면, 분모의 유리화를 통하여 다음을 알 수 있다.

$$x=\frac{1}{a+b\sqrt{2}}=\frac{a-b\sqrt{2}}{a^2-2b^2}$$

$$=\frac{a}{a^2-2b^2}+\frac{-b\sqrt{2}}{a^2-2b^2}\in\mathbb{Q}(\sqrt{2})$$

Ⅸ. 나오며

지난 줄거리

5. 중학교에서 유리수와 무리수는 각각 순환하는 무한소수와 순환하지 않는 무한소수로써 설명한다. 연분수는 유리수와 무리수를 구분할 수 있는 유용한 개념이다. 이 과정에서 무한급수가 자연스럽게 등장하고 급수의 수렴 발산이 중요한 관건이다. 한편, 연분수를 이용하여 일차부정방정식을 풀 수

있고 특별한 형태의 합성수를 인수분해 할 수 있다.

과제 9.1 집합론은 수학기초론(foundations of mathematics)의 주요 내용으로서 정수론은 물론 모든 수학의 기초 개념을 논의하고 다양한 논증기법의 정당성을 확립한다. 수학의 핵심 개념 중 하나라고 할 수 있는 무한성(infinity)은 집합론의 중심 주제이다. 연분수에 관한 논의에는 무한성이 개입한다. 한편, 집합론에서 소개하는 동치관계와 함수는 정수론에서도 중요한 역할을 한다. 예를 들어, 정수 전체의 집합 $\mathbb{Z}$에서 n를 법으로 하여 동치관계를 정의할 수 있고, 이 동치관계에 의한 동치류로 분할하여 $\mathbb{Z}_n$를 얻게 되는데, 이 집합은 정수론의 주요 연구 대상이다.

나. 유한 연분수에 관한 논의에는 특별한 어려움이 없다. 단순한 분수 계산을 몇 번 반복하면 된다. 그러나 무한 연분수에 관한 논의에서는 수렴성 등 유한 연분수의 경우에는 발생하지 않는 문제가 생긴다. 결국, 이 무한의 경우에는 덧셈이나 곱셈 등 연산에 관한 대수적 성질 외에 수렴이나 발산 등 해석학적 개념이나 성질을 활용하게 된다.

과제 9.2 주어진 자연수가 3의 배수인지 아닌지를 판정할 수 있는 여러 방안이 있을 것이다. 그러한 방안이 타당한지 논의할 때, 합동식 등 정수론의 개념이나 사실을 사용하면 편리하게 설명할 수 있다.

평가 문항 I

1.

- 정렬원리에 의하면 모든 집합에는 정렬이 존재한다. 실수 전체의 집합에서와 같이 정렬을 구체적으로 제시할 수 없는 경우도 있지만, 자연수 집합에서 보통 생각하는 순서 $\leq$는 정렬이다. 자연수 집합에서의 정렬성은 정수론에서 기초적인 원리이다. 이 원리는 자연수 전체 집합에서 우리가 보통 생각하는 수의 순서관계는 정렬이라는 것이다. 우리가 보통 생각하는 수의 순서관계는 정수 전체 집합이나 유리수 전체의 집합에서는 정렬이 아니다. 그러나 순서를 적절히 정의하면 정수 전체의 집합에서는 물론 유리수 전체 집합에서도 정렬을 구체적으로 제시할 수 있다. 그러나 실수 전체 집합의 경우는 다르다. 정렬원리에 의하면 실수 전체의 집합에도 정렬이 존재한다. 그러나 이 경우에는 자연수, 정수, 또는 유리수의 경우와는 달리 정렬을 구체적으로 제시할 수 있다는 뜻이 아니다. 사실, 지금까지 실수 전체의 집합에 구체적인 정렬이 제시되지 아니하였다.
- 정수론에서 중요한 개념이라고 할 수 있는 소수에 관하여 여러 문제를 생각할 수 있다. 특히, 소수의 개수는 중요한 문제이다. 소수가 무수히 많다는 사실은 오래 전에 증명되었다. 그러나 특수한 꼴의 소수 예를 들어, 페르마 소수나 메르센느 소수가 무수히 많은지는 아직 알려지지 아니 하였다. 한편, 소수 정리는 주어진 수까지의 소수 개수를 근사적으로 알 수 있게 한다.

- 무한소수는 유리수와 무리수를 구분할 수 있게 한다. 즉, 순환하는 무한소수는 유리수를 나타내고 순환하지 않는 무한소수는 무리수를 나타낸다. 연분수도 유리수와 무리수를 구분할 수 있게 한다. 즉, 유한단순연분수는 유리수를 나타내고 무한단순연분수는 무리수를 나타낸다. 한편, 순환하는 무한단순연분수는 이차무리수를 나타내며 역으로 이차무리수는 순환하는 무한단순연분수로 나타낼 수 있다. 일차부정방정식을 풀 때에는 보통 유클리드 알고리즘을 이용한다. 그러나 연분수를 이용하여 일차부정방정식을 풀 수도 있다.
- 정수론은 대수학 등 순수수학에서뿐만이 아니라 다른 분야에도 응용된다. 그 대표적인 예가 정보보호를 위한 암호학이다.
- 가상공간에서의 정보보호를 위해서는 자물쇠의 역할을 가상공간에서 구현해야 한다. 일방향 함수는 자물쇠의 역할을 구현하는 개념이다. 일반적으로, 소인수분해가 쉽지 않다는 사실, 이산로그에서 지수(index)를 계산하기가 쉽지 않다는 사실, 그리고 제곱잉여의 제곱근을 계산하기가 쉽지 않다는 사실을 이용하여 일방향 함수를 얻는다.
- 이 책에서는 열쇠(키) 분배, 전화로 동전던지기, 전자서명, 영지식 증명 등의 암호학 약정을 소개하였다. 이때, 여러가지 정수론적 사실과 컴퓨터의 계산 능력을 적절히 활용하였다.
- 수학에서는 소수 판정과 소인수 분해는 같은 과정이라고 할 수 있다. 즉, 소수판정을 하기 위해서는 주어진 수를 소인수분해하여야 한다. 그러나 확률론적 논증을 사용하면

이 두 과정은 판이하게 다르다. 즉, 소인수분해 없이 소수 판정을 할 수 있다. 이 외에도 확률론적 기법은 정보보호에 매우 유용하다.

- 디오판투스 방정식에서는 정수해를 구한다. 피타고라스 정리와 페르마의 마지막정리는 이차 또는 고차(삼차 이상) 디오판투스 방정식이라고 할 수 있다. 페르마의 마지막정리는 오일러가 증명을 시도하였지만 성공하지 못했고, 1994년 와일즈(Andrew Wiles)에 의하여 증명되었다.

2.[24)]

- 이 책에서 다루는 내용은 대부분의 초, 중등학교 교과서에 포함되지 아니한다. 대학에서 배우는 대부분의 수학이 그러하다. 그렇다면 교사가 되기 위해서라면 왜 그러한 수학을 배워야 하는가라는 질문이 가능하다. 이 물음에 답을 시도하기 전에 다음 질문을 생각하여 보자. 학교 수학 내신이 일등급이고 대학수학능력시험 수리 '가'형에서 최고점을 얻은 학생이 최고의 수학교사일까? 이 질문에 '그렇다'라고 쉽게 대답하기는 어렵다. 훌륭한 수학교사에게 필요한 지식은 수학 내용 등의 인지적(cognitive) 지식 외에 정의적(affective) 측면의 지식 등 다양한 스펙트럼의 지식이 필요하기 때문이다. 보통, 교사에게 요구되는 지식으로서 교수학적 내용지식(pedagogical content knowledge)이라는 것이 있는데 이는 수학 자체에 관한 지식 외에 학생에 대한 지

24) 여기에 제시된 것은 '정답'이라기보다는 저자가 염두에 두고 있는 답이다.

식 그리고 교수학적 지식을 포함한다. 수학 자체에 관한 지식도 학교 교과서 내용의 이해 이상이어야 한다. 즉, 교과서 내용을 보다 높은 관점에서 조망할 수 있고, 따라서 다른 부분 더 나아가 다른 교과와의 관계도 알 수 있어야 한다. 이렇게 볼 때, 학교 수학과 관련이 많은 정수론에 대하여 심도 있는 이해는 필수적이라고 할 수 있을 것이다.

- 현대 사회에서 정보는 매우 중요한 역할을 한다. 정보가 곧 힘이라고도 한다. 이러한 사회에서 중요한 정보의 보호는 중요한 문제일 수밖에 없다. 이 책에서 정보 보호에 관한 몇 가지 약정을 소개하였다. 각각의 약정을 보면 소수의 성질, 이산로그나 제곱잉여의 성질 등 여러 정수론적 사실들이 활용됨을 알 수 있다. 여기서 하나 주목해야 할 것은 약정의 타당성이나 정당성이 결정론적인(deterministic) 논리에 의하지 아니하고 확률론적인(probabilistic) 논리에 의하며 컴퓨터의 막강한 계산 능력이 약정의 실현을 가능케 한다는 것이다. 결국, 수학, 새로운 패러다임의 논증기법, 그리고 컴퓨터가 함께 정보보호를 구현하게 된다.
- 부호이론에서 자주 사용하는 'n비트의 이진수열'이란 $\mathbb{Z}_2^n = \mathbb{Z}_2 \times \cdots \times \mathbb{Z}_2$의 원소를 말한다. 이처럼 이진수열은 자연수와는 직접적인 관련이 없다. 따라서 자연수를 이진법으로 표현한 것을 '이진수'라고 부르는 것은 혼란의 소지가 많다. 즉, 자연수를 십진법이 아닌 다른 진법(이 경우에는 이진법)으로 나타냈을 뿐인데 마치 '자연수가 아닌 또 다른 어떤 수'라는 오해를 불러일으킬 수 있다.
- 진법이 우리나라 수학과 교육과정에 포함된 것은 'New

Math'운동의 영향을 강하게 받은 3차 교육과정에서이다. 그 이후 진법은 교육과정을 개정할 때마다 많은 논란의 소지가 되었다. 예를 들어, 6차 수학과교육과정에서는 일부 용어가 혼란을 초래할 수 있기 때문에 '이진수' 등의 용어를 사용하지 못하게 하였고, 7차 교육과정에서는 오진법이 제외되었으며, 현행 교육과정에는 이진법이 소개되나 덧셈이나 뺄셈 등의 연산은 다루지 않도록 하였다. 그러나 진법은 중학교 일학년 학생에게는 다소 부담스러운 수학적 내용을 포함하고, 이후의 수학교육과정과 무관하며, 중학교 교육과정에 꼭 존치되어야 할 명분이 약하기 때문에 진법 자체가 중학교 교육과정에서 제외되어야 한다.

평가 문항 Ⅱ

1.

- 연립방정식 $AX=B$에서 계수행렬 A가 정칙이면 $AX=B$는 유일한 해 $X=A^{-1}B$를 가진다. 그러나 A가 정칙이 아니면 즉, 비정칙(singular)이면 $AX=B$는 B에 따라 해를 가지지 않을 수도 있고 무수히 많은 해를 가질 수도 있다.
- 일차합동식 $ax \equiv b \pmod{n}$에서 a와 n의 최대공약수 $(a, n)=d$가 b의 약수이면 해가 d개 존재한다.
- 일차방정식, 일차연립방정식, 그리고 일차합동식에서 먼저 해의 존재성을 살핀다. 해가 존재하는 경우에는 해가 유일한지 그렇지 않으면 해가 여러 개 또는 무한 개 있는지를

살피고 해의 공식 등 해를 어떻게 구하는지를 알아본다.

2.

- $\mathbb{N}$, $\mathbb{Z}$, $\mathbb{Q}$는 가부번집합으로서 그 농도는 $\aleph_0$이다. 한편, $\mathbb{R}$, $\mathbb{C}$, $\mathbb{H}$는 비가부번집합으로서 그 농도는 $\aleph_1$이다.
- $\mathbb{N}$, $\mathbb{Z}$, $\mathbb{Q}$에는 정렬을 구체적으로 정의할 수 있지만 $\mathbb{R}$, $\mathbb{C}$, $\mathbb{H}$에는 정렬이 구체적으로 제시된 바 없다.
- 방정식 $x+1=0$의 해는 $\mathbb{N}$에는 없으나 $\mathbb{Z}$에는 있다. 방정식 $2x+1=0$의 해가 $\mathbb{Z}$에는 없지만 $\mathbb{Q}$에는 있다. 방정식 $x^2-2=0$의 해가 $\mathbb{Q}$에는 없지만 $\mathbb{R}$에는 있다. 방정식 $x^2+1=0$의 해가 $\mathbb{R}$에는 없지만 $\mathbb{C}$에는 있다. 이제 임의의 복소수 계수 다항식의 근의 존재를 보장하기 위하여 복소수보다 더 큰 수의 집합을 생각해야 하지 않을까라는 질문이 가능하다. 그러나 가우스에 의하여 증명된 '대수학의 기본 정리(fundamental theorem of algebra)'는 그럴 필요가 없음을 주장한다. 즉, 임의의 복소수 계수 다항식의 근은 복소수이다. 이런 의미에서 복소수 전체의 집합은 '대수적으로 닫혀있다(algebraically closed)'고 한다. 같은 의미로 '복소수 전체의 집합 $\mathbb{C}$는 대수적 폐체(algebraic closure)'라고 한다.
- $\mathbb{N}$와 $\mathbb{Z}$에는 조밀성이 없지만, $\mathbb{Q}$, $\mathbb{R}$, $\mathbb{C}$에는 조밀성이 있다. 한편, $\mathbb{N}$, $\mathbb{Z}$, $\mathbb{Q}$는 완비성을 가지지 않으나 $\mathbb{R}$와 $\mathbb{C}$는 완비성을 가진다.
- (1) $X=\mathbb{Q}$, $\mathbb{Z}$, $\mathbb{Z}_7$에서 성립한다.

(2) $X=\mathbb{Q}$, $\mathbb{Z}_7$에서 계산할 수 있다.

(3) $X=\mathbb{Z}_6$의 경우에는 $a=0,\ 1,\ 3,\ 4\in\mathbb{Z}_6$에 대하여 제곱근이 존재한다. 한편, $X=\mathbb{Z}_7$의 경우에는 $a=0,\ 1,\ 2,\ 4\in\mathbb{Z}_7$에 대하여 제곱근이 존재한다.

평가 문항 Ⅲ

5. $\dfrac{1}{2}=0.222\cdots_{(5)}$

- 여기서 하나 주목할 것은 $\dfrac{1}{2}$을 십진법으로 나타내면 0.5로서 유한소수이다. 이처럼, 동일한 수라고 하더라도 진법을 달리하면 유한소수로 표현될 수도 있고 무한소수로 표현될 수도 있다. 따라서 유한소수와 무한소수 표현은 수학적으로 중요한 개념이 아니다. 실제로, 유한소수 0.5는 $0.4999\cdots$와 같이 무한소수로도 나타낼 수 있는 것처럼 모든 유한소수는 무한소수로 표현할 수 있다. 그러나 $\dfrac{1}{2}$과 같은 유리수는 어떠한 진법으로 나타내더라도 순환하는 무한소수로 나타낼 수 있다는 것을 증명할 수 있다. 결국 수를 소수로 표현할 때, 순환소수이냐 아니냐가 중요한 것이다. 순환소수로 표현되는 것이 유리수이고 순환소수로 표현되지 않는 수가 무리수이다.

원시근표(일부)

(g는 법 p에 관한 가장 작은 원시근이다.)

소수 p	원시근 g	소수 p	원시근 g	소수 p	원시근 g
2	1	37	2	83	2
3	2	41	6	89	3
5	2	43	3	97	5
7	3	47	5	101	2
11	2	53	2	103	5
13	2	59	2	107	2
17	3	61	2	109	6
19	2	67	2	113	3
23	5	71	7	127	3
29	2	73	5	131	2
31	3	79	3	137	3

지수표(이산로그표, 일부)

이 표는 법 m에 관한 a의 지수(이산로그)를 나타낸다.
이 표에 사용된 원시근은 지수가 1인 수이다.

a \ m	3	5	7	9	11	13	17	19	23	25
1	0	0	0	0	0	0	0	0	0	0
2	1	1	2	1	1	1	14	1	2	1
3		3	1		8	4	1	13	16	7
4		2	4	2	2	2	12	2	4	2
5			5	5	4	9	5	16	1	
6			3		9	5	15	14	18	8
7				4	7	11	11	6	19	5
8				3	3	3	10	3	6	3
9					6	8	2	8	10	14
10					5	10	3	17	3	
11						7	7	12	9	16
12						6	13	15	20	9
13							4	5	14	19
14							9	7	21	6
15							6	11	17	
16							8	4	8	4
17								10	7	13
18								9	12	15
19									15	18
20									5	
21									13	12
22									11	17
23										11
24										10

참고문헌

http: //teacheredu.co.kr
계영희 (1984), 수학과 미술, 전파과학사.
고종숙 역(2003), 無 0 眞空, 해나무.
김명환·김홍종(2001), 현대수학입문, 경문사.
김성숙(2005), 음악 속의 수학이야기, 대한수학회소식, 제99호.
김응태·김연식(1994), 수학 교육 교재론, 경문사.
김응태·박승안(2000b), 현대대수학 제4판, 경문사.
김인수 역(1997), 어느 수학자의 변명, 사이언스북스.
김응태·박승안(2000c), 대수학과 그 응용, 경문사.
김응태·박승안(2002), 정수론(제5판), 경문사.
김호춘 역(1990), 제로의 발견, 대흥.
김희봉 역(2002), 우주의 구멍, 해냄.
박병철 역(2002), 엘레건트 유니버스, 승산.
박병철 옮김(2004). 페르마의 마지막 정리, 영림카디널.
박평우·김운규·정광택 역(2002), 수학이란 무엇인가, 경문사.
박승안·이민섭·이재학·신현용(1991), 대수적 부호이론, 한국전기통신공사 연구보고서, 체신부.
신현용 옮김(1999). 우리 수학자 모두는 약간 미친 겁니다. 승산.
신현용(2001), 외국의 사례에 비춰 본 우리나라의 제7차 수학과 교육 과정, 수학교육논총, 제19집, 대한수학회.
신현용(2007a), 교사를 위한 추상대수학, 한국수학교육학회 수학 교사 시리즈 1, 교우사.
신현용(2007b), 교사를 위한 집합론, 한국수학교육학회 수학교사 시리즈 4, 교우사.
신현용(2008), 교사를 위한 선형대수학, 한국수학교육학회 수학교사 시리즈 7, 교우사.
심재관 역(2003), 존재하는 무 0의 세계, 이끌리오.
유익승(2006), 과학고 학생들의 수학적 사고 능력 향상을 위한 문제해결 전략 교수-학습 프로그램 개발, 전북과학고등학교.
이민섭(2007), 정수론과 암호학, 교우사.
임나탈리아 역(2006), 수학사냥, 써네스트.
임승원 역(1995), 제로의 불가사의, 전파과학사.
조영수 · 강주호 · 신현용(2007). 선형대수학과 응용, 경문사.
한인기(1999), 교직 수학, 협신사.
한인기(2003), 교사를 위한 수학사, 교우사.
허민 역(1997), 영부터 무한대까지, 경문사.
허민 역(2000), 오일러가 사랑한 수 e, 경문사.
홍종도 역(2000), 0을 알면 수학이 보인다, 나노미디어.
Archibald, R. G.(1970), An Introduction to the Theory of Numbers, Charles E. Merril Publishing Co.
Courant, R. & Robbins, H.(1941), What Is Mathematics? Oxford University Press.
Derbyshire, J.(2003), Prime Obsession, Joseph Henry Press.
Dubinsky, E. & Noss, R.(1996), A reply to Koblitz. Mathematical

Intelligencer, Vol. 18, No. 1.

Hofstadter, D. R.(1979), Gödel, Escher, Bach : an Eternal Golden Braid, Basic Books.

Jones, G. A. & Jones, J. M.(1998), Elementary Number Theory, Springer.

Knuth, D. E.(1969), The Art of Computer Programming, Vol 2, Addison-Wesley Publishing Company.

Koblitz, N.(1994), A Course in Number Theory and Cryptography, Springer-Verlag.

Koblitz, N.(1996), The case against computers K-13 math education. Mathematical Intelligencer, Vol. 18, No. 1.

Kranakis, E.(1986), Primality and Cryptography, John Wiley & Sons.

Loomis, E. S.(1940), The Pythagorean Proposition, NCTM.

Miller, G. L.(1976), Riemann's hypothesis and tests for primality, J. Comput. System Sci. 13.

Rockmore, D.(2005), Stalking the Riemann Hypothesis, Pantheon Books.

Schneier, B.(1996), Applied Cryptography, John Wiley & Sons, Inc.

von Baeyer, H. C.(2003), Information, Weidenfeld & Nicolson.

Thé, E.(2000), The Magic of M. C. Escher, Joost Elffers Books.

Wells, D.(2005), Prime Numbers, Wiley.

영문 찾아보기

한글 찾아보기

저자 약력

신현용

서울대학교 (학사)
서울대학교대학원 (석사)
미국 University of Alabama (박사)
네덜란드 국립수학연구소 (박사후)
한국수학교육학회장
수학과교육과정심의위원회(교육인적자원부) 위원장
제12차 국제수학교육대회(ICME-12) 조직위원장
국제수학교육한국위원회(KSICMI) 위원장
한국교원대학교 수학교육과 교수

교사를 위한 정수론[2판]

2016년 3월 11일 제 2판 발행
2023년 10월 11일 제 2판 2쇄 발행

저 자 / 신현용
발행자 / 오판근
발행처 / 교우사

주 소 / 서울특별시 동대문구 약령시로 8 교우빌딩 2층
전 화 / 925-2861(代), 편집부 / 925-2825, 홈쇼핑 / 969-5762
팩 스 / 070-7966-8610

이메일 / kyowoo@kyowoo.co.kr
홈페이지 / http://www.kyowoo.co.kr
북스토어(쇼핑몰) / http://www.kyowoo.co.kr

등록번호 / 1994년 3월 24일 제6-0256호

ISBN 978-89-8172-773-4 (93410)

값 25,000 원